DOCTEUR O'FOLLOWELL

LE CORSET

HISTOIRE — MÉDECINE — HYGIÈNE

Ouvrage illustré de 143 Figures et de 4 Planches hors texte

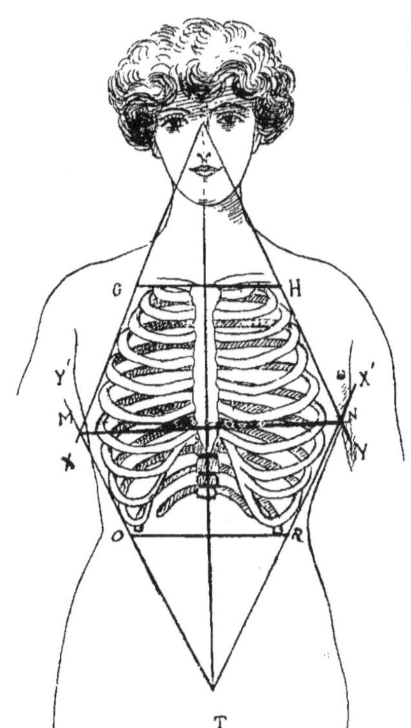

ÉTUDE MÉDICALE

Avec une préface de M. le Dr **LION** ✻

Médecin des Hôpitaux de Paris

PARIS

A. MALOINE, ÉDITEUR

25-27, Rue de l'École de Médecine, 25-27

1908

Docteur O'FOLLOWELL
Officier de l'Instruction Publique
Médaille d'or de la Mutualité

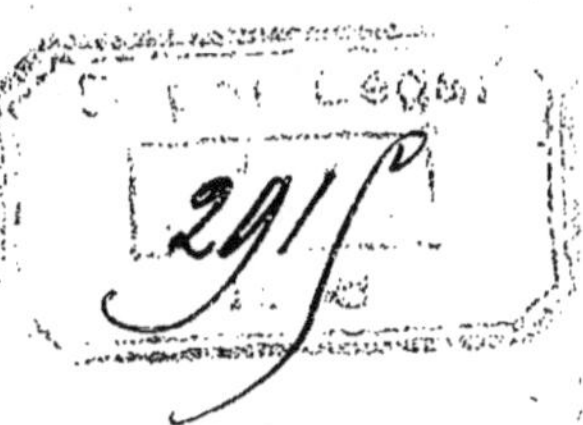

LE CORSET

Histoire - Médecine - Hygiène

Ouvrage illustré de 143 Figures et de 4 Planches hors texte

ÉTUDE MÉDICALE

Avec une préface du Docteur LION
Médecin des Hôpitaux de Paris

PARIS
A. MALOINE, ÉDITEUR
25-27, Rue de l'École-de-Médecine, 27-25
1908

DU MEME AUTEUR :

Hygiène et Physiologie du cycliste, in journal « La Bicyclette », 1894, 1895, 1896, 1897.

L'Anesthésie locale par le Gaïacol, le Carbonate de Gaïacol et par le Gaïacyl, mention honorable de la Faculté de Médecine de Paris. In-8° Ollier-Henry, Paris 1897.

Le Gaïacyl, Communication au troisième Congrès dentaire national. In-8°. Majesté, Châteauroux.

Les Aliments d'Epargne : Alcool, kola, maté, etc. In-12. Jouve, Paris.

L'Antisepsie, les plaies, les pansements antiseptiques. In-12, Jouve, Paris.

Le Transport rapide des Blessés, avec 11 figures. In-12. Jouve, Paris.

Sur le Traitement de deux cas de Névralgie faciale, tic douloureux de la face, *in* thèse Gaumerais. In-8°. Jouve, Paris.

Secours médicaux aux Marins pêcheurs (En collaboration avec H. Goudal). Diplôme d'honneur au Congrès de sauvetage, 1889. In-8° Ollier-Henry, Paris.

Hygiène des Magasins et Ateliers (Modes, couture, nouveautés), en collaboration avec H. Goudal. In-8°. Daix, Clermont.

Cours de Massage. In-12. F. Laur, Paris.

Du Pansement immédiat. Communication à la Société Française d'Hygiène, 8 juin 1900.

Bicyclette et Organes génitaux, avec 3 figures. Préface de M. le Dr J. Lucas-Championnière, chirurgien des hôpitaux, membre de l'Académie de Médecine. In-12. Baillière, Paris.

Alcoolisme et grands Magasins. Communication à la Société Française d'Hygiène, 14 décembre 1900.

Alimentation et Sport. Br. in-12. P. Dupont, Paris 1900.

Hygiène des Employés de Commerce et d'Administration. En collaboration avec H. Goudal. In-12. A. Munier, Paris, 1901.

De l'Emploi de la farine de céréales dans l'Alimentation des Enfants, des Nourrices, des débilités et des affaiblis en général. Mémoire présenté à l'Académie de Médecine.

L'Administration des Postes et des Télégraphes au point de vue de l'hygiène, in Journal d'hygiène, 25 juin, 25 juillet, 25 août, 25 septembre, 25 octobre 1901.

La Selle de bicyclette au point de vue anatomique et physiologique. Communication à la Société médicale des Praticiens, 19 juillet 1901.

Du Traitement chez l'homme de l'uréthrite suppurée par les lavages intravésicaux d'eau oxygénée. Communication à la Société médicale des Praticiens, 8 octobre 1901 et *in* Journal de médecine interne 1902.

La pierre de verre, in Journal d'hygiène, 25 février et 25 mars 1902.

Dyspepsie et constipation chez la femme, in Le Correspondant médical, 28 février 1902.

Influence du corset sur le thorax et la fonction respiratoire. Communications à la Société médicale des Praticiens et à la Société Française d'Hygiène, 1905.

Le Placenta chez les animaux, Sur les rapports de la tuberculose bovine avec la tuberculose humaine. Les huîtres et la fièvre typhoïde. La psittacose. Alimentation et alcool. La culture du coton au Cambodge. Le Coleus Dazo du Haut-Oubanghi, etc., etc., *in* Gazette agricole et vétérinaire de France et des Colonies, 1902, 1903, 1904, 1905, 1906.

— *Les Hôpitaux de Londres*, in Revue Médicale 19 octobre 1904 et in Journal d'Hygiène 1904.

— *Le Corset* tome I. *Etude historique* avec 200 fig. et 7 planches hors texte. Préface de M. Ginisty. Paris, Maloine 1905.

— *Les injections de sérum marin*. — Communications à la Société d'Hygiène de l'Enfance et à la Société Française d'Hygiène. — Articles *in* Journal d'Hygiène. — Revue médicale. — Archives de Biothérapie, 1905.

— *Une Visite à la Colonie des Douaires*. — Communication à la Société Française d'Hygiène, 7 juillet 1905.

— *L'habillement du nouveau-né*. — Communication à la Société Française d'Hygiène et à la Société d'Hygiène de l'Enfance 1905.

— *Les Ecoles de massage*, in Le Courrier médical, juin 1905. — Communication au premier Congrès pour la répression de l'exercice illégal de la médecine.

— *Le sérum marin*. — Br. in-8°. Paris, Alcan-Lévy, 1906.

— *La Polenta*, in Revue médicale 16 janvier 1907.

— *Hypodermie aseptique, perfectionnements apportés à la technique opératoire*, in Revue médicale 6 février 1907.

PRÉFACE

Le Dr O'Followell m'a fait promettre de présenter au public le second volume de son ouvrage sur le corset. L'amitié que j'ai pour l'auteur et l'intérêt que m'inspire le sujet font que je trouve dans l'accomplissement de ma promesse une double satisfaction.

Dans le tome premier, consacré tout entier à l'histoire du corset, M. O'Followell a fait œuvre d'artiste et de fin lettré ; dans le tome second, qui comprend la médecine et l'hygiène, il nous donne sa mesure d'homme de science.

Que vous feuilletiez ou que vous lisiez l'étude historique, vous serez charmés par le goût qui a présidé au choix et au groupement des illustrations, ou captivés par la clarté, la vivacité et l'élégance du style. Si vous entreprenez la lecture de l'étude médicale et hygiénique, il vous faudra dépenser plus d'attention, certaines parties, pour être bien comprises, devront vous arrêter plus ou moins longuement, mais ici encore, le même goût artistique, les mêmes qualités du style, qui se fait de plus persuasif, et tend à vous communiquer une conviction que vous sentez toujours sincère, vous aideront à approfondir sans fatigue les passages les plus difficiles.

La question du corset considérée au point de vue de la médecine et de l'hygiène, est fort complexe. M. O'Followell nous la fait envisager sous toutes ses faces, il rapporte et discute toutes les opinions qui ont été émises à son sujet, mais il ne faudrait pas croire qu'il se confine dans le rôle trop étroit de compilateur. A tout instant, son originalité se dégage, soit qu'il donne son avis motivé pour clore la discussion d'un point controversé, soit qu'il apporte un aperçu nouveau étayé par les résultats de son expérience ou ses recherches personnelles.

La thèse qu'il soutient est la suivante :

Le corset est un appareil dangereux, mieux peut-être

serait-il de le supprimer, mais dans l'état actuel de notre civilisation, étant donné le costume moderne, étant donné le rôle dévolu à la femme dans la société, il reste indispensable.

Du reste, le corset n'est pas dangereux par lui-même, il n'est dangereux que parce qu'il est imparfait, mal adapté au corps auquel il est destiné, et serré à l'excès. S'il cause de graves désordres, ce n'est pas lui qui est le coupable, c'est la femme qui en fait abus.

Le corset inoffensif, le corset idéal, tout au moins médicalement parlant, peut exister et il le démontre.

Et tout d'abord, dans une série de chapitres méthodiquement et scientifiquement conçus, se trouvent exposés tous les méfaits du corset.

C'est sur le squelette que se fait sentir en premier lieu cette influence nocive. On lira avec profit les pages originales où M. O'Followell étudie la configuration extérieure de la cage thoracique et établit qu'elle est doliforme (*dolium*, tonneau et que sa partie inférieure comparable à un tronc de cône renversé est celle qui doit trouver sa place dans la partie supérieure, évasée par en haut, du corset. C'est sur cette région que s'exerce la compression quand l'adaptation est défectueuse ou le serrement excessif. Des planches radiographiques, rendues démonstratives grâce à une disposition imaginée par l'auteur, permettent de se rendre compte des déformations produites et de comparer les dispositions que prennent les côtés du même thorax suivant qu'il est emprisonné dans un corset mal fait, mal lacé, trop serré, ou soutenu par un corset sans défaut.

Comme corollaire de l'étude de ces déformations thoraciques, viennent les troubles de la fonction respiratoire. Des expériences personnelles ont permis à l'auteur d'établir que toujours le corset trop serré abaisse notablement la capacité respiratoire et de mesurer cette diminution qui peut varier de 300 à 1.000 centimètres cubes.

Vient ensuite une longue et consciencieuse étude des troubles fonctionnels, des déformations et des déplacements que le corset peut entraîner du côté des différents viscères abdominaux : cœur, foie, rate, reins, estomac, intestins, organes génitaux. Tout ce qui a été écrit sur ces importantes questions, toutes les théories qui ont été émises à leur sujet se trouvent exposées avec le soin et les détails désirables et avec la plus grande clarté. A chaque pas, M. O'Followell fait œuvre d'habile critique. quand il s'efforce de faire la part des désordres qui reviennent réellement au corset et de ceux qui lui ont été attribués inconsidérément.

Peut-être cependant va-t-il parfois un peu trop loin dans cette voie. Prenons par exemple les déplacements des reins. M. O'Followell prétend que le plus souvent le corset ne joue dans ces déplacements que le rôle d'une cause adjuvante dont l'action ne fait que s'ajouter à celles d'autres causes telles que l'accouchement, l'affaiblissement de la paroi abdominale, l'amaigrissement, etc. Pour ma part, j'aurais plutôt tendance à renverser les facteurs. J'ai observé, à ce point de vue, une grande quantité de femmes portant le corset et je suis arrivé à cette conviction que la ptose rénale est tout aussi fréquente chez celles qui n'ont jamais eu d'enfants que chez celles qui en ont eu un ou plusieurs, et cela en dehors de tout état pathologique sérieux ou d'amaigrissement considérables. Les accouchements, la disparition du pannicule adipeux, n'interviennent que secondairement pour exagérer les déplacements. Il en est de même du relâchement de la paroi, qui du reste succède le plus souvent soit à la grossesse, soit au port du corset, comme l'auteur l'établit lui-même dans son chapitre XI quand il traite de l'influence de ce vêtement sur le développement et sur les muscles de l'enfant.

Les troubles et les malformations déterminés par le corset une fois exposés, M. O'Followell nous montre pourquoi la suppression de ce vêtement, si désirable qu'elle puisse paraître, n'est pas possible. Il établit d'abord ce que le type de la beauté plastique chez la femme a de relatif, comment il a varié avec les époques et avec les artistes, que s'il y a des femmes qui présentent toutes les proportions et toutes les formes de la beauté parfaite, ces femmes sont l'exception, enfin que la beauté elle-même est fugace, qu'elle est non seulement en butte aux atteintes de l'âge, mais encore à celles qu'elle reçoit journellement du genre de vie, de l'alimentation défectueuse, des maladies, des grossesses, etc. Or la femme veut plaire, elle le veut par instinct, obéissant aussi inconsciemment à la loi naturelle qui pousse l'être humain à se reproduire, et pour plaire, elle doit s'efforcer de rester ou de paraître belle. De là tous les moyens employés pour corriger les défauts du corps, pour compléter ou remplacer la beauté par la grâce et l'élégance. Entre tous ces moyens, le corset joue un rôle capital !

Le corset ne pouvant être supprimé, il faut le réformer. L'ancien corset « cambré devant », qui enveloppe la thorax et l'abdomen, comprimant le premier à sa base, repoussant le second de haut en bas est condamné sans appel.

Le corset dit droit que la mode a substitué au précédent depuis quelque temps a réalisé un grand progrès, il serre moins à la taille, il dégage en partie l'épigastre, mais il comprime l'abdomen et l'écrase d'avant en arrière au lieu de le remonter.

Le corset abdominal ou pelvien, qui prend son point d'appui sur le rebord résistant du bassin, supprime la constriction de la taille, laisse toute leur liberté aux fausses côtes et aux cartilages costaux et soutient les organes abdominaux au lieu de les refouler par en bas ou de les comprimer d'avant en arrière, paraît posséder toutes les qualités désirables.

Le principe de cette dernière variété, peu gracieuse dans son type absolu, qui n'embrasse que la région inférieure de l'abdomen ne soutient pas les reins et fait bomber en avant les régions sous-ombilicale et épigastrique, a permis de créer différents modèles de corsets qui répondent à la fois d'une façon sinon parfaite du moins plus satisfaisante aux exigences de l'hygiène et de l'esthétique. Il y aurait encore à signaler bien des points intéressants dans le nouveau volume de M. O'Followell, mais je pense que l'aperçu que je viens d'en donner suffira à en montrer toute l'importance. Complément attendu du volume paru en 1905, il constitue avec lui un véritable traité du corset.

Dr Lion,

Médecin des hôpitaux de Paris.

Le Corset et la Médecine

Influence du Corset sur le corps féminin. — La Beauté de la Femme. — Rôle du Corset dans la lutte sexuelle. — Du type de Corset que la femme doit porter.

CHAPITRE PREMIER

Par l'étude historique très détaillée qui précède et que j'ai accompagnée de si nombreux documents (1) le lecteur a pu juger combien est ancienne et universelle la mode du corset.

Cependant, cette partie du vêtement féminin a eu de tous temps et dans tous les pays des adversaires nombreux, des détracteurs acharnés.

Au chapitre VII de son livre *Des causes des maladies*, Galien, en traitant des changements de figure des parties, s'exprime ainsi : Les parties constituantes du thorax sont souvent aussi déformées par les nourrices qui les bandent mal dans la première enfance ; mais c'est surtout chez les jeunes filles qu'il nous est donné de voir sans cesse se produire cet effet. Dans le but d'augmenter le volume des parties voisines des hanches et des flancs par rapport au thorax, les nourrices leur mettent des bandes, qu'elles serrent fortement sur les omoplates et tout autour de la poitrine, et comme la pression qui en résulte est souvent inégale, le thorax devient proéminent en avant, ou la région opposée, celle du rachis, devient gibbeuse. Il arrive quelquefois que le dos est pour ainsi dire brisé et entraîné de côté, de sorte qu'une épaule est soulevée, saillante et en tout plus volumineuse, tandis que l'autre est affaissée et aplatie. Tous ces vices de conformation du thorax sont dus à la négligence et à l'ignorance des nour-

(1) *Le Corset*, tome I, étude historique, 1 vol., chez Maloine, rue de l'École-de-Médecine.

rices qui ne savent pas appliquer un bandage exerçant une pression uniforme.

Dans ce texte, le mot nourrice a, pour la première phrase, son sens propre, et pour le reste de la citation, il apparaît avec le sens que lui donnaient les Romains, appliquant ce nom à une espèce de gouvernante ou de camériste à laquelle leurs filles étaient confiées au sortir de l'enfance. La critique de Galien s'entend donc de l'usage des *fasciæ*, non seulement pour les enfants à la mamelle, mais aussi pour les jeunes filles.

Ambroise Paré a montré dans plusieurs passages de ses œuvres les effets désastreux des corps serrés. Il a raconté la mort d'une dame de la cour tombée dans le marasme à la suite de vomissements répétés des aliments, dus à la pression de l'estomac par un corps à baleines appuyant tellement sur les fausses côtes, qu'il les trouva à l'ouverture du cadavre « chevauchant les unes par-dessus les autres. » Il ajoutait que par trop serrer et comprimer les vertèbres du dos, on les jette hors de leur place, ce qui fait que les filles sont bossues et grandement émaciées par faute d'aliment, ce qu'on voit souvent. Revenant ailleurs sur ce sujet, il répétait que « plusieurs filles sont bossues et contrefaites pour avoir en leur jeunesse par trop serré le corps », prétendant que de « mille filles villageoises, on n'en trouve pas une bossue, à raison qu'elles n'ont eu le corps astreint et trop serré » et il engageait les mères et les nourrices « à y prendre exemple ».

A. Paré rangeait encore la pression du ventre chez les femmes grosses, celle que produit le buste ou busc, en particulier, parmi les causes d'avortement, de difformité chez l'enfant, de mort pour lui et la mère. Enfin il allait jusqu'à attribuer à la seule constriction des vêtements, la mort subite d'une jeune mariée au milieu de la cérémonie nuptiale.

Roderic, qui pratiquait à Hambourg vers l'an 1600, fit ressortir comme A. Paré les inconvénients des corps et des buscs de bois, d'ivoire ou de fer pour le développement du fœtus, et ne négligea pas de mentionner cette cause d'avortement dans son *Traité des maladies des femmes*, publié en 1603.

C'est à peu de distance de là que Ad. Spigel, dans son *De humani corporis fabrica*, reprochait aux jeunes filles de se serrer outre mesure, afin d'avoir la taille fine comme un jonc, *ut junceæ videantur*, et qu'il signalait comme effets de la pression circulaire de la poitrine par les corps chez les jeunes filles la disposition au crachement de sang, aux inflammations des viscères thoraciques et par suite le développement de maladies de langueur mortelles.

Tandis que Riolan, médecin de Marie de Médicis, explique les déformations de la colonne vertébrale par l'usage du corset, tandis que plus tard Sœmmering montre l'estomac biloculaire comme conséquence de la compression par le même appareil, beaucoup d'autres médecins s'élèvent de toutes leurs forces « contre ces cuirasses qui, sous prétexte de redresser la taille, causent plus de difformités qu'elles n'en préviennent ».

« Les Winslow, les Van Swieten, les Buffon, les J.-J. Rousseau dirigèrent, contre l'usage des corps, les uns la force de leur dialectique soutenue par l'observation et les déductions de la science, les autres les foudres de leur éloquence appuyée sur les lois de la nature et du plus simple bon sens, mais tous leurs efforts ne purent triompher des adeptes du corset qui restaient triomphants dans une lutte où il semblait qu'ils dussent inévitablement succomber. »

M. Debay rapporte que Cuvier conduisit un jour une jeune dame pâle et chétive au Jardin des Plantes. La dame s'étant arrêtée pour admirer une fleur au port gracieux, aux brillantes couleurs, le savant lui dit : « Naguère, madame, vous ressembliez à cette fleur et demain cette fleur vous ressemblera. » En effet, le lendemain Cuvier ramena la dame qui poussa un cri en apercevant la jolie fleur de la veille, pâle, courbée, languissante ; elle en demanda la cause, et l'illustre professeur lui répondit : « Cette fleur est votre image, comme vous elle languit sous une cruelle étreinte » et il lui montra une ligature circulaire qu'on avait pratiquée sur la tige de la fleur : « Vous vous fanerez de même, ajouta-t-il, sous l'affreuse compression de votre corset, vous perdrez peu à peu les charmes de votre jeunesse si vous n'avez pas assez d'empire sur la mode pour abandonner ce dangereux vêtement. »

M. Serres, professeur au Muséum a écrit : « Le corset refoule la masse intestinale en bas ; l'utérus, organe flottant, est lui-même refoulé par les intestins et sans cesse déplacé. De là les affections terribles de cet organe, si fréquentes à Paris, que bientôt les médecins n'y pourront plus suffire. »

Le professeur Delpech poussa, lui aussi, un cri de détresse : « Que de maux dans un corset, que de morts dont il est cause. »

Il nous serait facile de multiplier ces citations, car le nombre est grand de ceux qui ont fulminé contre le corset : je citerai Bonnaud, Bonsergent, Hourman, Dechambre, Layer, Mongery, Romand, Corbin, Vaysette, Garny, Glenard, Ziemssen, Meynert, Fauquez, Roth, Chapotot, Boas, Ewald, Rosenheim, Mmes Gaches-Sarraute, Tylicka, etc., etc ; j'en passe et des plus hostiles.

Récemment, un fabricant de corsets, critiquant tous les modèles actuels — sauf le sien qu'il recommande en fin d'article — écrivait : « Le corset rend les chairs molles, entraîne la flaccidité musculaire, fait naître des gargouillements et des borborygmes qui sont comme les protestations vivantes (!) de l'abdomen contre la compression viscérale ; le cri poignant d'organes révoltés contre le cruel élan (?) de la femme contemporaine. L'abaissement de la matrice, le développement imparfait des enfants, les pertes blanches ou rouges, les mauvaises digestions, la constipation, les maux d'estomac, les migraines atroces, la pâle neurasthénie avec son triste cortège... résultent fréquemment de l'abus du corset ordinaire et de sa constriction exagérée. »

Tableau effrayant déjà, mais que son auteur aurait pu assombrir encore s'il avait lu cette page de Bouvier qui ne s'applique, il est vrai, qu'au port de mauvais corsets : excoriations au voisinage des aisselles, gêne de la circulation veineuse des membres supérieurs, accidents résultant de la compression du plexus brachial, aplatissement, froissement des seins et maladies diverses des ganglions lympathiques ou des glandes mammaires, affaissement, déformations ou excoriations des mamelons, difficulté extrême de certains mouvements, affaiblissement et atrophie des muscles comprimés ou inactifs, abaissement et rapprochement permanent des côtes inférieures, rétrécissement de la base du thorax, réduction des cavités de la poitrine et de l'abdomen, refoulement du diaphragme, compression des poumons, du cœur, de l'estomac, du foie et des autres viscères abdominaux, surtout après les repas, d'où la gêne plus ou moins grande de la respiration et de la parole, aggravation des moindres affections pulmonaires, disposition à l'hémoptysie, palpitations de cœur, syncopes, difficulté du retour du sang veineux au cœur, embarras dans la circulation de la tête et du cou, congestion fréquente aux parties supérieures, efforts musculaires difficiles ou dangereux, lésions des fonctions digestives, gastralgie, nausées, vomissements, lenteur et interruption facile du cours des matières dans l'intestin rétréci, déformation, déplacement du foie augmenté dans son diamètre vertical et repoussé vers la fosse iliaque, réduit dans les autres sens et déprimé en outre dans sa substance, gêne de la circulation abdominale, abaissement de l'utérus, troubles de la mentruation et, dans l'état de grossesse, disposition à l'avortement, aux hémorragies utérines, etc., etc. Tel est le tableau incomplet des effets nuisibles que peuvent produire même les corsets d'aujourd'hui, mal construits ou mal appliqués.

« Quarante-deux inconvénients dus au corset, (elle en oublie d'ailleurs ; Dickinson lui n'en a-t-il pas cité quatre-vingt-quinze !) s'écrie Mme le Dr Tylicka qui ajoute naïvement après avoir reproduit cette longue, mais curieuse citation : « Nous n'aurions pu en compter autant, nous qui sommes des adversaires déclarés du corset... en général », termine-t-elle prudemment.

De nos jours on a dit plus encore contre le corset. M. P. Maréchal accuse l'espèce féminine de dégénérer, et accuse le corset d'être la cause de cette dégénérescence. Et l'auteur donne sur ce sujet d'effroyables détails.

A l'en croire, depuis quatre cents ans que le corset moule la plastique féminine, la plus gracieuse moitié du genre humain a dégénéré au point de rendre indispensables les artifices des couturiers pour conserver quelque apparence de beauté. Le corset, en atrophiant les articulations de la colonne vertébrale, donne à la plupart de nos contemporaines un dos rond, des épaules inégales, et provoque chez elles ce déhanchement, cette « marche en canard » que Shopenhauer regardait comme une des vilaines caractéristiques du beau sexe. D'après une statistique, donnée par M. P. Maréchal, sur 100 jeunes filles portant corset : 25 sont destinées à succomber à des maladies de poitrine ; 15 mourront pendant leur premier accouchement et 15 autres garderont de ce premier accouchement des infirmités mortelles ; 15 souffriront de maladies diverses, et 30 seulement pourront conserver leur santé intacte.

Et c'est pour remédier à cet état de choses que le Dr Maréchal, après bien d'autres, propose une loi qui soumettrait la fabrication et l'usage des corsets à un contrôle aussi sévère que celui qui est appliqué aux armes à feu. Voici ce curieux projet :

ARTICLE PREMIER. — Il est interdit à toute femme âgée de moins de trente ans, de porter corset, ceinture-corset ou cuirasse-corset. Toute femme convaincue d'avoir endossé un de ces appareils sera punie de un à trois mois de prison ; la peine pourra être élevée à un an si la délinquante est en état de grossesse. Si la délinquante est mineure et habite chez ses parents, ces derniers seront, en outre, condamnés à une amende de 100 à 1.000 francs.

Article 2. — Toute femme âgée de trente ans révolus, à dater du jour de la promulgation de la présente loi, pourra porter un corset de tel modèle qu'il lui plaira, hors cependant durant l'état de grossesse.

Article 3. — La vente du corset sera rigoureusement surveillée ; tout vendeur devra noter le nom, l'âge et l'adresse de l'acheteuse sur un registre spécial, réglementaire, lequel devra être présenté à toute réquisition des autorités. Si l'âge de l'acheteuse inscrit sur le registre réglementaire était constaté inférieur à l'âge légal précité ci-dessus, le vendeur sera puni de la confiscation des corsets contenus dans ses magasins et d'une amende de 100 à 1.000 francs. En cas de récidive, en outre des mêmes peines qui lui seront infligées, il sera puni de quinze jours à trois mois de prison, et il lui sera interdit de se livrer par la suite à l'industrie et à la vente des corsets.

Qu'y a-t-il de vrai, de justifié dans toutes ces accusations dont l'ensemble forme à travers les siècles le très long réquisitoire que nous avons résumé brièvement ? Pourquoi comment, malgré ces attaques réitérées, le corset est-il resté, ainsi que l'a montré Caran d'Ache dans une page amusante (*Le Journal*, 28 novembre 1901), une forteresse toujours inexpugnable ?

Tous les reproches faits aux corsets sont-ils faux ou seulement exagérés ? Les observations sont-elles exactes ou mal interprétées, ou bien la coquetterie, la mode, ont-elles raison des reproches réels, l'emportent-elles sur des conclusions judicieusement établies ?

Le corset est néfaste pour maints viscères, maints auteurs l'ont déclaré, et chacun suivant ses études spéciales, ses observations particulières, s'est attaché à démontrer l'exactitude de ses dires, en ce qui concerne l'influence du corset, tantôt pour un organe, tantôt pour un autre.

Je veux reprendre cette étude médicale par le menu, examiner viscère par viscère, ce qu'il peut y avoir ou non de fondé dans les faits rapportés, dans les observations publiées ; je veux à des faits opposer des faits, discuter des observations en les comparant avec d'autres, apporter le fruit non seulement de mes observations personnelles, mais encore de mes expérimentations, et enfin tirer des conclusions impartiales que j'appuierai alors mais alors seulement, de l'opinion des auteurs qui tolèrent ou qui recommandent le corset.

Les recherches nécessitées par la rédaction de la partie historique de mon ouvrage *Le Corset*, ont constitué une lourde tâche, je ne me dissimule pas que cette partie médicale et physiologique sera plus difficile encore, mais l'attrait du sujet fera paraître le labeur léger.

S'il est indispensable, pour mener à bien ce travail, de procéder avec une grande méthode et de diviser son étude avec soin, il est non moins indispensable pour juger avec exactitude la valeur des faits, des observations, des raisonnements, de connaître anatomiquement les régions du corps étudiées, et de les connaître non pas superficiellement, non pas minutieusement, mais de les connaître d'une façon à la fois très simple et très précise.

« Le corset est la seule pièce du vêtement féminin qui ait une influence sur la position des viscères, sur leur fonctionnement, et par suite sur la santé.

Ceux qui le confectionnent devraient avoir des notions exactes d'anatomie et de physiologie qui leur font toujours défaut ; les corsetières, recrutées généralement parmi des ouvrières sans instruction spéciale, ne suivent et ne connaissent d'autres lois que celles de la mode... et si l'on découvre dans un corset bien étudié d'un type nouveau, des qualités qui lui assurent un succès avantageux, on s'ingéniera à le copier plus ou moins adroitement, mais sans chercher à se rendre compte des mobiles qui ont guidé l'inventeur, de telle sorte que les indications données sont maladroitement suivies et que les résultats obtenus ainsi par à peu près sont plutôt nuisibles qu'utiles.

Qu'on ne s'y trompe pas ; pour qu'un corset devienne un vêtement inoffensif, il faut qu'il soit extrêmement bien adapté, qu'il ne gêne aucun de nos organes, aucun de nos mouvements ; c'est en cela que réside la grande difficulté de son application, et c'est ce qui nécessite les connaissances spéciales dont j'ai parlé plus haut. »

Il est impossible, actuellement, d'exiger des corsetières des diplômes ou des licences officielles ; cependant lorsqu'on sait le mal qu'elles ont fait et qu'elles peuvent faire aux femmes, on en arrive à souhaiter que, à la technique de leur art, à leur adresse professionnelle, elles s'efforcent d'ajouter ces connaissances élémentaires de splanchnologie (splanchnologie ou description des viscères), dont nous devrions tous être instruits en vue de notre propre conservation.

C'est pourquoi je ferai précéder l'étude des rapports du corset avec un organe d'une étude anatomo-physiologique de cet organe, et cette étude, illustrée de figures nombreuses et simples, permettra aux gens de l'art de me suivre facilement, aux corsetières de me comprendre entièrement. J'estime, en effet, que ce livre n'est pas écrit seulement pour des médecins, et je ne souhaite pas plus voir toutes les femmes-médecins s'installer corsetières, que je ne songe à obliger toutes les corsetières à se faire recevoir médecins.

Dans les pages qui vont suivre, et dans lesquelles je vais étudier successivement l'influence du corset sur les systèmes respiratoire, circulatoire, digestif et génito-urinaire, il sera toujours sous-entendu, sauf mention spéciale (date ou désignation), que les faits ou les observations consignés ont trait à des cas où les femmes portaient un des corsets des époques moderne ou médicale, c'est-à-dire des deux dernières époques de l'histoire du corset.

CHAPITRE II

Le corset est appliqué sur cette partie du corps humain qu'on appelle le tronc. Celui-ci est divisé en une partie supérieure thoracique et une partie inférieure abdominale.

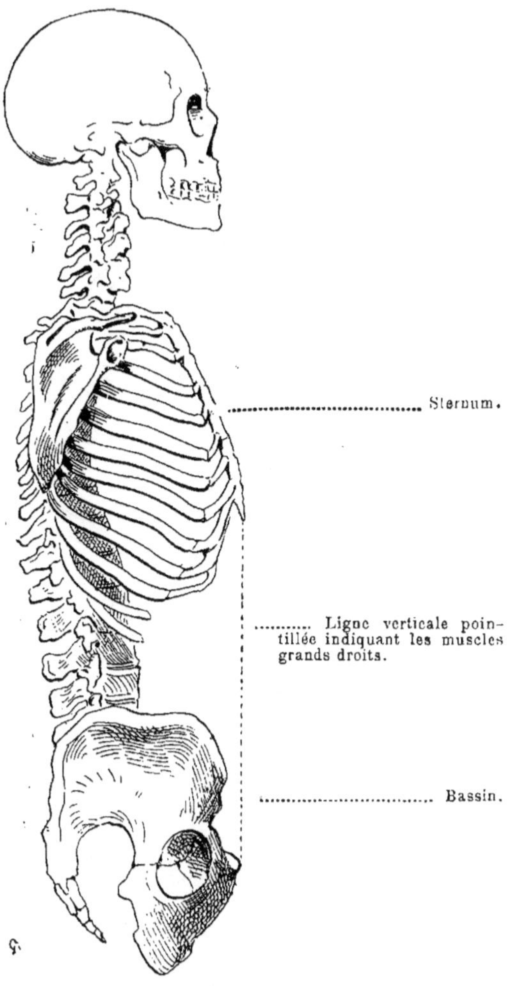

Fig. 1. — Squelette de la tête et du tronc.

La partie supérieure ou thoracique est constituée par le squelette du thorax, et forme une cage osseuse qu'on appelle cage thoracique, elle renferme les poumons et le cœur.

La partie inférieure comprend la région abdominale proprement dite, qui renferme l'estomac, les reins, le foie, le pancréas, la rate, l'intestin et les organes génito-urinaires internes.

Le bassin est constitué par une ceinture osseuse protégeant les organes qui y sont contenus. La région abdominale proprement dite n'a d'autre squelette que la colonne vertébrale qui réunit l'un à l'autre en arrière le thorax et le bassin.

Le muscle diaphragme en forme de voûte à convexité supérieure, sépare la cavité thoracique de la cavité abdominale.

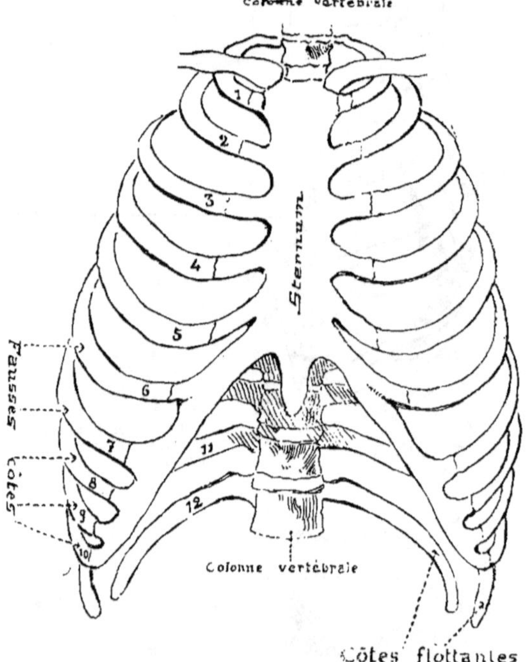

Fig. 2. — La cage thoracique.

Le squelette du thorax est formé en arrière par la partie dorsale de la colonne vertébrale, en avant par un os aplati d'avant en arrière, et qui est le sternum. La colonne vertébrale et le sternum sont réunis par des os plats de forme allongée et courbée, qui se détachent de chaque côté de l'épine dorsale, et se dirigent à la façon d'arcades vers le sternum, et qu'on appelle les côtes.

En examinant la partie de la colonne vertébrale qui prend part à la constitution du squelette thoracique, nous trouvons que cette partie du rachis comprend douze os ou vertèbres, qui sont les vertèbres dorsales.

Ce qu'il faut bien retenir ici, c'est la direction de la

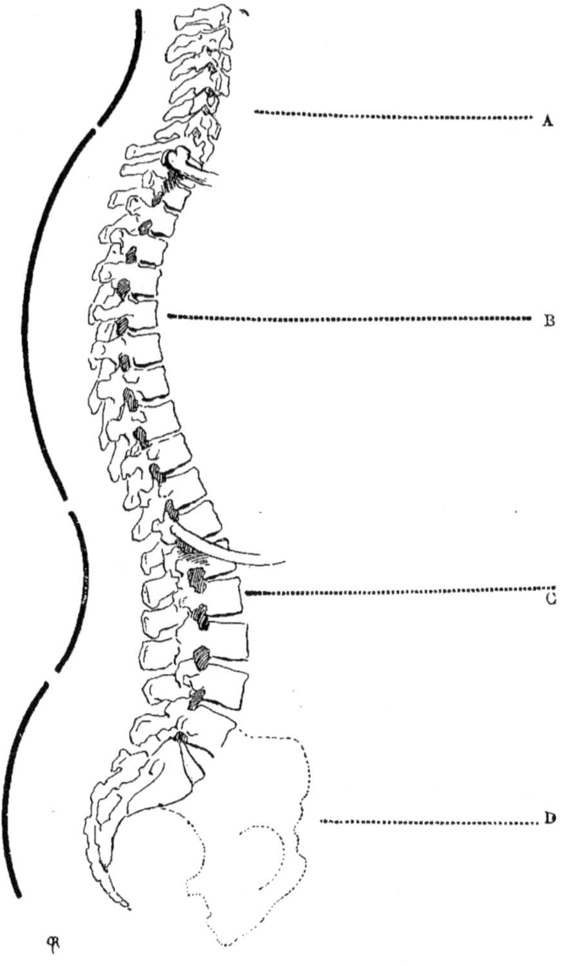

Fig. 3. — La colonne vertébrale.

colonne vertébrale. Celle-ci examinée dans le sens antéro-postérieur, présente quatre courbures : en avant, une convexité au cou (A), une concavité à la région dorsale (B), une convexité à la région lombaire (C), une concavité à la région sacro-coccygienne (D) ; à ces courbures de la partie antérieure correspondent en arrière des courbures en sens opposé.

Indépendamment des courbures antéro-postérieures, il existe au niveau des troisième, quatrième et cinquième vertèbres dorsales, une inclinaison ou plutôt une dépression latérale à concavité gauche ; cette dépression est due selon les uns, à la présence de la courbure de la grosse artère aorte, et selon Bichat, à l'habitude de se servir de la main droite, qui oblige à incliner la partie supérieure du tronc à gauche pour offrir un point d'appui et une espèce de contre poids à l'action du membre thoracique droit.

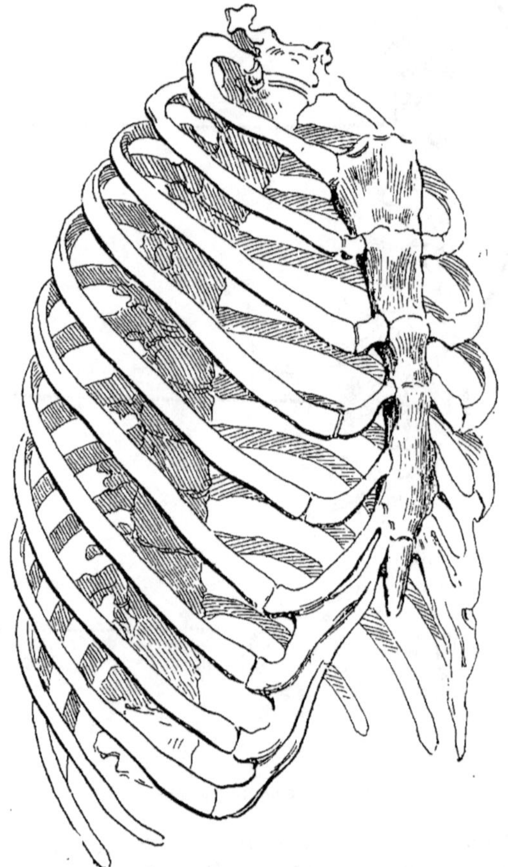

Fig. 4. — Le sternum et les côtes.

Le sternum, os de la poitrine par excellence, est une espèce de colonne osseuse aplatie, symétrique, qui occupe la partie antérieure et médiane du thorax, et forme en quelque sorte le sommet de la voûte que celui-ci représente. Il est situé entre les côtes au milieu desquelles il est comme suspendu, et qui le soutiennent à la manière d'arcs-boutants.

La direction du sternum n'est pas verticale, mais oblique de haut en bas, et d'arrière en avant. Cette inclinaison varie beaucoup suivant les sujets, les âges, et même les sexes, c'est pourquoi le sternum présente de nombreuses variétés d'aspect, qui dterminent les différentes formes de la poitrine.

Le sternum est formé de plusieurs pièces dont l'inférieure ou abdominale s'appelle l'appendice xiphoïde, ou cartilage xiphoïde, parce qu'il reste cartilagineux parfois jusque dans la vieillesse. Cruveilhier et Sappey font remarquer la brièveté du sternum chez la femme.

Les côtes sont au nombre de douze ; on les divise en vraies côtes au nombre de sept, et en fausses côtes au nombre de cinq. La différence entre les unes et les autres consiste en ce que les vraies côtes réunissent directement la colonne vertébrale au sternum, tandis que les fausses côtes ne se rattachent à ce dernier que par l'intermédiaire de cartilages. Les deux dernières fausses côtes même sont appelées côtes flottantes, car elles se détachent de la colonne vertébrale en arrière sans aller en avant se fixer en aucune façon au sternum.

La clavicule C (fig. 5) ainsi nommée parce qu'elle a été comparée à une petite clef, est un petit os allongé qui s'articule d'une part, par son extrémité interne avec la partie supérieure du sternum, et par son extrémité externe avec une partie de l'omoplate appelée acromion (o).

La clavicule présente deux courbures qui sont, en allant de dedans en dehors, à concavité postérieure, puis à concavité antérieure. Cette clavicule est située exactement sous la peau, et comme elle est placée entre le sternum et l'omoplate à la façon d'un arc boutant, il en résulte que cet os est très exposé aux fractures ; fractures sans gravité le plus souvent, mais dont le cal — c'est-à-dire le point de soudure où l'os s'est réparé — apparaît chez les femmes surtout chez les femmes maigres, comme une disgracieuse bosse osseuse.

Ainsi que pour la colonne vertébrale, dont les courbures augmentent la solidité, celles de la clavicule augmentent sa résistance au choc venant de dehors en dedans.

Le squelette du thorax que vous venons de décrire s'accroît surtout au moment de la puberté. Cet accroissement se poursuit d'ordinaire chez la femme jusqu'à vingt et vingt-cinq ans. C'est surtout pendant cette période qu'il faut éviter que le corset n'entrave le développement du thorax en prenant point d'appui sur lui et en l'enserrant d'une façon exagérée.

Des recherches de M. Charpy, il résulte que la poitrine de la femme est aussi large mais moins développée en épaisseur que celle de l'homme.

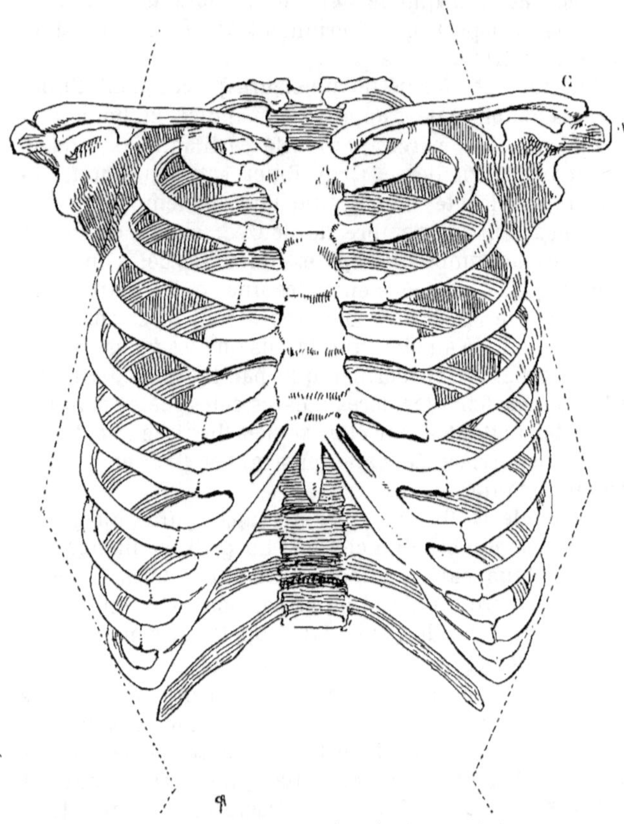

Fig. 5. — La cage thoracique avec les clavicules et les omoplates.

« De toutes manières, ajoute-t-il, je suis porté à croire que les différences sexuelles sont bien moins grandes que ne l'ont dit plusieurs observateurs quand ils affirment que la femme est naturellement conformée pour respirer par le type costo-supérieur. »

Quant à l'angle xiphoïdien il est différent chez l'homme et chez la femme. Cet angle qui est délimité par les cartilages des fausses côtes, et dont le sommet est à l'appendice xiphoïde mesure chez l'homme 70° et chez la femme

75°, on comprend la valeur de la notion de cet angle pour apprécier le degré de déformation imposée au thorax par la constriction.

La déformation du thorax par le corset trop serré est en effet un des plus constants résultats du port de ce vêtement, et Charpy l'exprimait, en 1884, d'une façon sévère dans la *Revue d'Anthropologie*, où il écrivait : « Ce n'est pas chose facile de trouver des poitrines de femmes de vingt-cinq à trente ans qui ne soient pas déformées par le corset ou les vêtements. »

En 1887, J. Dickinson a même essayé de déterminer la pression exercée sur le thorax par le corset en glissant sous celui-ci un sachet à air communiquant avec un tube manométrique. Il a trouvé que cette pression toujours notable était dans certains cas considérable. Malheureusement son système manquait un peu de précision et les expériences portaient sur trop peu de cas pour que les résultats fussent intéressants à connaître.

J'ai cité l'opinion d'Ambroise Paré sur la question, celle de Bonnaud n'en diffère guère puisqu'il écrivait en 1770, dans son travail : *Dégradation de l'espèce humaine par les corps à balcines*, que : « Les bossues, les bancroches, les rachitiques, toutes les personnes mal construites et mal bâties, ne sont communes que dans les grandes villes où l'on a la coupable manie d'emmailloter les enfants et de les mettre ensuite à la presse dans des corps à baleines. »

C'est au niveau des neuvième, dixième, onzième côtes que le corset produit son plus fort degré de constriction. De nos mensurations faites sur cent femmes, il résulte que le périmètre au niveau de la quatrième ou cinquième côte et le périmètre au niveau des huitième ou neuvième présente une différence de six à dix centimètres au détriment du dernier.

Il faut bien se souvenir d'ailleurs que les corsets modernes (nous parlons des corsets bien faits) sont plus courts qu'ils ne l'étaient autrefois ; ils commencent la constriction moins haut au-dessous des seins qu'ils soutiennent sans les comprimer ; ils serrent donc surtout la base du thorax au niveau des dixième et onzième côtes.

Sillon costal de la neuvième à la onzième côte avec fréquent évasement de la marge du thorax : tel est le premier stigmate du corset sur le tronc. Nous ne signalons que pour mémoire l'amaigrissement, l'atrophie de la paroi consécutifs à des constrictions exagérées et prolongées. Ce que l'on voit plus fréquemment c'est l'altération de la peau qui se ternit, prend une teinte sale et devient plus ou moins rugueuse.

Le second stigmate important c'est la diminution de l'angle xiphoïdien. Les côtes refoulées en dedans et en bas tendent à se rapprocher de la ligne médiane, à effacer l'angle xiphoïdien, pendant que leur courbure verticale s'accuse jusqu'à former une sorte d'angle en avant de la ligne axillaire. Dans un cas extrême, Engel a vu l'angle xiphoïdien réduit à la largeur d'un doigt. L'appendice peut disparaître sous les cartilages costaux. (Dr Chapotot).

On se rendra compte des déformations du thorax attribuées au corset en examinant les figures 6 et 7 empruntées à la collection du *Magasin pittoresque* (1833).

L'une reproduit d'une part le buste de la Vénus de Médicis qui présente un bel exemple de thorax normal, d'autre part, le squelette de ce thorax qui laisse voir les os dans leur position normale.

L'autre figure montre la disposition osseuse et l'apparence d'un thorax de jeune femme qui a longtemps porté un corset trop serré. Au niveau du maximum de constriction, la paroi antérieure est rapprochée de la paroi postérieure. Les cinq ou six dernières côtes sont repoussées en dedans et en haut. Les cartilages costaux sont refoulés en haut et rapprochés les uns des autres, en même temps que de ceux de l'autre côté. L'angle fait par la série des cartilages gauches avec la série des cartilages droits diminue considérablement et finit même, dans certains cas par disparaître complètement, comme Cruveilhier l'a ob-

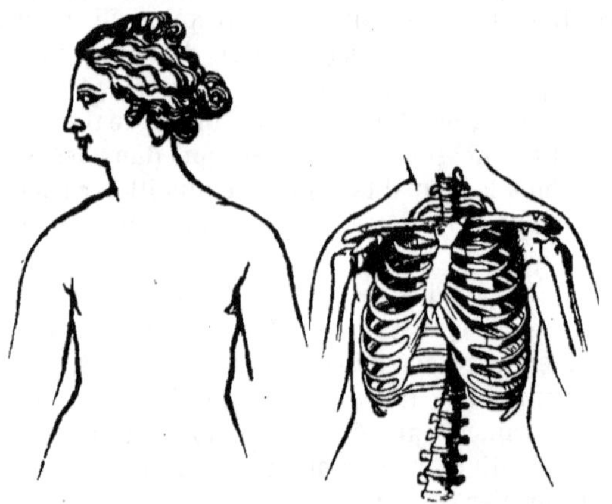

Fig. 6. — Un thorax de femme normal

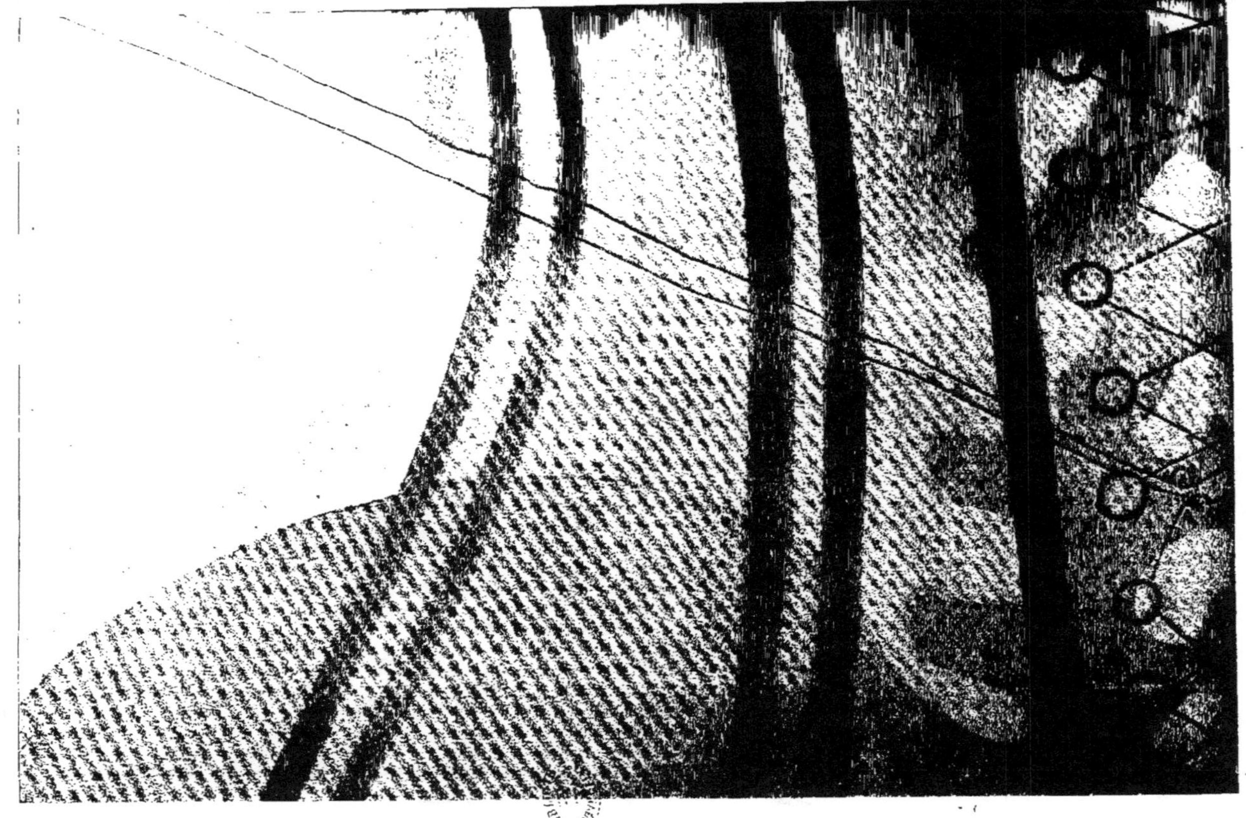

Radiographie (grandeur naturelle) du **Corset Ligne** (vue de dos)

PLANCHE I

servé chez une femme âgée qui, depuis l'âge de la puberté, se serrait dans son corset.

Le rapport de M. Brouardel sur un mémoire de M. Hamy : *Contribution à l'étude des déformations du thorax*, rapport lu à la séance de l'Académie de médecine du 31 décembre 1901, décrit ainsi des déformations thoraciques rapportées au port du corset : la dame qui fait le sujet de l'observation était née en 1753 ; elle appartenait à une famille bourgeoise et avait subi comme ses contemporaines, les modes extravagantes qui réglaient alors le costume féminin. Elle avait eu à mouler son corps dans le cône étroit et allongé d'un de ces corps busqués et baleinés dont on voit les figures dans les vieux journaux de modes et les

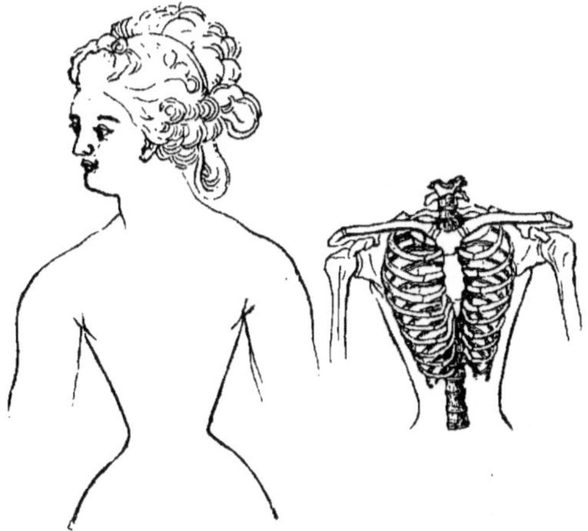

Fig. 7. — Thorax de femme rétréci par le corset.

originaux dans quelques musées, et c'est la poitrine étriquée par cette déformation artificielle qui constitue le trait caractéristique du sujet que présente M. Hamy.

Le sternum n'est pas notablement déformé ; il est seulement plus courbé qu'à l'ordinaire suivant son axe, et sa moitié inférieure s'enfonce entre les cartilages costaux qui se relèvent des deux côtés du corps de l'os en faisant d'épais bourrelets symétriques.

Les cartilages ainsi tordus en demi-cercle un peu en dehors de leur articulation costale prolongent jusqu'à la huitième côte leurs reliefs que limite vers ce niveau un angle saillant et arrondi.

Les trois paires de côtes supérieures n'offrent rien de particulier, mais à partir de la quatrième, la courbure normale se modifie profondément. Les arcs osseux sont refoulés de bas en haut et de dehors en dedans par une pression énergique, et la partie moyenne de chaque côte, de la quatrième à la neuvième, se trouve verticalement déplacée, tandis que l'extrémité antérieure s'infléchit sensiblement en dedans et en bas.

Les côtes flottantes n'offrent de remarquable qu'un certain degré d'atrophie ; la onzième et surtout la douzième côtes sont considérablement réduites.

Toutes ces altérations ont pour résultat de donner à la cage thoracique une forme spéciale comparée par J. Cruveilhier à celle d'un baril.

La cavité est très réduite, surtout en travers. Ainsi, la largeur qui est à peu près la même au niveau des côtes de la quatrième à la neuvième, ne dépasse pas 0 m. 17, quand sur une femme de même taille (1 m. 55), normalement conformée, Sappey a trouvé 0,235. Le rétrécissement atteint donc plus de 27 %.

La taille de cette femme de soixante-huit ans ne devait guère dépasser 0 m. 15 à 0 m. 16 d'épaisseur ; par contre, l'ampleur de ses hanches se chiffrait par 27 ou 28. Elle avait donc possédé ce genre de disproportion si recherché des élégantes de son temps, et dont le corset et les paniers étaient chargés d'exagérer encore les grâces (Brouardel, Hamy).

Les déformations produites par les corps étaient non seulement signalées depuis longtemps, ainsi que je l'ai montré, mais depuis longtemps aussi on les a discutées, et depuis longtemps on a cherché à les éviter. « Un artisan obscur, un simple tailleur de Lyon, nommé Reisser, estimé de Pouteau, qui mettait souvent son talent à contribution, osa se mesurer avec Winslow et J.-J. Rousseau, et le fit parfois avec succès. Il montra que parmi les inconvénients reprochés aux corps il en était que l'on évitait aisément en apportant plus de soin à leur construction ; que d'autres dépendaient de la manière défectueuse dont on en faisait l'application ; enfin qu'on leur attribuait à tort certains effets à la production desquels ils étaient complètement étrangers. »

Au corps, dont il était le dérivé et, en quelque sorte, le diminutif, succéda le corset qui, composé d'étoffe, d'un busc et de minces baleines, constitue le vêtement encore en usage.

Par un singulier anachronisme, dit Bouvier, la plupart des médecins paraissant méconnaître cette transformation, continuèrent à fulminer dans leurs écrits, à l'occasion des corsets, l'anathème classique qui avait frappé les corps baleinés du dernier siècle.

N'est-il pas manifeste qu'une distinction est ici indispensable et que la critique ne saurait confondre justement dans la même réprobation et l'antique cuirasse de Catherine de Médicis et le léger corsage des femmes de nos jours.

En exagérant les dangers des corsets, a dit Fonssagrives, on a dépassé le but ; ce n'est pas ainsi que l'on diminuera les inconvénients attachés à leur usage. Ceci est, je crois, particulièrement vrai quand il s'agit de l'influence du corset sur le thorax, car on a non seulement exagéré, mais encore on a souvent raisonné à faux en partant d'un point de départ inexact.

Dirigeant, il y a quelques années, un cours public d'hygiène, je m'adjoignis un hiver deux de mes confrères pour donner quelques conférences supplémentaires ; l'un d'eux traita un soir du vêtement féminin à bicyclette, et je me souviens qu'il s'éleva en termes très vifs contre l'usage du corset dont, disait-il, la forme était en complet désaccord avec celle du thorax. Pour mieux faire comprendre sa pensée, il dessina au tableau noir deux figures géométriques, deux troncs de cônes, l'un à sommet supérieur, l'autre à sommet inférieur.

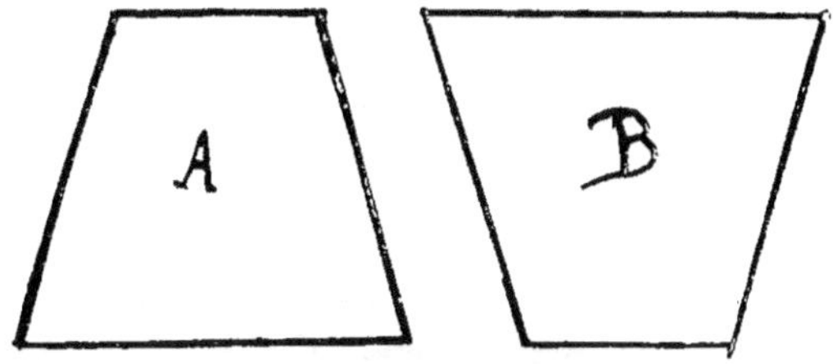

Fig. 8. — Schémas inexacts d'un thorax et d'un corset.

La figure A représentait le schéma de la cage thoracique, la fig. B le schéma du corset. Considérez ces deux figures, disait le conférencier, et demandez-vous s'il est possible d'introduire dans les lignes de la figure B la figure A ? Vous penserez que cela est impossible sans déformer A. Eh bien ! c'est ce que l'on fait chaque jour avec le corset. Cette démonstration était claire, brève, et le schéma qui l'accompagnait parlait aux yeux ; malheureusement démonstration et schéma sont inexacts.

Déjà en 1772, dans ses *Recherches sur les habillements des femmes et des enfants*, Leroy écrivait : « Le corset représente la forme d'un cône dont la base est en haut et la pointe en bas, structure diamétralement opposée à celle de la poitrine, évasée du bas, rétrécie du haut. »

Ces comparaisons, je le répète, sont inexactes ; tout

d'abord le schéma d'un corset cambré sur les côtés doit être le schéma C et non le schéma B. Ensuite le schéma A thorax est incomplet.

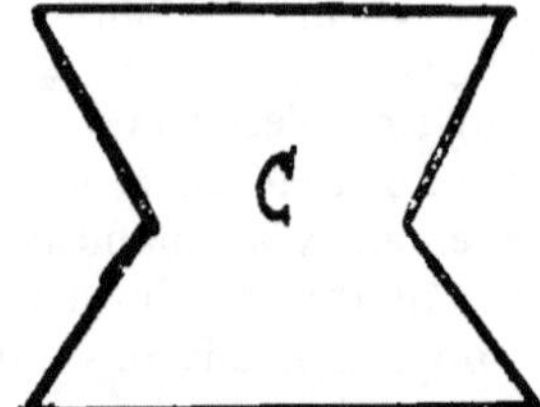

Fig. 9. — Schéma exact d'un corset.

Prenons en effet, une cage thoracique composée seulement de ses côtes, de sa colonne dorsale et de son

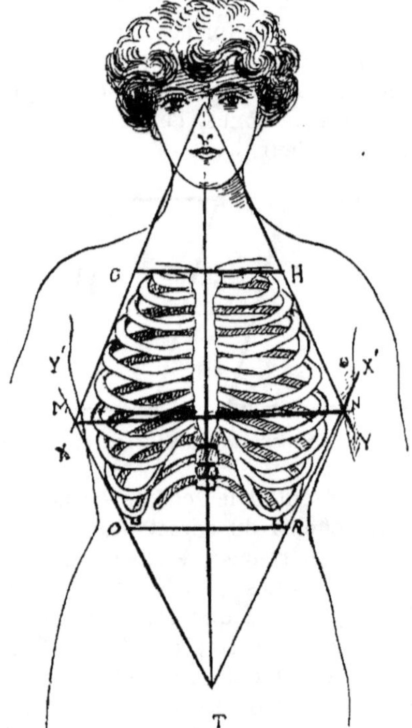

Fig. 10. — Tracé géométrique de la cage thoracique

sternum ; puis à droite et à gauche des points où les côtes sont les plus éloignées du rachis, menons deux tangentes; nous avons les lignes SX et SY qui vont se croiser à l'intérieur de la tête. (Sur la fig. ces lignes semblent aboutir à la racine du nez). Si la figure A représentait exactement un thorax, il ne serait pas possible schématiquement de tirer les deux lignes T X' et T Y' tangentes aux côtes.

Aux points d'intersection des lignes T Y', S X et S Y, T X', menons la ligne M N, nous décomposons la figure en deux parties. Le thorax prend alors la forme schématique d'un baril G H O R (fig. 10).

Notons maintenant sur la fig. 11 le schéma 9 par des lettres placées à chacun de ses angles, et nous obtenons la figure G' H' O' R'. Cette figure (fig. 11, 2e schéma) coupée par le plan M' N', comprend elle aussi deux parties L et L' comme le schéma du thorax comprend les parties P et P'.

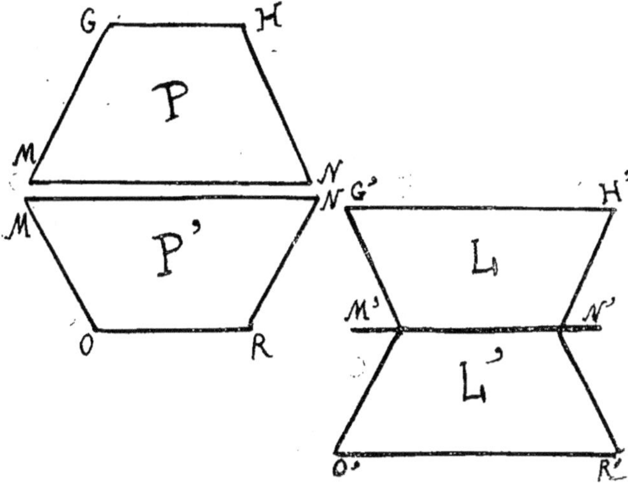

Fig. 11. — Schémas de la partie inférieure du thorax et de la partie supérieure du corset qui s'adaptent l'une à l'autre.

Ce n'est plus maintenant la partie A de la figure 8 qu'il faut introduire dans la partie B au prix de déformations obligatoires, mais tout simplement la partie P', partie inférieure du thorax, qu'il faut introduire dans la partie L, partie supérieure du corset ; or, ces deux parties P' et L ayant les mêmes lignes schématiques, il suffira que L soit plus grand que P' pour que le thorax puisse être vêtu d'un corset.

Cette comparaison des deux troncs de cône n'était, du reste, que le résultat des descriptions données par les anatomistes. Il est dit, dans nos traités classiques d'anatomie, que les corsets donnent à la poitrine la figure d'un ovale, d'un petit tonneau ou d'un baril, au lieu de la forme conique qui lui est propre.

Et pour Mme Gaches-Sarraute chaque fois que la cage thoracique amoindrie se termine à la base en forme de cône tronqué à sommet inférieur c'est qu'une cause plus ou moins intense a déformé le thorax. (*Le Corset*, p. 9).

Cette assertion ainsi généralisée repose évidemment sur une erreur. Le thorax n'est point conique, car sa partie inférieure n'est pas le point où il offre le plus d'étendue, puisque sa circonférence va en diminuant à partir des fausses côtes. Il est donc, en réalité, dans les deux sexes, en forme de baril ou doliforme : *Figura thoracis*, dit Haller,... *aut dolium aut corpus elliptoides æmulatur, quod et superne angustior sit et inferne, medius latescat.*

Mais ce n'est pas tout : d'après les recherches de Sœmmering, qu'on ne soupçonnera pas d'être trop favorable aux corsets, cette disposition serait naturellement plus marquée chez la femme bien conformée que chez l'homme, indépendamment de toute influence extérieure.

Cette forme du thorax est-elle encore exagérée par l'usage des corsets comme elle l'était par les corps au rapport de Winslow, et abstraction faite des abus partiels dont j'ai rappelé plus haut les suites ? C'est là une question que nos traités modernes d'anatomie ne peuvent résoudre, puisque l'on n'y a pas tenu compte du resserrement normal de la partie inférieure de la poitrine.

A la vérité, Cruveilhier, dans son *Traité d'anatomie*. Hourman et Dechambre, dans les *Archives générales de médecine*, ont décrit comme résultant de l'usage des corsets des déformations trop prononcées pour pouvoir être rapportées à l'état normal ; mais leur origine est loin d'être toujours évidente. D'abord, toutes ces observations ont été faites à l'hospice de la Salpêtrière, de sorte que l'état sénile complique tous les faits, et qu'il n'est pas facile de distinguer son influence de celle des vêtements eux-mêmes. Hourman et Dechambre attribuent à la première cause l'aplatissement latéral du haut du thorax, qu'ils ont rencontré sur beaucoup de sujets. Pourquoi la même circonstance ne produirait-elle pas également le rétrécissement de sa partie inférieure qu'ils rapportent à l'usage du corset ? L'inclinaison du rachis en avant exerce ici une influence qui me semble avoir été en partie méconnue. Cette inclinaison abaisse les côtes, change leur forme, les déprime latéralement, les allonge en avant et, par la direction nouvelle qu'elle donne à l'axe de la poitrine, applique plus fortement sa base sur la face convexe du foie.

Les observateurs que j'ai cités n'ont d'ailleurs rien

dit du genre de vêtements des femmes soumises à leur examen. Cela est d'autant plus regrettable qu'il est à présumer qu'un certain nombre d'entre elles n'avaient jamais porté de corsets, que la plupart devaient les avoir quittés depuis longtemps, et que les plus âgées pouvaient s'être servies de corps à baleine dans leur jeunesse.

Hourman et Dechambre ont rencontré, dans beaucoup

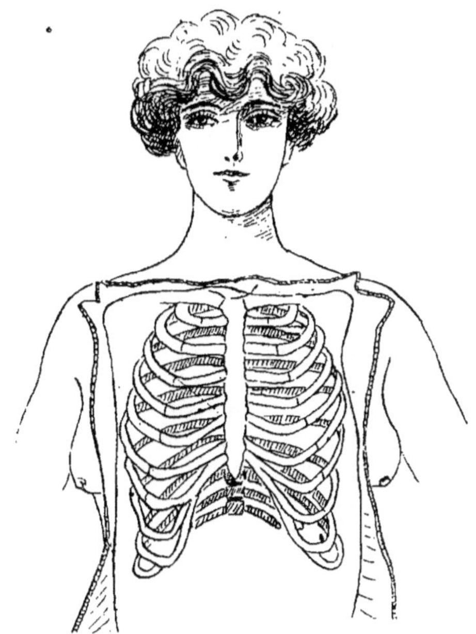

Fig. 12. — Déformation thoracique attribuée au corset.

de cas, peut-être dans le plus grand nombre, au lieu d'un resserrement des dernières côtes donnant au thorax la forme d'un baril, un rétrécissement circulaire situé à peu près au niveau de la partie antérieure de la huitième côte et au-dessous duquel la base du thorax était au contraire évasée, déjetée en dehors, saillante même à son rebord cartilagineux. « De cette façon le thorax dans son ensemble serait plutôt comparable à ces vases antiques à pied élargi et séparé du reste par un col plus ou moins rétréci. »

Cette déformation paraît, en effet, la plus commune d'après les observations de la plupart des médecins de la Salpêtrière, parmi lesquels Ferrus et d'après celles faites par Bouvier au même hospice. Celui-ci estime que l'espèce d'empreinte circonscrite qui la caractérise, semble bien dénoter l'action d'une pression extérieure. Mais il pense que la pression d'un corset, tel du moins qu'en portent nos dames ne se fut pas bornée à la ceinture, et l'on doit chercher ailleurs la cause de ce phénomène, alors surtout qu'il faut presque toujours remonter plus ou moins haut dans l'existence de ces femmes, pour retrouver l'époque où elles ont employé ce vêtement.

Cet effet ne serait-il pas plutôt produit, dit l'auteur, par d'autres parties de l'habillement que les femmes conservent toute leur vie, par cette multitude de cordons qui les étreignent précisément dans le point indiqué, au-dessous du sein, par ces corsages ou camisoles serrés à la ceinture, dont le nombre, loin de diminuer avec les années, semble s'accroître en raison directe de l'âge ?

La même chose arrive chez les hommes par des causes analogues, et Woillez dans ses recherches si consciencieuses sur la mensuration de la poitrine dans le sexe masculin a noté sur un sujet, deux dépressions transversales à la hauteur de la partie antérieure des hypochondres, produites, dit-il, évidemment par l'usage de vêtements trop serrés au niveau de la ceinture.

Pour suppléer au silence des anatomistes, sur la largeur comparative de la portion abdominale du thorax, Bouvier a mesuré à différentes hauteurs le diamètre transversal de cette cage osseuse sur cent cinquante sujets des deux sexes, de différents âges, placés dans des conditions sociales diverses. Ce diamètre a été constamment moindre au niveau de la onzième côte, que dans l'espace compris entre la quatrième et la huitième, où se rencontrait, tantôt plus haut, tantôt plus bas, la plus grande étendue transversale du thorax. Il existait, terme moyen, entre ce grand diamètre et le diamètre inférieur près de la onzième côte, une différence de deux à quatre centimètres.

Déjà Hourman et Dechambre mesurant la poitrine dans un autre but, avaient trouvé chez la femme adulte et dans leur seconde catégorie de vieilles femmes, près de trois centimètres de moins au niveau de la huitième côte qu'à la hauteur des seins.

Voici, d'après l'analyse des observations de Bouvier, les conditions principales des différences que présente l'écartement des côtes abdominales, d'un côté à l'autre :

1° Sexe : Les fausses côtes sont un peu plus rapprochées dans le sexe féminin comme l'avait vu Sœmmering. La différence moyenne des deux diamètres transverses indiqués plus haut, s'est trouvée plus forte, de près d'un demi-centimètre, chez les femmes que chez les hommes.

2° Age : La conformation propre à la jeunesse, augmente la différence des deux diamètres et contre-balance l'influence du sexe, de sorte que, le jeune homme aux formes élancées, a souvent le bas de la poitrine aussi resserré que la jeune fille à la taille svelte. La vieillesse rapproche également les deux sexes, mais par une raison opposée, parce que dans l'un et dans l'autre. la différence des deux diamètres s'efface en partie.

3° Constitution physique : Le degré d'écartement des fausses côtes étant lié au plus ou moins de développement de l'abdomen, le rapport de cette cavité au thorax détermine le rapport du diamètre bi-costal inférieur au supérieur. Ainsi, une poitrine large et bien développée, réunie à un abdomen peu volumineux, augmente la différence de ces deux diamètres qui diminue au contraire, si la poitrine est étroite et la cavité abdominale spacieuse. Il suit de là que la proportion du tissu graisseux contenu dans l'abdomen, influe d'une manière marquée sur le rapport des deux diamètres.

4° Grossesse : Les femmes qui ont eu une et surtout plusieurs couches, présentent plus d'étendue du diamètre bi-costal inférieur, par rapport au supérieur, que celles qui n'ont pas eu d'enfants. C'est une conséquence des changements que l'abdomen éprouve après une ou plusieurs grossesses.

5° Corsets : L'influence de ce vêtement n'a pas été sensible chez la plupart des femmes. Cependant, chez quelques-unes, une grande disproportion des diamètres supérieurs et inférieurs du thorax a coïncidé avec une forte constriction habituelle du tronc, et chez d'autres, également en petit nombre, le peu de différence de ces diamètres a coïncidé avec l'habitude de ne pas porter de corsets. Aucune n'a présenté la dépression circulaire observée sur les femmes de la Salpétrière.

Ces faits tendent donc à établir que la poitrine n'est pas en général sensiblement déformée par les corsets modernes et que ses variétés d'ampleur dépendent le plus ordinairement d'autres causes. Néanmoins Bouvier a constaté plusieurs fois dans le cours de ses recherches, que les dernières fausses côtes sont manifestement rapprochées de l'axe du corps par l'action immédiate d'un corset, même médiocrement serré, de sorte que, si cet état de rapprochement ne devient pas permanent, il faut l'attribuer à la grande mobilité de ces côtes ramenées chaque jour à leur position naturelle, par la réaction des muscles et l'élasticité des ligaments, aussitôt que le corset est enlevé. Cette situation momentanée des fausses côtes ne modifie aucune fonction.

Plus près de nous, M. Merlin écrit que la courbe du cône thoracique s'élargit rapidement de la première à la troisième ou quatrième côte, puis lentement et progressivement, de celle-ci à la huitième ou neuvième, et se rétrécit ensuite, mais d'une manière insensible au niveau des dernières ; il donne comme diamètres transverses :

Au niveau des 8e et 9e côtes...... 0m26
Au niveau de la 12e côte........ 0m22

Chez la femme ces deux dernières moyennes doivent être abaissées de plusieurs centimètres.

M. Chapotot ayant mesuré très exactement cent thorax de femmes, a trouvé :

Circonférence	4e côte....	80 cm. 6621
Circonférence	8e côte....	75 cm. 568
Circonférence	12e côte....	71 cm. 568

ce qui ramène sur le sujet revêtu des parties molles, les diamètres moyens à ceux-ci :

Diamètre transverse à la	4e côte....	26 cm. 89
Diamètre transverse à la	8e côte....	25 cm. 19
Diamètre transverse à la	12e côte....	23 cm. 85

Il faut donc conclure de ces mensurations, que le thorax se compose de deux cônes juxtaposés par leurs bases, et non d'un cône unique à base inférieure. Pour M. Chapotot, il ne s'agirait pas là, d'un type physiologique pur mais simplement d'un type moyen, que l'on peut prendre en considération puisqu'il est établi d'après cent thorax de femmes, dont quelques-unes seulement se sont beaucoup serrées.

A l'encontre de cet auteur, qui estime que sur ce nombre de cent thorax, bien peu étaient normaux, j'estime qu'il faut considérer ces mesures comme ayant une grande valeur, parce qu'elles ont été prises sur des femmes ayant comme âge de 17 à 60 ans, c'est-à-dire sur toutes sortes de thorax.

Pour infirmer ces chiffres donnés comme mesure des diamètres thoraciques, il faudrait mesurer cent femmes de 17 à 60 ans, n'ayant *jamais* porté de corset, et trouver des mesures sensiblement différentes des précédentes.

Il me paraît donc déjà établi que le corset moderne ne peut en aucune façon produire les désordres provoqués par les anciens corsets à baleines, et cela parce qu'il n'enserre le thorax, ni aussi complètement, ni aussi violemment.

Néanmoins je ne veux pas m'en tenir à une démonstration théorique, ni même à des mensurations.

Si mathématique que soit la première, on pourra m'objecter qu'elle peut être fausse parce que je l'établis au moyen de figures géométriques dont les lignes elles-mêmes peuvent être inexactes, puisqu'elles sont tracées seulement sur un dessin de thorax et que ce dessin peut malgré toute la sincérité de l'artiste, n'être pas l'absolue représentation de la réalité.

Quant aux mensurations, on pourra m'objecter leur

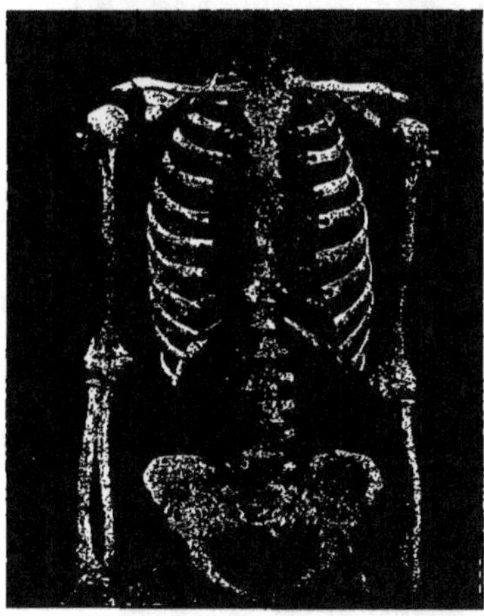

Fig. 13. — Reproduction photographique d'un thorax vu de face.

petit nombre relatif, et la possibilité d'erreurs dans l'appréciation des diamètres vu la difficulté de faire cette évaluation en des points toujours exactement correspondants sur les différents thorax examinés.

Pour devancer ces objections possibles et pour les réfuter en même temps, j'ai appelé à mon aide deux auxiliaires précieux, la photographie et la radiographie.

Prenant trois squelettes différents, j'ai photographié de l'un, la face antérieure; de l'autre, la face postérieure; du troisième, une face latérale. On ne peut nier que ces épreuves soient l'exacte reproduction de la réalité et que les thorax placés sous nos yeux représentent réellement la forme du thorax humain.

Sur le thorax vu de face la forme en baril apparaît très

nettement; de la première à la quatrième côte, le thorax

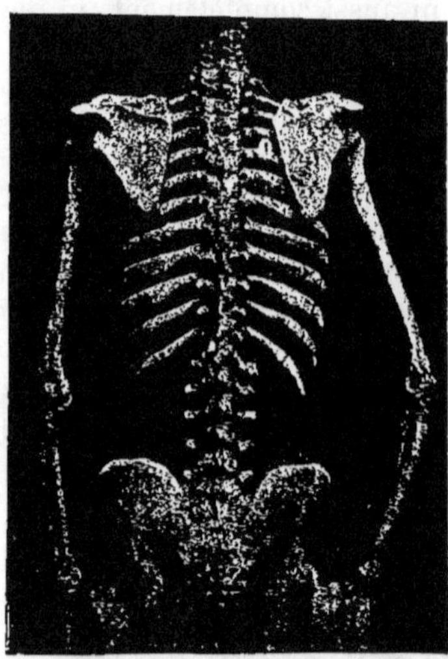

Fig. 14. — Reproduction photographique d'un thorax vu de dos.

va s'élargissant progressivement, de la quatrième côte à la cinquième, l'élargissement est très peu sensible ; la

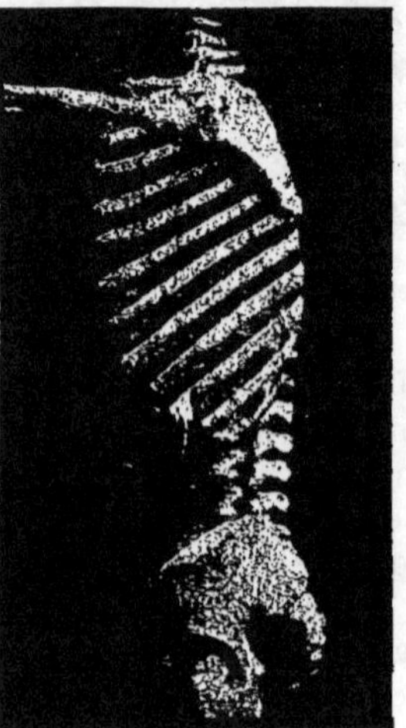

Fig. 15. — Reproduction photographique d'un thorax vu latéralement.

largeur de la cage thoracique paraît stationnaire de la cinquième côte environ jusque vers la dixième, après laquelle le diamètre thoracique diminue à nouveau.

Sur le thorax vu de dos, l'on distingue moins facilement l'élargissement progressif de la partie supérieure, les omoplates cachant les premières côtes ; au contraire on se rend bien compte du rétrécissement de la partie inférieure de la cage osseuse.

Quant à la figure vue latéralement, il suffit de regarder le profil antérieur et le profil postérieur des côtes pour que l'aspect doliforme du thorax apparaisse immédiatement.

Déjà ces photographies précisent ma démonstration théorique; par celle-ci j'ai établi un premier point, à savoir que le thorax n'était pas tronc-conique mais qu'il était formé de deux troncs de cône accolés par leur base. Ainsi ac-

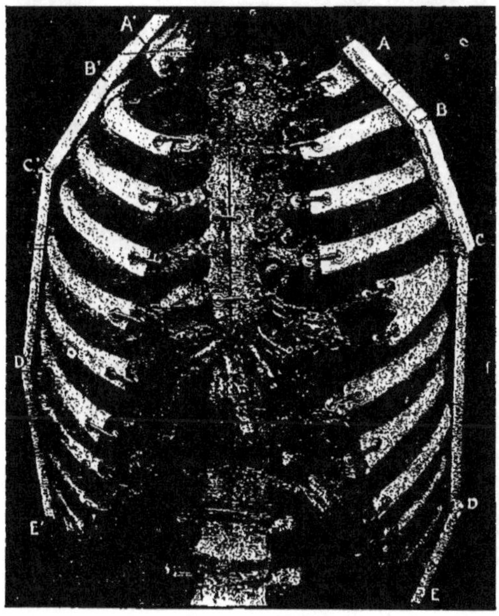

Fig. 16. — Démonstration photographique de l'aspect doliforme du thorax.

ceptée, la démonstration a une rigueur géométrique dont la simplicité ne correspond pas absolument à la réalité anatomique. Nous voyons en effet, que les photographies du thorax montrent que celui-ci est formé de trois parties: une supérieure, ayant la forme d'un tronc de cône à base inférieure, une moyenne d'aspect cylindrique, une inférieure, ayant la figure d'un tronc de cône à base supérieure.

Pour rendre plus sensible cette division, j'ai choisi deux

autres squelettes sur lesquels j'ai appliqué au niveau du thorax des baguettes de bois tangentes à la face externe des côtes.

Si le thorax allait s'élargissant d'une façon continue, du sommet vers sa base, deux tiges latérales suffiraient pour indiquer ses bords ; or il n'en est rien. Si le thorax était seulement composé de deux troncs de cône accolés par leur base, il faudrait de chaque côté de la cage thoracique, appliquer deux baguettes, une supérieure et

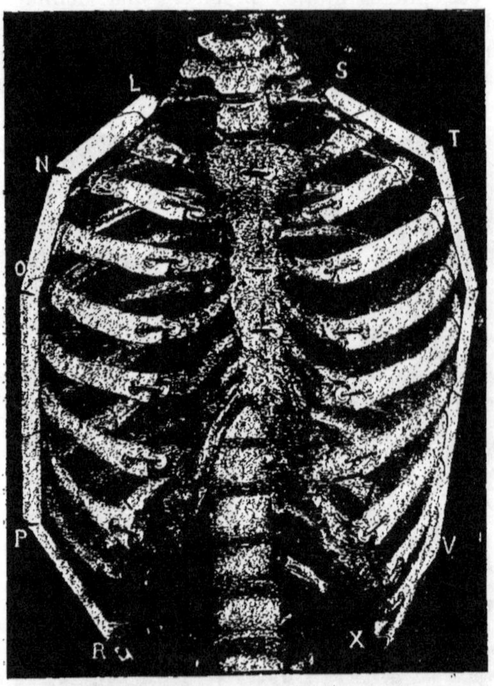

Fig. 17. — Seconde démonstration photographique de l'aspect doliforme du thorax.

une inférieure, se coupant à angle plus ou moins aigu vers la partie moyenne du thorax ; or quatre baguettes ainsi disposées deux à deux, n'épousent pas les contours thoraciques; il faut absolument pour suivre ceux-ci, l'emploi de plusieurs réglettes formant entre elles des angles d'ouverture variable.

Examinons les deux squelettes reproduits photographiquement ici, après adjonction et fixation aux parois costales de plusieurs tiges de bois.

Sur le premier thorax—l'anomalie de division antérieure

de la 5ᵉ côte gauche n'a rien à voir avec la démonstration — nous voyons de chaque côté les tiges A et B et A' B' faire un angle avec les tiges B C et B' C' au niveau de la deuxième côte. Nouvel angle sur les quatrièmes et cinquième côtes entre les tiges B C, B' C' et C D, C' D', puis la baguette de bois reste alors rectiligne jusqu'aux deux ou trois dernières côtes où elle fait un dernier angle, les lignes D E et D' E', ayant alors une direction inverse des lignes A B et A' B'.

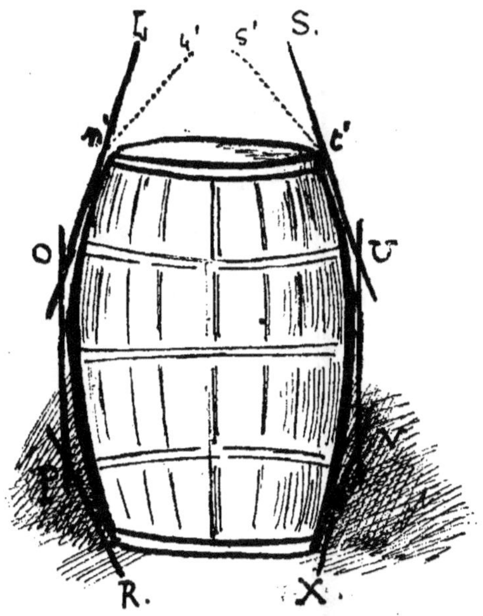

Fig. 18. — Le baril thoracique.

Sur le 2ᵉ thorax la démonstration est plus évidente encore, parce que l'ensemble de la figure est plus symétrique que précédemment, et que les baguettes sont plus nettes parce que placées — surtout celles du côté gauche de la figure — sur un plan un peu plus antérieur que sur la figure qui précède. Cette photographie étant très claire, je n'y ajouterai aucune description.

Si je sépare du reste de la figure les deux lignes brisées L N O P R et S T U V X et que je les reporte sur une feuille de papier blanc réduisant pour la simplicité, leur tracé à la ligne brisée L O P R, et à la ligne brisée S U V X ; je puis dans l'intérieur de ces lignes, inscrire tangentiellement la figure d'un tonneau et je constate alors que cette adaptation est schématiquement complète, (en pointillé se trouvent établies deux lignes qui complètent les lignes brisées entières relevées sur le second thorax), ce qui démontre d'une façon précise et nette la citation de Haller rapportée plus haut.

Je crois qu'une telle démonstration parle aux yeux et que sa clarté ainsi que sa vérité sont indiscutables. Toutefois bien que les squelettes photographiés aient été choisis absolument au hasard, une objection peut m'être pré-

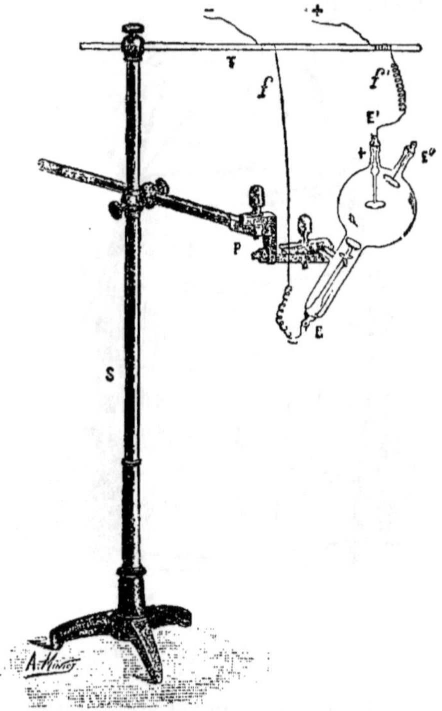

Fig. 19. — Ampoule à rayons X

sentée, que je me suis faite à moi-même : en adaptant aux diverses parties osseuses les pièces métalliques qui servent à les réunir, de façon à monter un thorax, le préparateur a-t-il très exactement donné à chacune des côtes, à chacun des os, leur inclinaison, leur position chez le vivant ? Un seul procédé d'investigation permet de répondre à cette objection. Ce procédé nouveau, merveilleuse méthode, consiste dans l'emploi des rayons X.

Ce n'est pas ici le lieu d'écrire en détail la génèse des rayons de Röntgen, je rappellerai seulement en quelques mots ce que sont les rayons X.

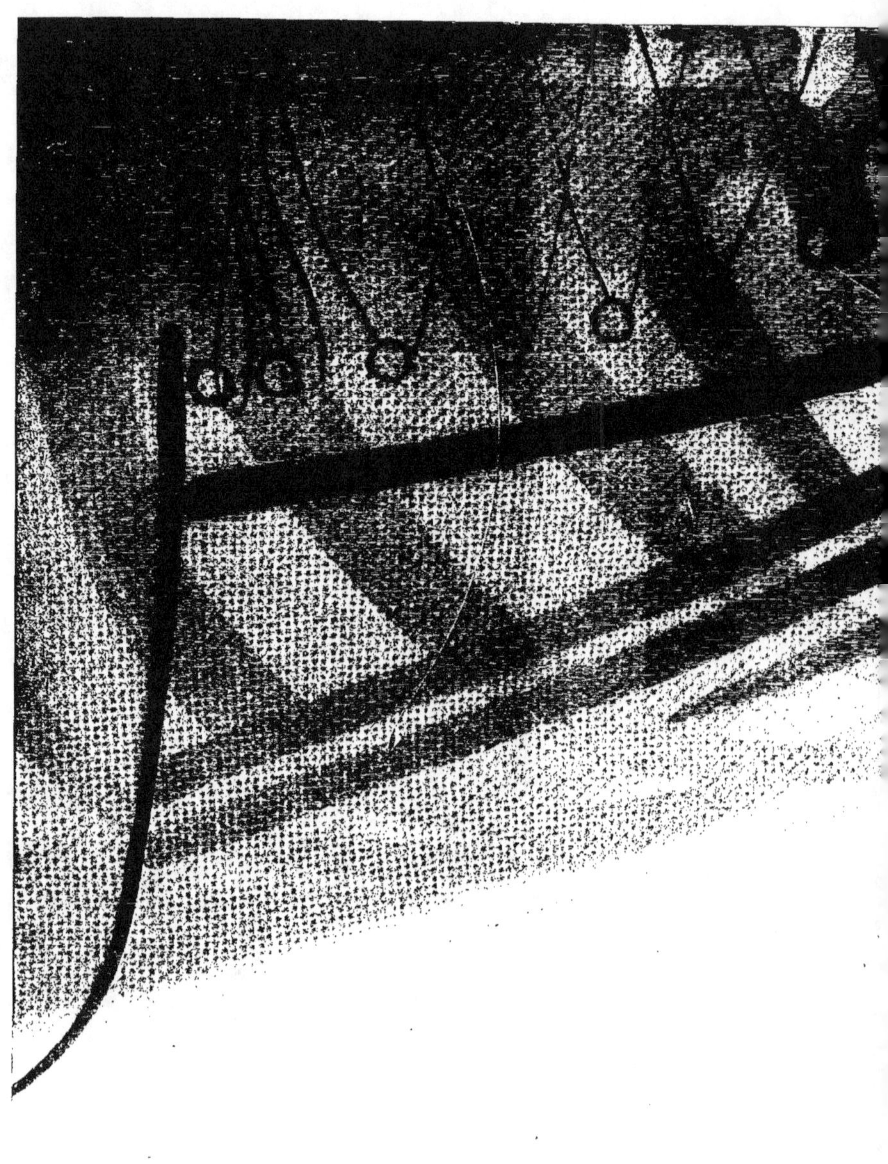

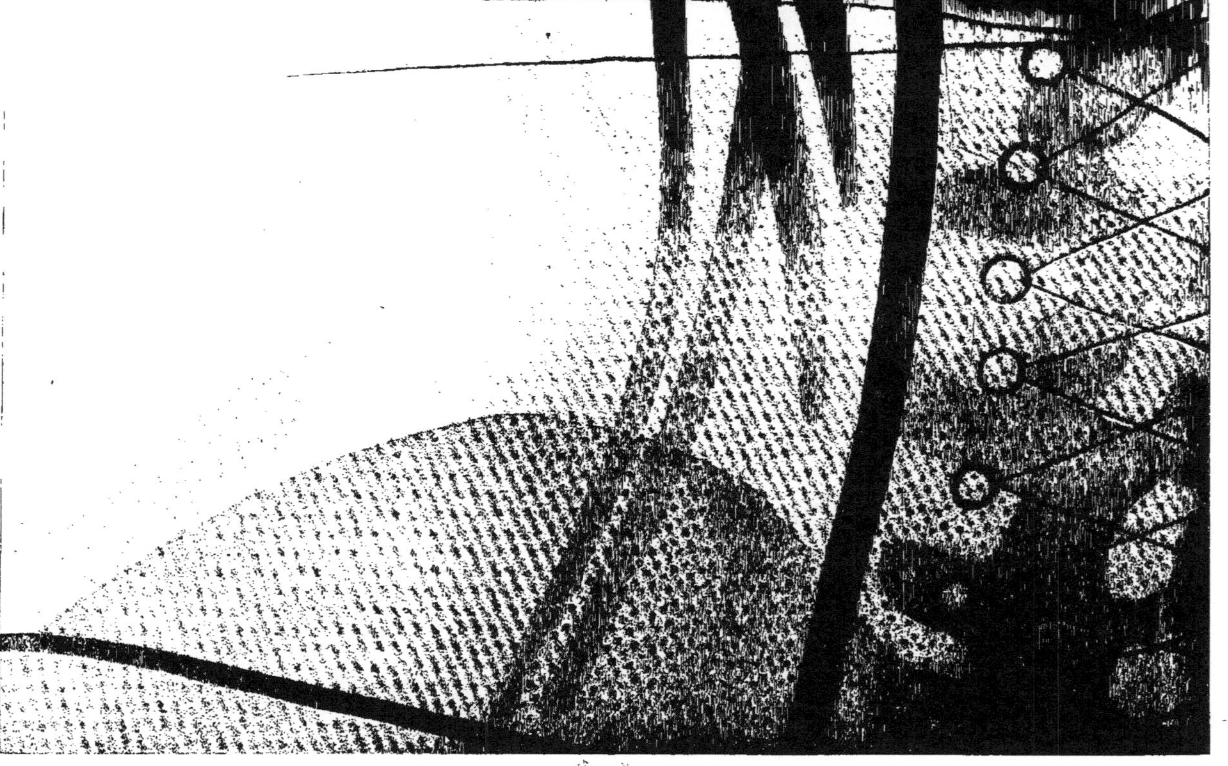

Radiographie (grandeur naturelle) du corset cambré devant (vue de dos)

PLANCHE II

Vers la fin de l'année 1895, le Dr Röntgen, professeur de physique à l'Université de Wurzbourg, faisant passer un courant électrique dans un tube de Crookes c'est-à-dire dans un tube où le vide est fait au millionième d'atmosphère par des procédés spéciaux, s'aperçut que le platino-cyanure de baryum, devenait luminescent quand on l'approchait de ce tube, même lorsque celui-ci était entouré d'une enveloppe de carton qui cachait complètement la lueur électrique.

Ce qu'il remarqua ensuite, fut plus surprenant ; ayant en effet interposé entre le tube et le platino-cyanure de baryum, l'une de ses mains, il en distingua nettement le squelette, les chairs apparaissant seulement esquissées. La radioscopie était découverte !

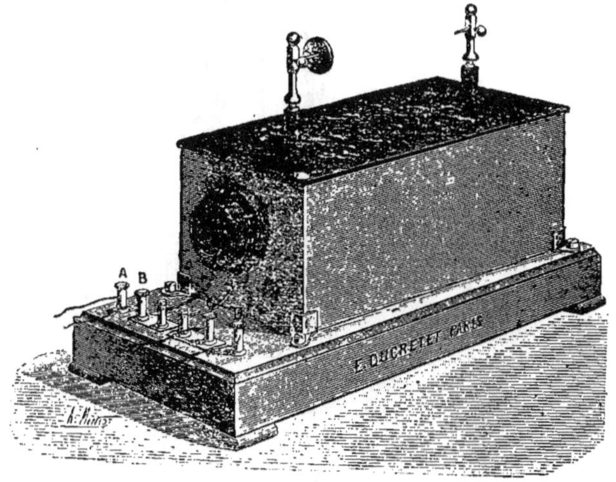

Fig. 20. — Bobine d'induction.

Le professeur Röntgen constata encore, que si l'on expose une plaque photographique, même dans l'obscurité complète, même enfermée dans son châssis, à la lueur de l'ampoule électrique, l'image des objets interposés entre la plaque et le tube apparaît sur la plaque sensible photographique avec la transparence ou l'opacité propre à chacun des objets ; c'était la fixation de l'image radioscopique ; c'était l'avènement de la radiographie !

Etant donné que ces rayons ne se réfléchissent, ni ne se réfractent et ne pouvant leur assigner une place certaine dans la nomenclature officielle, le professeur Röntgen, les appela : rayons X.

Que faut-il pour produire, que faut-il pour utiliser ces rayons qui, suivant l'heureuse expression du professeur

Ollier au XIe Congrès de chirurgie, permettent de faire une véritable autopsie des os sur le vivant, de les voir aussi distinctement que si nous les avions sous les yeux ? Il faut un courant électrique donné par une forte batterie ou par un conducteur d'une usine électrique, une puissante bobine d'induction, une ampoule où a été fait le vide

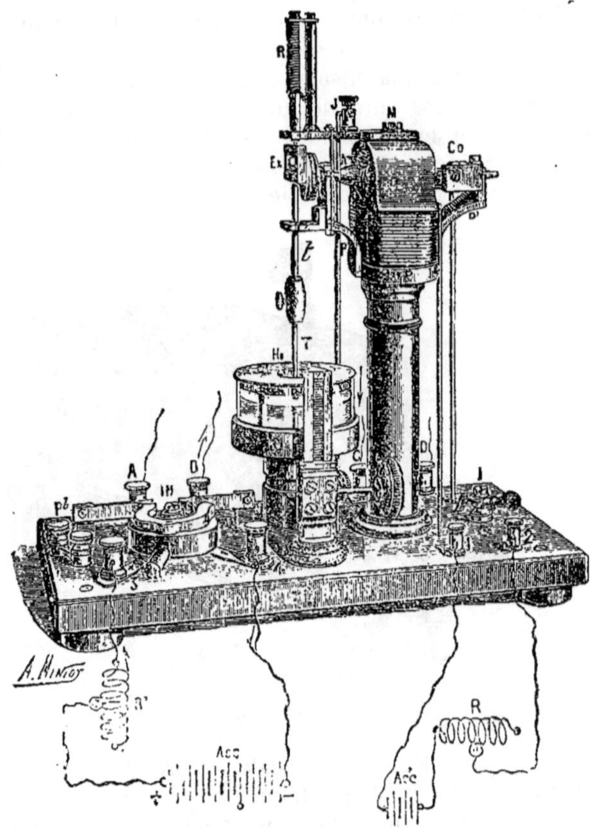

Fig. 21. — Trembleur.

et, soit un écran au platino-cyanure de baryum, si l'on veut faire de la radioscopie, soit une plaque photographique, si l'on veut faire de la radiographie.

C'est grâce à l'obligeance de la maison Ducretet, qui a mis à ma disposition ces divers appareils et parmi eux une bobine de Rumkorff, donnant des étincelles de vingt-cinq centimètres que j'ai pu faire mes recherches radiographiques.

Mieux qu'une description les figures montrent comment

le sujet couché sur la plaque photographique renfermée dans son châssis, est placé par rapport aux divers appareils. La distance de l'ampoule à la surface du corps a été pour les épreuves reproduites de 1 mètre et le temps de pose a varié de 4 à 6 minutes.

Malgré la perfection des appareils employés, malgré la science éprouvée de l'opérateur qui manœuvrait ces appareils, c'est très difficilement que des épreuves satisfaisantes ont été obtenues. La plupart des corsets, surtout des corsets anciens, offraient de par leur tissu, une grande résistance au passage des rayons X, si bien que la majeure partie des épreuves a dû être recommencée plu-

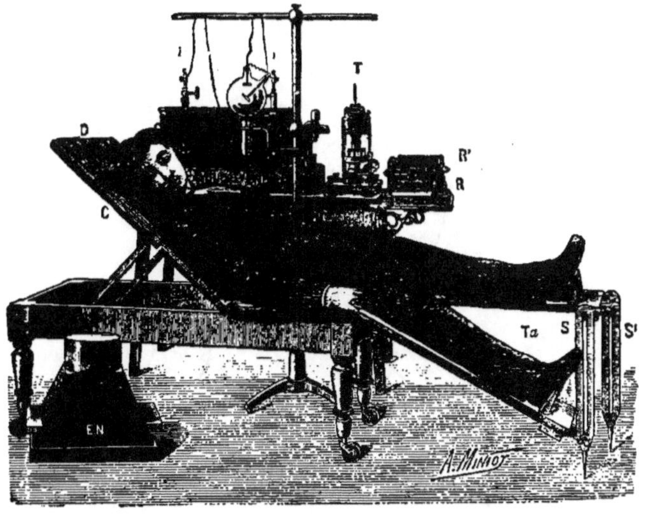

Fig. 22. — Table et matériel d'opération radiographique.

sieurs fois ; aussi le lecteur se tromperait-il étrangement, en pensant qu'il suffit de posséder des appareils radiographiques pour obtenir certainement et facilement des clichés réussis et qu'une compétence spéciale, scientifique et médicale, n'est pas indispensable.

Dans son traité de radiographie (d'où j'extrais la fig. 23) M. Foveau de Courmelles écrit que la reine de Portugal voulut dès l'apparition des rayons X constater l'action du corset sur les organes qu'il enserre. Les journaux politiques eux-mêmes parlèrent, au cours de l'année 1897, de cette curiosité scientifique de la reine. Plus tard, Mme le Dr Gaches-Sarraute, présenta à la Société d'hygiène publique et de médecine professionnelle, un corset de son invention, qu'elle accompagnait de figures, mais ces figures n'étaient que des dessins faits d'après des radioscopies.

Ici, il en est tout autrement, ce que je reproduis, ce sont des radiographies. Voici plusieurs années que ces

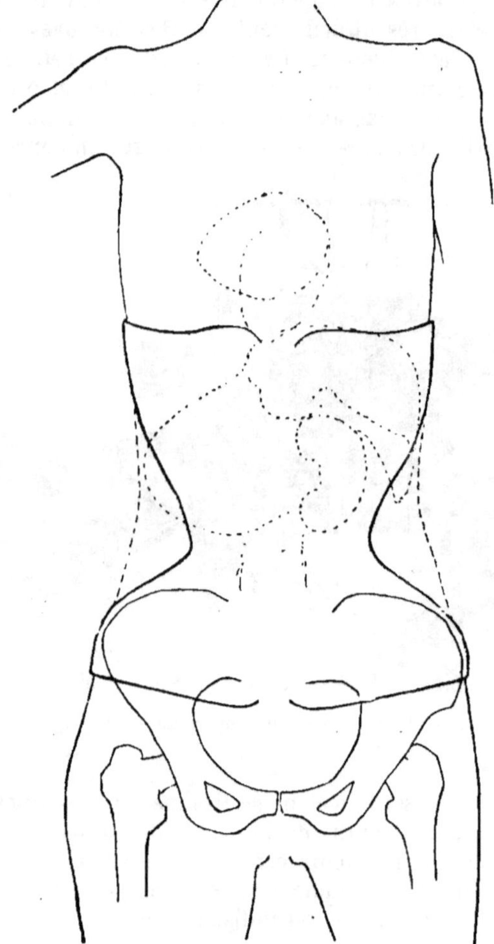

Fig. 23. — Dessin de radioscopie

recherches et que ces travaux radiographiques ont été commencés je les continuerai et j'obtiendrai j'en suis convaincu, des résultats de plus en plus précis, de plus en plus nets. J'ai communiqué une partie de mes travaux, à la fin de l'année 1902, à la Société française d'Hygiène

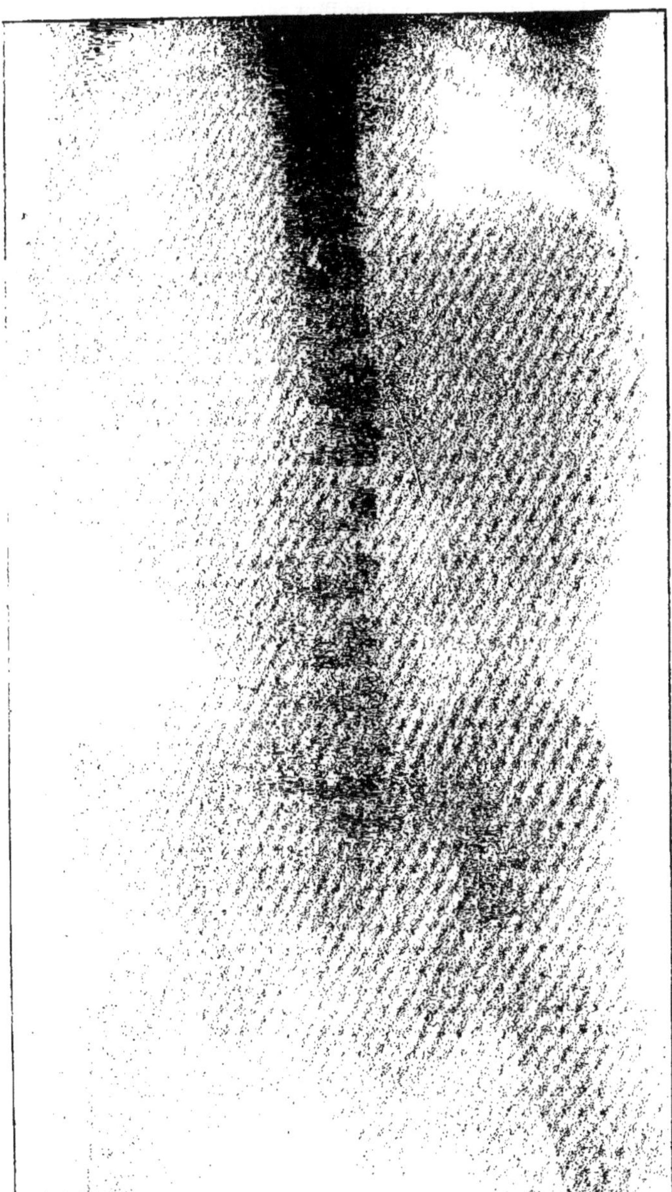

Fig. 24. — Radiographie d'un thorax de fillette.

et au commencement de l'année 1903 à la Société médicale des Praticiens et je crois, non sans raison, être le premier qui ai présenté à une société savante un travail d'ensemble sur le corset, travail accompagné de reproductions des radiographies obtenues directement soit sur des sujets sans corsets, soit sur des sujets revêtus de différents corsets. Mes premières épreuves ont été obtenues en 1901. Je n'ai pu toutefois les reproduire toutes. En effet quand il s'agissait de corsets d'un tissu très épais, tels que certains corsets anciens, j'obtenais une épreuve radiographique suffisamment nette comme photographie, mais insuffisamment accentuée pour en obtenir une retouches une bonne épreuve de photogravure. J'indiquerai néanmoins comment j'opérais : Les corsets utilisés pour ces recherches radiographiques subissaient une sorte de préparation qui n'altérait en rien leur forme et ne modifiait nullement leur application ou leur action sur le corps du sujet ; cette préparation consistait à coudre à l'aide d'un surjet un fil de métal tout le long des bords supérieur et inférieur du corset et à fixer sur l'étoffe au niveau même des buses et des baleines contenus dans le corset des bandes de papier-carton recouvertes d'une feuille métallique ; les bords du corset et les baleines apparaissaient ainsi sur la radiographie. (Voir *Le Corset*, T. 1. p. 187, fig. 162, 163, 164).

M. Abadie Leotard, que j'ai eu le plaisir de compter parmi ceux qui s'intéressaient à mes recherches a utilisé depuis ce procédé que j'indique et a eu l'ingénieuse idée de remplacer les cordons de corset par un fil métallique.

Quels renseignements les rayons X nous ont-ils donné sur l'action exercée par le corset sur la cage thoracique ?

Radiographié depuis la troisième côte, le thorax d'une fillette apparaît s'élargissant progressivement jusque vers la huitième côte, puis la circonférence diminue très rapidement au niveau des côtes flottantes. Sur cette épreuve, on peut donc voir très nettement la forme en baril de la cage thoracique. (Fig. 24).

Il serait néanmoins inexact de conclure d'après cette épreuve radiographique, car ainsi que je l'ai dit plus haut, le thorax se développant surtout au moment de la puberté, il est nécessaire de vérifier si l'aspect doliforme de la cage thoracique se retrouve encore chez l'adulte. Cette vérification, je l'ai faite tant avec des radiographies que j'ai trouvées dans les collections mises à ma disposition qu'avec des radiographies exécutées sous ma direction.

Considérez, en effet, les radiographies des fig. 25 et 26. Elles représentent un thorax féminin, l'un sans corset, l'autre avec un corset. La première de ces deux figures

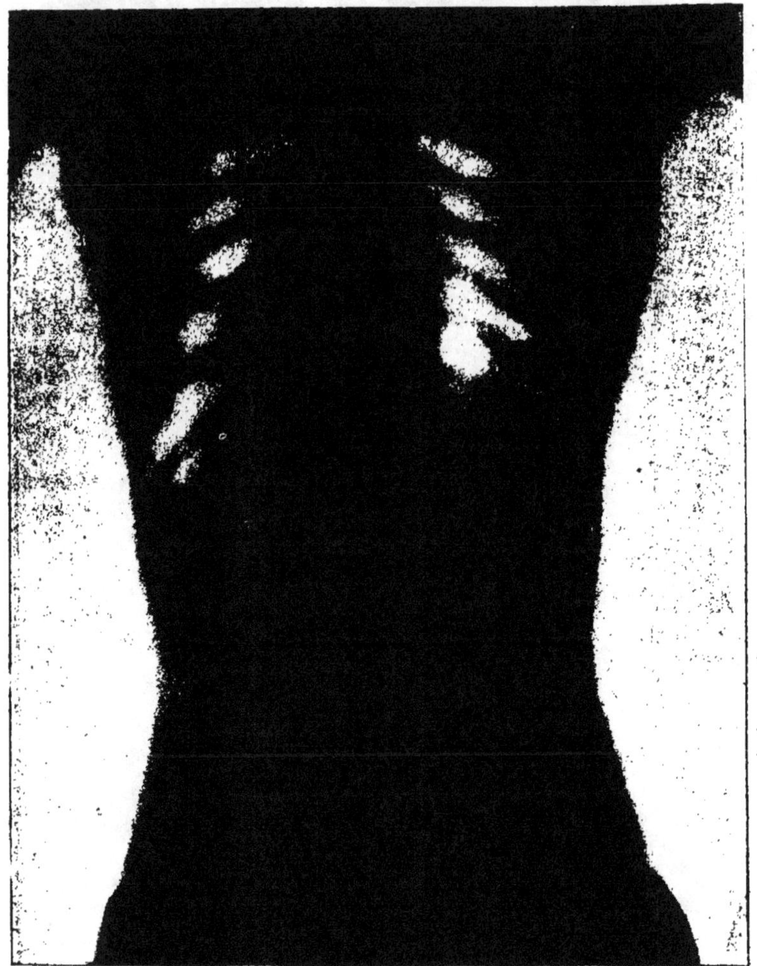

Fig. 25. — Thorax féminin sans corset (cliché Radiguet).

montre un thorax tel, qu'en menant par la pensée tant à droite qu'à gauche, une ligne tangente au point le plus saillant de chaque côte on obtient deux lignes courbes qui semblent appartenir à un ellipse, coupons celle-ci à ses extrémités par de petites lignes droites et nous dessinons un baril sur le thorax soumis à l'examen des rayons X.

Sur la figure 26 la femme porte un corset et j'imagine que ce corset devait être très serré si j'en juge par la dé-

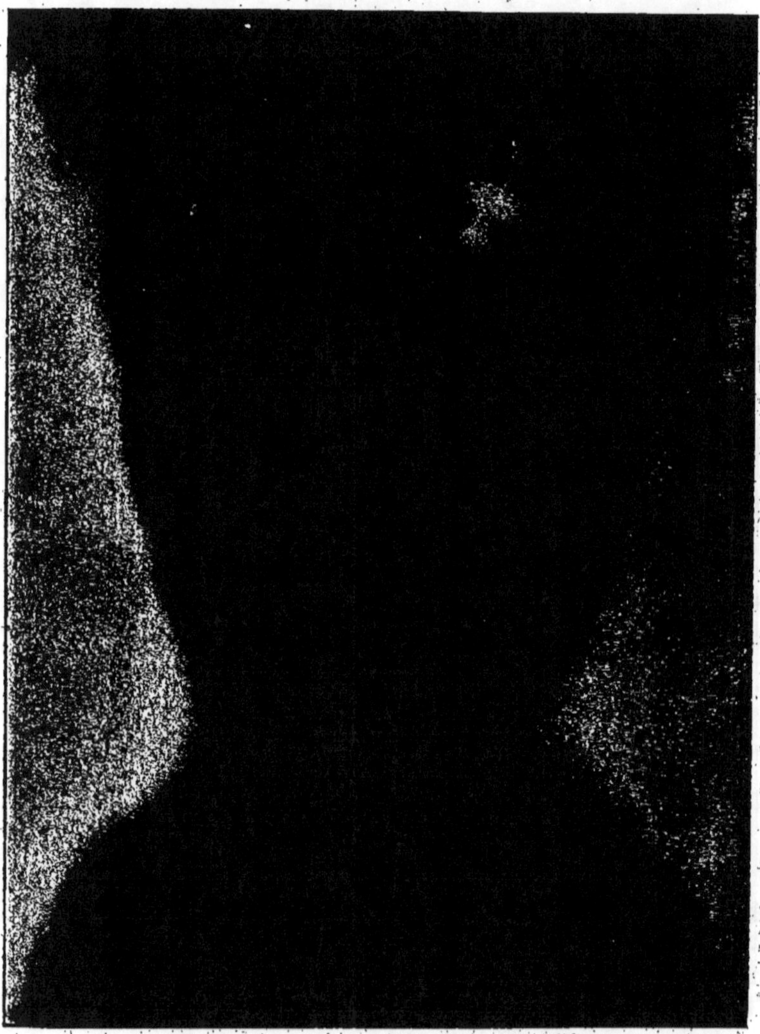

Fig. 26. — Thorax féminin avec corset (cliché Radiguet).

formation profonde qu'il apporte à la configuration thoracique.

Cette épreuve ne contredit pas cependant notre thèse car si l'on examine cette figure dans la partie où le corset cesse d'exercer une pression même minime, c'est-à-dire dans

Fig. 27. — Radiographie d'un Thorax féminin sans corset (cliché Ducretet).

toute la région située au-dessus des deux œillets métalliques supérieurs, on voit que déjà les trois côtes situées immédiatement au-dessus de ces œillets commencent un mouvement d'inclinaison en dedans qui va s'accentuant brutalement sous la pression des baleines et du lacet.

Cette épreuve prouve, en outre, qu'en se serrant dans son corset une femme peut modifier singulièrement et dangereusement sa cage thoracique, et je tiens à mettre ceci en évidence, car si je veux établir qu'un corset bien mis et bien fait ne peut troubler la fonction respiratoire, je veux prouver aussi et la suite le démontrera que la constriction exagérée d'un corset modifie profondément l'expansion et la capacité des poumons.

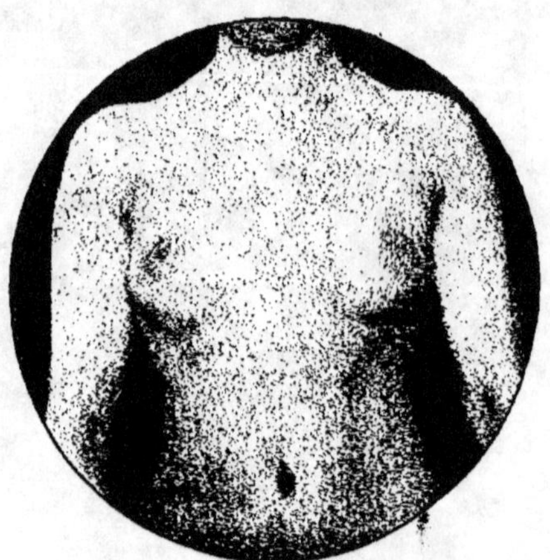

Fig. 28. — Photographie d'un tronc féminin.

A une autre collection, j'ai emprunté une radiographie thoracique et j'ai choisi alors la moins probante des figures que j'ai trouvées, celle où l'aspect doliforme fut le moins prononcé ; eh bien, sur cette épreuve même, on voit cependant que le thorax va s'élargissant de la première vers la cinquième ou sixième côte, puis que son diamètre reste stationnaire jusqu'aux dernières côtes ; encore n'aperçoit-on pas sur cette épreuve les côtes flottantes au niveau desquelles chacun admet que le diamètre thoracique est particulièrement réduit (fig. 27).

Enfin, je reproduis une autre radiographie faite encore selon mes indications ; elle est précédée de la photographie du tronc du sujet examiné.

Si l'on considère le thorax photographié, il apparaît comme celui d'une personne normale. C'est, en effet, le thorax d'une femme jeune, bien constituée et en bonne santé. La profession de modèle qu'elle exerce implique

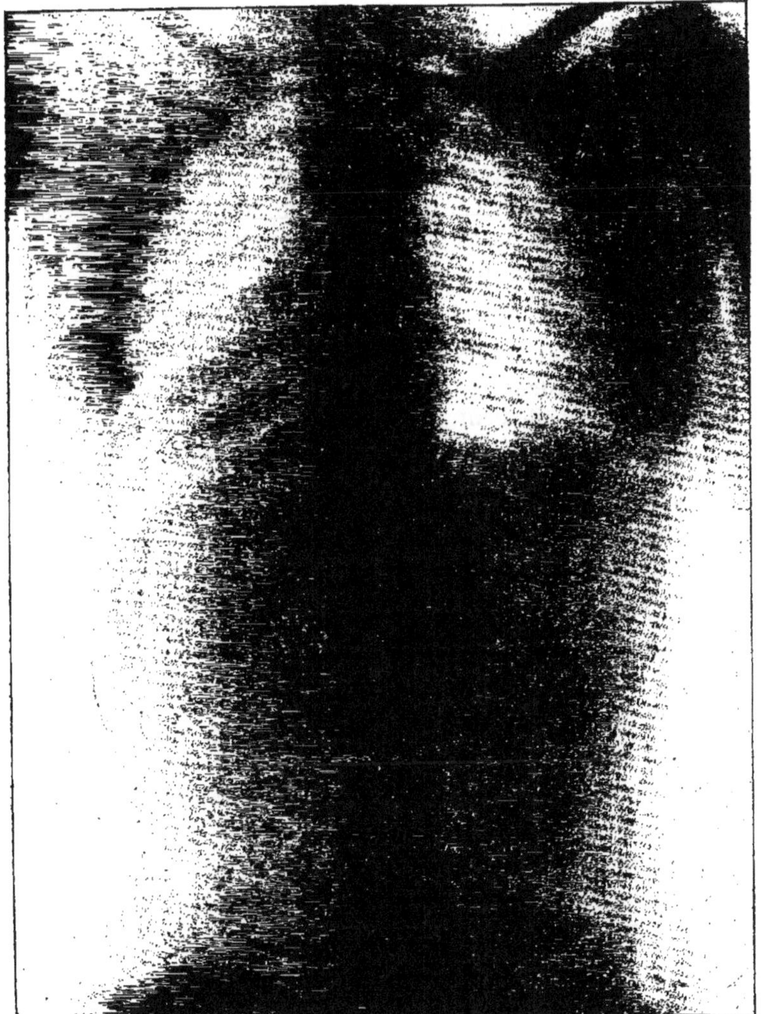

Fig. 29. — Radiographie du thorax de la fig. 28

que le sujet ne se livre pas à un travail capable de déformer son corps.

Si l'on examine ensuite la radiographie de la cage thoracique, les rayons X nous montrent celle-ci sous un aspect doliforme absolument net.

L'on m'objectera certainement que cette femme porte habituellement un corset. Cela est vrai, mais par profession elle porte ce vêtement relativement peu d'heures par jour.

L'on ne manquera pas d'ajouter qu'elle serrait son corset. A cela, je réponds par la négative, n'ayant constaté sur ce modèle aucun stigmate, n'ayant observé aucun symptôme morbide qu'il fût possible de rapporter à une constriction par le corset.

Certes, la radiographie d'une femme n'ayant pas porté de corset serait sinon plus probante du moins plus indiscutable mais pour que la démonnstration fût absolue, il faudrait trouver une femme adulte d'une constitution irréprochable, d'une excellente santé n'ayant *jamais* revêtu un corset.

Or, un sujet réunissant ces trois qualités, d'une façon absolue s'entend, je ne l'ai point trouvé et je doute qu'on le trouve facilement.

Pour en revenir à la dernière radiographie reproduite ci-dessus, j'ajouterai que le modèle en question étant revêtu d'un corset tout moderne et fait sur mesure par une de nos meilleures corsetières fut examinée à l'écran radioscopique et le thorax n'apparut pas modifié. Mais tandis que l'on continuait l'examen radioscopique, les lacets du corset étaient progressivement serrés jusqu'à provoquer une gêne très grande de la respiration du sujet, on voyait alors la base du thorax se rétrécir sous l'influence de la constriction exagérée.

Une fois de plus, je pouvais conclure que le corset sagement appliqué ne modifiait pas les contours thoraciques, mais qu'employé d'une façon abusive, il devenait dangereux, puisqu'il diminuait le diamètre inférieur de la cage thoracique. Cette conclusion, l'étude que je fais plus loin de l'influence du corset sur la fonction respiratoire, la mettra davantage en lumière.

Toutefois je puis dès maintenant appuyer ce résultat de mes recherches par celui des travaux de M. Abadie Léotard sur la même question.

Dans son étude sur *Le Corset Ligne*, brochure publiée chez Naud en 1904 je trouve aussi des radiographies de corsets ; j'en choisis quatre qui représentent une femme vêtue du corset-ligne, invention de l'auteur et une autre vêtue du corset cambré, les deux radiographies sont vues chacune de face et de dos. Les contours de ces épreuves fig. 31, 32, 33, 34 ont toutefois été accentués pour la reproduction.

Sur les deux radiographies du corset-ligne placé bas et lacé obliquement, on voit très nettement que la partie inférieure du thorax se rétrécit naturellement et sur les

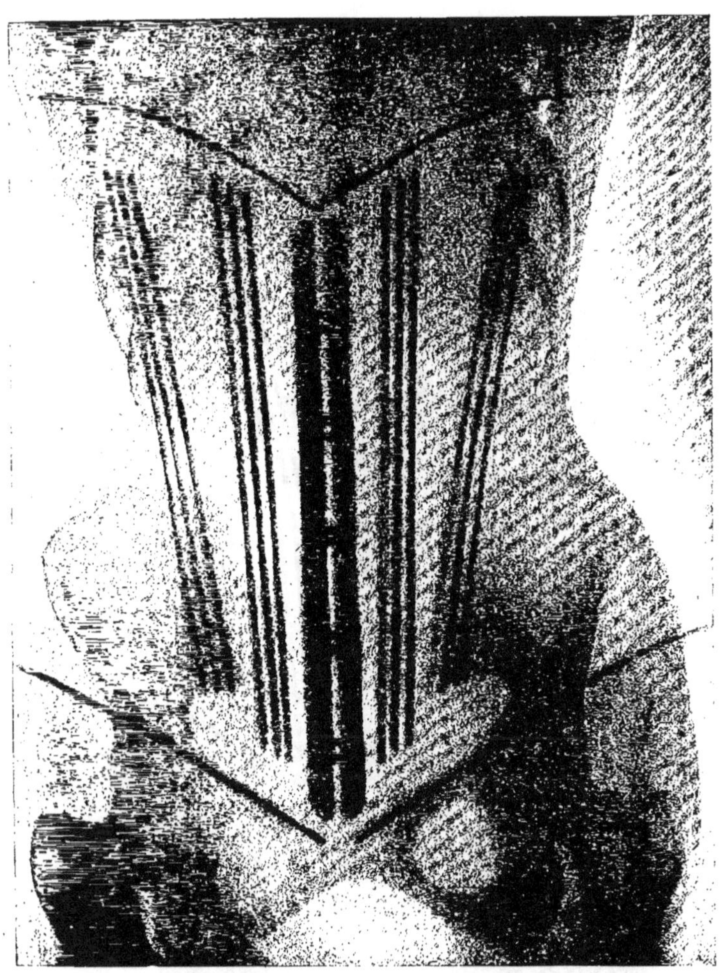

Fig. 31. — Radiographie du corset Ligne (devant)

deux radiographies du corset cambré placé beaucoup plus haut que le corset précédent et lacé horizontalement, l'on voit nettement les côtes pressées chevaucher l'une sur l'autre.

Ceci prouve — les deux corsets étant également serrés — que le fait seul de placer convenablement le corset suffit à changer complètement le mode d'action de celui-ci. Trop serré, ai-je dit, le corset déforme ; j'ajoute maintenant placé trop haut il porte dangereusement sur les dernières côtes.

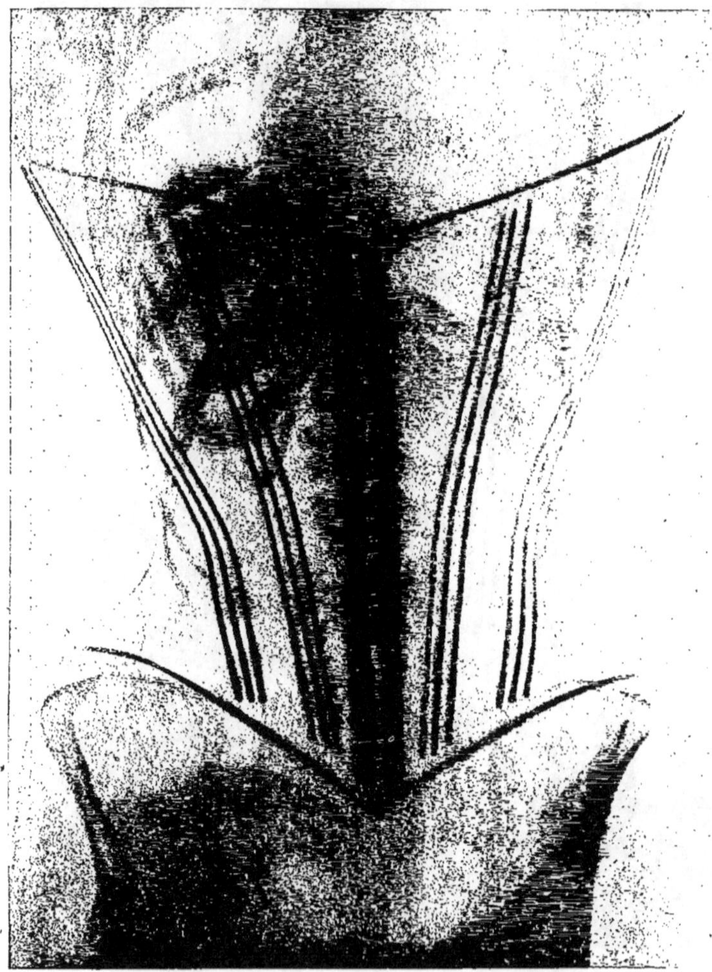

Fig. 32. — Radiographie du corset cambré devant (devant)

Cette première conclusion l'examen radioscopique du modèle (fig. 28) examinée pendant qu'on serrait son corset l'établissait.

M. Abadie Léotard a souligné d'intéressante façon la seconde conclusion en superposant deux radiographies l'une de son corset droit, l'autre d'un corset cambré (voir les planches I. II. III). « Les contours des parties fixes, bassin, colonne vertébrale sont exactement superposables et peuvent servir de points de repère pour apprécier

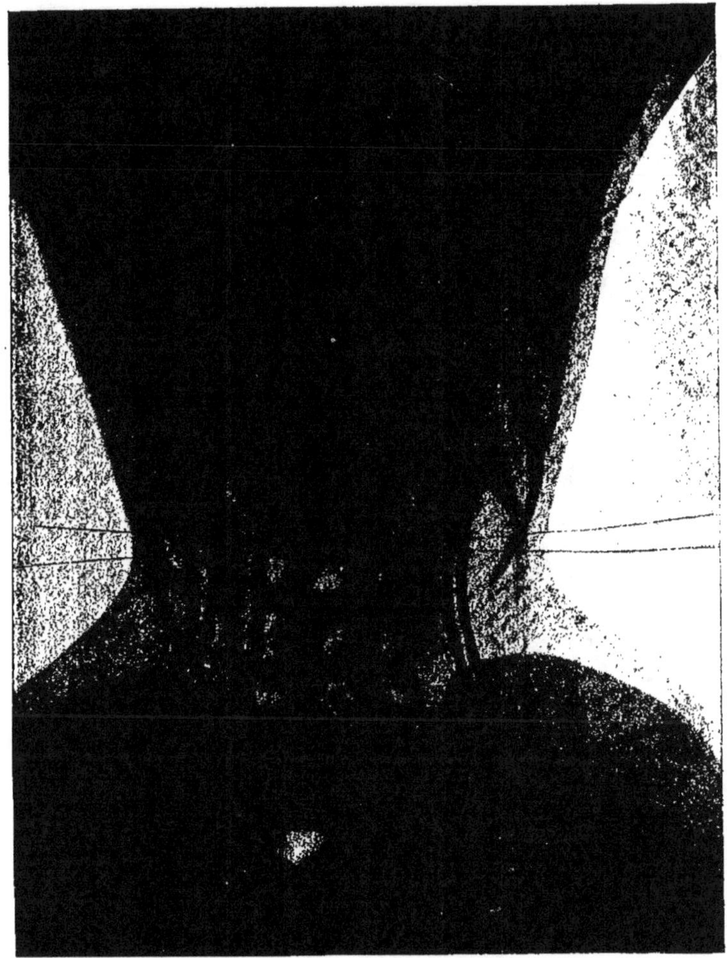

Fig. 33. — Radiographie du corset cambré devant (dos)

les changements de position des parties mobiles c'est-à-dire des côtes. Les contours de ces dernières ne coïncident plus sur les deux épreuves en raison même de leur déplacement. Avec le corset cambré (planche 3 lignes pointillées) on constate qu'à la base du thorax la 11e et la 12e côtes sont très déviées. La 11e côte présente une inclinaison beaucoup plus accentuée que normalement son extrémité antérieure n'est plus sur le cliché séparée de la crète iliaque que par un faible es-

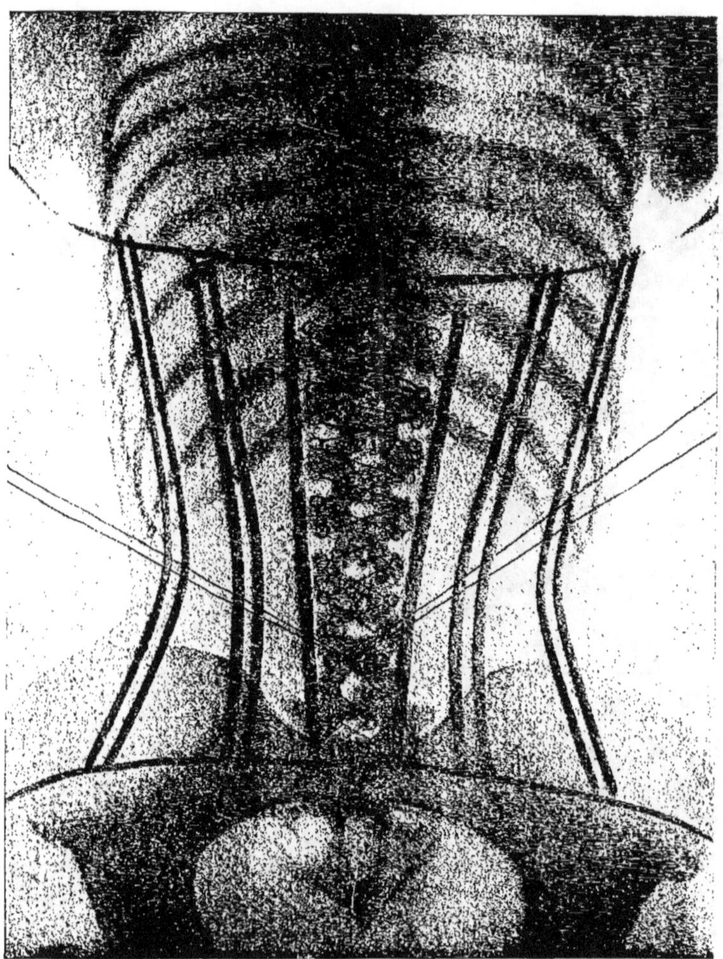

Fig. 34. — Radiographie du corset Ligne (dos)

pace de 2 cm 3/4, elle est donc chassée par la pression qui s'exerce à son niveau et repoussée vers la colonne vertébrale dont elle ne s'écarte que de 9 centimètres.

La 10ᵉ côte est également très déviée par la pression très forte, directe à son niveau, à tel point que son extrémité au lieu d'être superposée à celle de la 11ᵉ côte che-

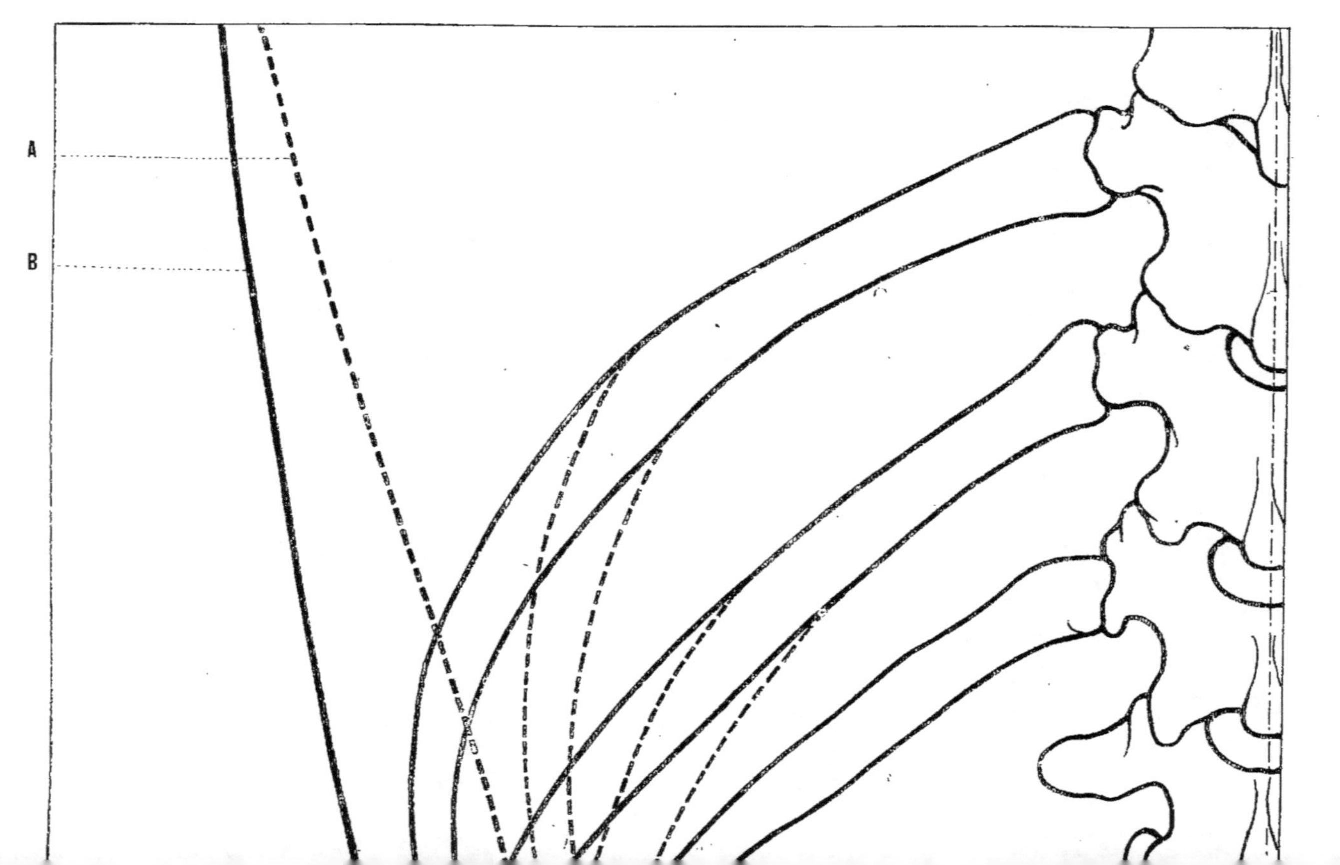
A
B

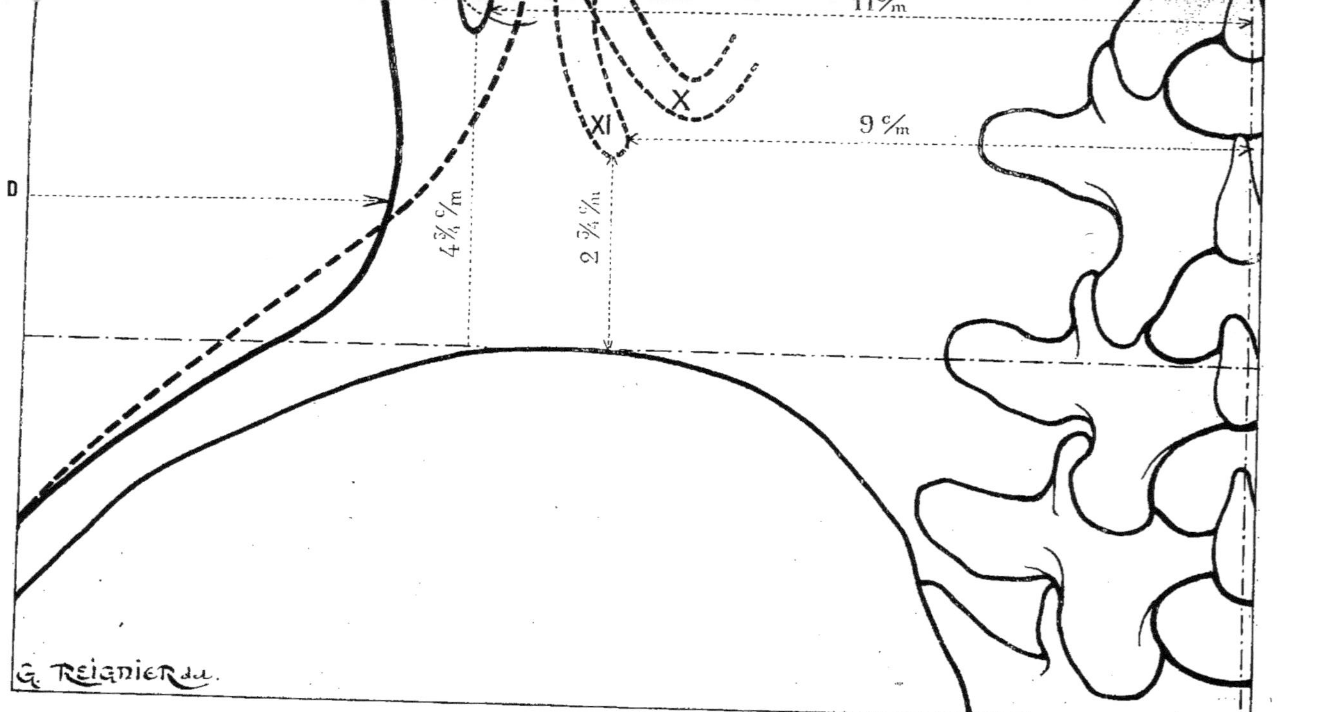

SCHÉMA DES PLANCHES RADIOGRAPHIQUES I ET II SUPERPOSÉES

A. Corset cambré — B. Corset Ligne. — C. Place de la taille formée par le corset cambré devant.

D. Place de la taille formée par le Corset Ligne.

PLANCHE III

vauche sur elle et elle est reportée encore beaucoup plus en dedans qu'elle.

On peut au contraire facilement se rendre compte sur la radiographie du corset ligne que la 10ᵉ et la 11ᵉ côte présentent une inclinaison beaucoup plus faible, que leurs extrémités superposées et non chevauchantes sont à la fois plus distantes de la crète iliaque (4 cm 3/4 au lieu de 2 cm 3/4) et de la colonne vertébrale (11 cent. au lieu de 9), qu'elles n'ont donc subi ni pression, ni torsion comme avec l'ancien corset cambré. »

Les côtes inférieures sont libres de toute pression et si la base du thorax se rétrécit de plus en plus jusqu'à la dernière côte c'est que le thorax affecte là sa forme normalement rétrécie, son aspect doliforme.

D'autres observations plaident encore en faveur de mes idées sur la forme du thorax, forme non pas géométriquement absolue, car il n'y a pas d'absolue mathématique en anatomie, mais sur l'aspect doliforme si fréquent de la cage thoracique et sur l'erreur que l'on commet en attribuant au corset même bien fait et porté sans abus, tant de déformations thoraciques.

Récemment appelé auprès d'un homme atteint d'accidents dus à l'abus de l'alcool, je constatais au niveau de la huitième côte un étranglement thoracique tel, qu'il semblait qu'avec une corde on eût longtemps exercé une constriction à ce niveau ; or, ce malade portait des bretelles pour soutenir son pantalon. Au-dessous de ce rétrécissement si accentué, le thorax allait en s'élargissant d'une façon très prononcée. Si ce cas se fût présenté chez une femme, on n'eût pas manqué de l'attribuer au corset, alors que chez ce sujet l'augmentation du volume du foie repoussant les côtes me paraît devoir être seule incriminée. Ayant été appelé auprès de ce malade en l'absence de son médecin traitant, je n'eus pas à le revoir et n'ai pu, malheureusement, lui demander de me laisser prendre de lui la photographie et la radiographie de son thorax.

L'épreuve photographique sur laquelle serait apparu le rétrécissement en question eut été probante, l'épreuve radiographique ne l'eût probablement pas été autant. C'est, qu'en effet, la radiographie ne reproduit pas ce que l'on constate à la radioscopie et tel thorax, par exemple, qui, examiné partie par partie, point par point à l'écran fluorescent apparaît très nettement doliforme, ne donne pas sur le cliché radio-photographique l'image constatée sur l'écran, celle-ci est déformée ; aussi ne me suis-je pas étonné que, lors de mes premières recherches, lorsque j'ai présenté à des sociétés savantes mes premières radiographies de thorax vraiment en forme de baril, certains de mes confrères ne les aient pas considérées comme très nettes et tout à fait d'accord avec l'exposé de mes idées. A force de patience et après des essais nombreux ayant soin de radiographier les thorax jusqu'en dessous de la dernière côte flottante, je suis arrivé à obtenir des images radiographiques se rapprochant davantage de la réalité et pouvant prouver soit à mes auditeurs, soit à mes lecteurs, l'exactitude de mes descriptions anatomiques faites d'après des mensurations, des photographies, des radioscopies.

Pour que les images radioscopiques ne soient pas déformées lorsqu'elles sont fixées par la radiographie, il faudrait que chaque point du thorax fût éclairé normalement, que le thorax fût irradié par un faisceau parallèle perpendiculaire au plan frontal du corps et à l'écran fluorescent.

Or, il n'en est pas ainsi, car les images radiographiques obtenues sont les résultats de projections coniques, c'est-à-dire de projections qui donnent des résultats déformés.

L'inexactitude des images radiographiques du thorax obtenues par incidence conique est bien prouvée par la figure 35 (empruntée à MM. Radiguet et Massiot) qui montre la différence d'aspect de la région supérieure droite du thorax, suivant qu'elle est éclairée normalement ou obliquement.

Dans une note de M. Guilleminot présentée à l'Académie des sciences par le professeur Bouchard, le 24 juin 1902, l'auteur s'exprime ainsi :

« On sait que l'aspect d'une région varie suivant l'incidence. Ainsi, si nous observons le sommet droit en plan frontal lorsque l'écran est appliqué sur la poitrine et que le tube, placé en arrière du sujet, éclaire normalement le milieu de la clavicule droite, nous voyons l'ombre de la portion rachidienne de la quatrième côte. Si, au contraire, nous transposons le tube de manière à éclairer normalement l'angle inférieur de l'omoplate gauche, nous voyons l'ombre de la clavicule recouvrir le quatrième espace ou même la portion rachidienne de la cinquième côte, pour une hauteur du cône d'émission de plus de 50 cent.

« Des divers aspects d'une région, le plus utile est celui qui est donné par la projection normale, d'abord parce qu'il comporte le minimum de déformation, ensuite parce que, s'il s'agit de localiser, de repérer une ombre portée, il nous donne les rapports simples des ombres antérieures et postérieures du thorax. Aussi, si l'on veut inscrire sur une fiche la situation des anomalies observées, il est à désirer que ces anomalies soient toujours éclairées normalement au moment où l'on étudie leurs rapports, et que la fiche sur laquelle on les transcrit soit un sciagramme orthogonal, je veux dire un sciagramme obtenu par la projection orthogonale d'un thorax moyen.

« Je présente ici une double fiche d'observations répondant à ce desidératum. Chez un sujet de taille moyenne, cinq radiographies ont été prises en position frontale et incidence postérieure, le point d'incidence normale étant, pour la première, le milieu de la clavicule droite, pour la

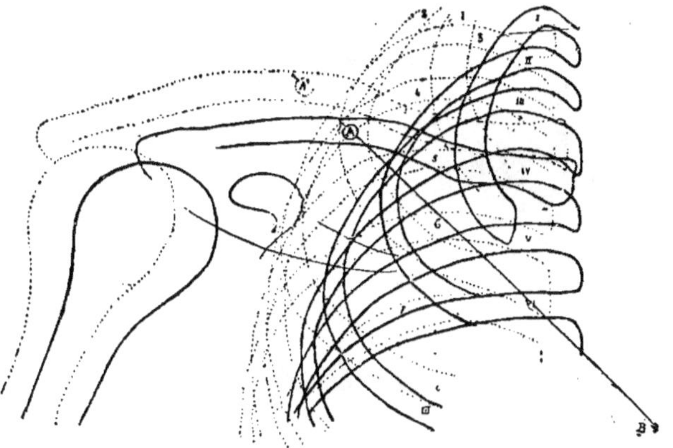

Fig. 35. — Fiche d'observation

deuxième, le milieu de la clavicule gauche, pour la troisième, le milieu de la cinquième dorsale, pour la quatrième, l'angle inférieur de l'omoplate droite, et, pour la cinquième, l'angle inférieur de l'omoplate gauche.

« Ces radiographies, dont l'exécution a été très soignée par MM. Radiguet et Massiot, m'ont permis d'obtenir par calque le contour exact du cœur, du diaphragme, de toutes les parties osseuses du thorax, etc., dans chacune de ces positions. Cela fait, partant de la cinquième épreuve, j'ai déterminé sur elle le point où se seraient projetés les repères de chacune des quatre autres, si, au lieu d'être éclairés obliquement, ils l'étaient normalement, et, au moyen de ces quatre repères ainsi établis, j'ai rapporté les portions correspondantes des quatre autres calques.

« Dès lors, il était facile de corriger les écarts minimes des zones intermédiaires et d'obtenir ainsi une projection totale du thorax, correspondant très approximativement à la projection orthogonale.

« On obtient de même une fiche d'incidence antérieure qui, d'ailleurs, est l'homothétique de la précédente. »

Un exemple fait bien voir comment un thorax nettement doliforme à la vue et à la photographie et nettement doliforme d'après les mensurations et les examens radioscopiques partiels et successifs de chacun de ses points n'apparaît pas sur le cliché radiographique avec l'aspect que rendent la description anatomique, les mensurations, l'examen direct et la photographie.

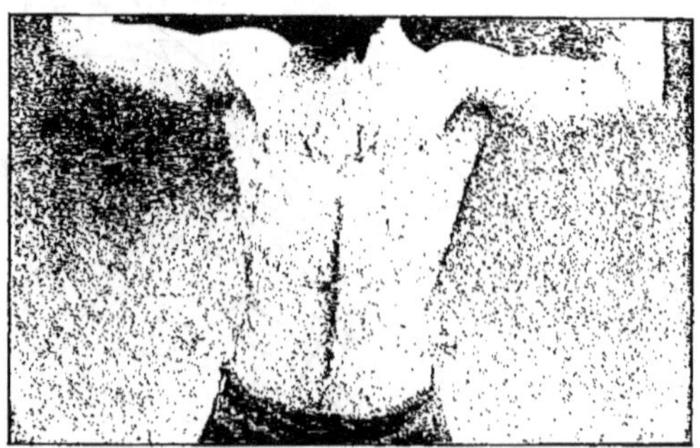

Fig. 36. — Photographie d'un tronc d'homme.

Cet exemple consistera à reproduire ici le buste d'un sujet masculin de 31 ans dont la taille est de 1 m. 72 et le poids de 71 kilogs, n'ayant subi aucune constriction thoracique du fait d'un corset ou de tout autre appareil, n'ayant jamais fait de maladie générale sérieuse, ayant un appareil pulmonaire actuellement en parfait état et une capacité respiratoire de cinq litres. La reproduction du thorax de ce sujet est donnée deux fois par la photographie, une fois par la radiographie.

Les mensurations faites sur le thorax ont donné les chiffres suivants :

Circonférence au niveau des aisselles 0 m. 88.

Circonférence à douze centimètres au-dessous de la fourchette sternale, 0 m. 91 c. 1/2.

Circonférence à treize centimètres au-dessous de la précédente, 0 m. 85 c. 1/2.

Circonférence à neuf centimètres au-dessous de la précédente au niveau des côtes flottantes, 0 m. 72.

Toutes ces mensurations étant faites sur les parties molles, sont nécessairement plus grandes que les circonférences que l'on obtiendrait en mesurant la même cage thoracique squelettique, mais les chiffres n'en sont pas moins comparables entre eux ; et l'on peut constater que le plus grand diamètre thoracique n'est pas à la base Bien plus si l'on examine la photographie sur laquelle le sujet a les bras relevés on voit que les muscles du creux de l'aisselle, grand pectoral pour la paroi antérieure et grand rond et grand dorsal pour la paroi postérieure, forment une couche musculaire très épaisse et que le chif-

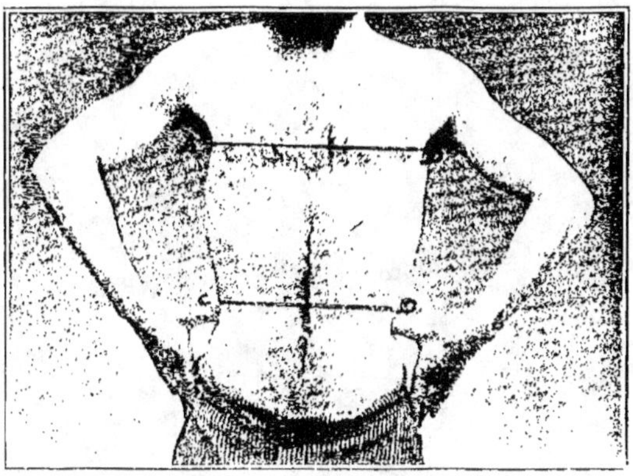

Fig. 37. — Autre démonstration photographique de l'aspect doliforme du thorax.

fre de 88 centimètres trouvé pour la circonférence thoracique à ce niveau est particulièrement augmenté par l'épaisseur des parties molles. Si donc, cette mensuration de 88 centimètres était ramenée à ses chiffres exacts, l'aspect doliforme de ce thorax masculin serait encore plus accentué.

Cet aspect est bien souligné sur la seconde photographie, en effet, considérez la partie du buste (ce thorax étant en légère inspiration) située entre la ligne A B tracée au niveau des aisselles et la ligne C D qui passe au niveau de la dernière côte flottante sur l'extrémité de laquelle le sujet appuie légèrement les pouces et dites si la région ainsi délimitée n'a pas nettement la forme d'un baril ?

L'aspect doliforne est évident et le baril thoracique paraîtrait plus étroit encore au sommet, si le diamètre A B, au lieu d'être tracé au niveau des aisselles, joignait la deuxième côte droite à la deuxième côte gauche.

Cela s'aperçoit bien sur la radiographie de ce thorax.

Pour exécuter cette radiographie, l'ampoule électrique

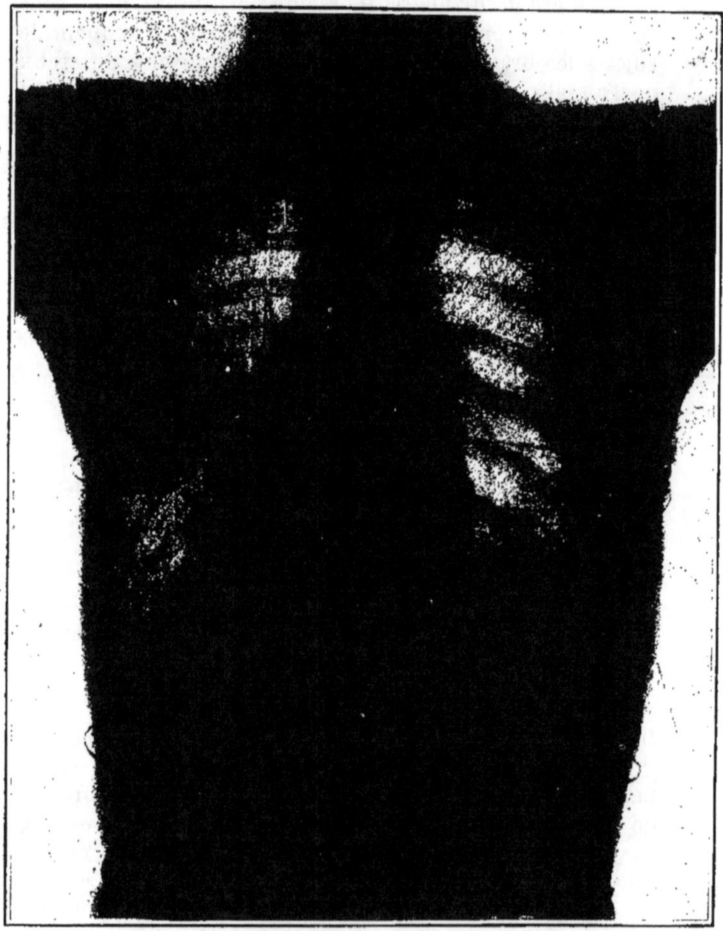

Fig. 38. — Radiographie du thorax des fig. 36 et 37.

était placée au-dessus du sujet à une distance de 0 m. 68 cent. de la plaque photographique sur laquelle celui-ci était couché ; la durée de pose a été de sept minutes.

Sur cette épreuve radiographique, due à mon aimable confrère M. L. Dumont, le thorax apparaît nettement, s'évasant du sommet jusque vers la septième côte ; mais l'on aperçoit moins nettement que, vers la base, le thorax se rétrécit et cependant, mensurations et photographie témoignaient bien que la cage thoracique du sujet en expérience, avait la forme d'un baril.

Sur l'épreuve radiographique, on voit que latéralement, les images des côtes semblent chevaucher les unes sur les autres, ce qui embrouille les détails du cliché et dans la partie inférieure de la figure, entre le deuxième et le troisième diamètre, dessiné par des fils métalliques entourant le thorax sans le serrer (le dernier diamètre étant pris au niveau de la dernière côte), on aperçoit mal, en raison de la présence de la masse viscérale, la structure de la cage thoracique.

La radiographie, on le voit, ne peut donc apporter, surtout pour le profane, un contrôle précis, absolu, et d'un examen facile ; néanmoins, ce qu'elle permet d'apercevoir suffit à affirmer, une fois encore, l'aspect doliforme d'un thorax normal, et m'autorise à conclure que cette disposition des côtes et du sternum semble bien être indépendante du port du corset dont la constriction exagérée peut toutefois l'accentuer.

Ce vêtement a-t-il une influence sur les autres parties de la cage thoracique, c'est ce que je vais examiner maintenant.

Les côtes et le sternum ne sont pas, en effet, les seules parties osseuses du thorax, auxquelles le port du corset pourrait nuire.

On a répété bien des fois, depuis Galien et A. Paré, que la constriction circulaire du tronc, telle que celle qu'exerçaient les corps ou corsets modernes, était une cause fréquente de difformité de la colonne vertébrale.

J'ignore, écrit Bouvier dans son magistral mémoire, si les corps d'autrefois produisaient des courbures de l'épine, l'irrégularité des épaules et de véritables gibbosités ou bosses, comme l'ont affirmé beaucoup d'auteurs. Je n'ai trouvé dans leur récits que des assertions et des raisonnements sans preuves certaines de ce fait ; car on ne regardera pas comme telle cette remarque si souvent citée de l'anatomiste Riolan, premier médecin de Marie de Médicis, qu'en France, surtout parmi les nobles, sur cent filles, on en eût trouvé, de son temps, à peine dix qui n'eussent pas l'épaule droite plus élevée et plus grosse que la gauche. Riolan lui-même était loin d'avoir reconnu que cette conformation fut l'effet des corps ; il propose plusieurs autres explications du fait en même temps que celle-ci et ne se décide pour aucune.

Ceux qui depuis, à l'exemple de Winslow, n'ont point imité cette réserve, n'ont pas produit de raisons plus convaincantes à l'appui de leur opinion. Je ne nie pas que la gêne causée par les corps n'ait pu donner lieu à des attitudes vicieuses suivies de courbure latérale de l'épine, que leur emploi dans l'enfance n'ait pu entraîner une débilité favorable à la formation d'une semblable courbure; mais les observations manquent pour établir ce que ces suppositions peuvent avoir de fondé.

Fig. 39. — Lucas Cranach, Sainte-Catherine (Galerie Royale de Dresde).

Quant aux corsets d'aujourd'hui, on n'a fait, sous ce rapport, que redire à leur égard ce que l'on avait dit des corps. C'est ainsi que l'on prétend, comme autrefois, déduire l'influence de ce vêtement sur les déformations du rachis, de leur plus grande fréquence chez les femmes que chez les hommes, chez les habitants des villes que dans les campagnes, dans la classe riche que dans les familles pauvres, parmi les peuples de la vieille Europe que dans beaucoup de colonies européennes, comme si les individus ainsi mis en regard ne différaient que par cette seule condition, savoir : le plus ou moins d'usage qu'ils font des corsets; comme si leurs différences de constitution, de force physique, de genre de vie, de disposition héréditaire, de maladies, de race, etc., ne fournissaient pas autant de causes bien capables de rendre raison de leur dissemblance au point de vue de la régularité du développement du rachis. Aujourd'hui d'ailleurs qu'on ne met généralement de

Fig. 40. — Lucas Cranach. Adam et Eve au Paradis (Galerie Royale de Dresde).

corsets aux filles que vers l'âge de la puberté, il est impossible d'attribuer à leur influence des déformations qui commencent presque toujours avant cette époque.

Et l'auteur ajoute, au point de vue orthopédique :

J'ai vu quelquefois les courbures latérales se développer avec plus de rapidité parce qu'on n'avait pas employé de corsets en temps utile ; je n'ai jamais observé, au contraire, que leur usage fût pour rien dans la production de cette difformité. Au reste, il est à remarquer que par une contradiction assez singulière, ceux-là mêmes qui ont mis sur le compte des corps ou des corsets les déformations du tronc si communes dans le sexe féminin tels que Paré, Platner, Winslow, etc., reconnaissent pour la plupart l'utilité de ces mêmes corps pour remédier à la déviation des vertèbres une fois qu'elle s'est produite.

De nos jours un médecin allemand est allé plus loin et s'est fait le champion de la réhabilitation du corset.

Fig. 41. — Hans Memling (Triptyque.) Eve (Galerie royale de Vienne)

A la suite de l'exposition, à Dresde, des œuvres de Lucas Cranach le Vieux (1472-1553), ce médecin, le docteur Schlanz a été frappé d'y voir qu'Eve, Lucrèce et les déesses mêmes avaient le dos rond. Il en ressentit une tristesse qu'il divulgua dans la *Semaine médicale allemande*. L'infirmité de ces figures n'est pas un caprice dépravé de Cranach ; car ses portraits de femmes sont également rachitiques « toutes ont l'aspect infantile, la figure jeune d'une impubère, les seins non développés, le corps gracile, les membres maigres et longs, la poitrine mince et étroite. Ce qui choque le plus, c'est la forte cambrure des reins, qui fait proéminer le ventre en avant et porte le haut du corps en arrière. La taille est mince, mais tandis que nous apprécions aujourd'hui cet amincissement lorsqu'il est au-dessus des hanches, ici, il intéresse la partie inférieure de la poitrine, au-dessous des seins et va jusque vers l'ombilic ».

Schlanz a reconnu que toutes ces beautés sont des déviées, et a trouvé que le portrait de la duchesse Catherine présente un cas de scoliose bien accentué.

Il a même vu qu'Albert Dürer (1471-1528), en quelques-uns de ses portraits, notamment dans Adam et Eve, infléchit aussi l'épine dorsale d'Eve. Comme on ne peut douter de la sincérité de ces maîtres, on doit avouer que la femme allemande de la Renaissance avait l'échine tordue.

Pareillement une Eve peinte sur un triptyque par Hans Memling (1425-1595) et reproduite dans le *Correspondant médical*, présente les mêmes déformations, le bas de la poitrine est enserré et le ventre est proéminent à partir du nombril.

Schlanz a voulu trouver la cause d'une si grande disgrâce dans le costume, qui était bien moins soutenu qu'aujourd'hui de baleines et d'acier. Là serait la cause de dégénérescence du type féminin. Poursuivant ses études sur d'autres époques, l'auteur est arrivé à cette formule générale que toutes les générations sans corset avaient le dos voûté.

C'est là une opinion extrême ; je ne la défendrai pas plus que celle qui accuse le corset de toutes les déviations du rachis.

J'estime qu'un corset moderne ne peut produire sur la colonne vertébrale les dégâts extraordinaires dont on l'a accusé d'être cause, alors même que ces déviations seraient le résultat indirect de l'action des muscles troublés dans leur contraction par le port du corset.

Celui-ci entraînerait, en effet, l'inactivité et, à la longue, l'affaiblissement et l'atrophie des muscles qui commandent les mouvements du rachis (muscles longs du dos, Winslow).

En arrière, écrit d'autre part Mme Gaches-Sarraute, le corset est généralement formé par une surface plane, très étendue de haut en bas, destinée à appuyer sur la partie postérieure du thorax pour en diminuer autant que possible la largeur, et atténuer la saillie des omoplates.

Et elle ajoute : le rétrécissement du thorax n'est pas difficile à obtenir, il n'y a qu'à le comprimer ; mais pour obtenir l'effacement des os, ce n'est pas par ce moyen qu'on peut y parvenir. En comprimant les muscles, on les atrophie, et comme ils ont pour fonction le redressement de la colonne vertébrale et l'accolement de l'omoplate sur le thorax, s'ils sont gênés, c'est-à-dire paralysés artificiellement, les saillies osseuses s'accentuent.

L'action du corset en arrière en diminuant l'action des muscles dorsaux, gêne le redressement du buste. La partie postérieure du dos s'allonge donc en s'incurvant au détriment de la paroi antérieure qui se raccourcit.

Cette conclusion est logique *a priori*, mais à bien discuter les arguments fournis, elle semble alors trop sévère. Lorsqu'une colonne vertébrale dévie, lorsqu'une omoplate fait saillie, « il faut s'attacher avant tout à mettre les muscles du dos en état de redresser la colonne vertébrale et s'opposer à l'inclinaison du tronc en avant. Mais tant que ce résultat n'est point obtenu, un soutien artificiel prévient l'aggravation du mal, la fatigue et l'élongation des muscles, ainsi que l'affaissement de la partie antérieure des disques intervertébraux et des vertèbres elles-mêmes. L'usage du corset ne conduit pas alors, comme on l'a dit, à l'inertie des muscles, lorsqu'il n'exerce sur eux qu'une pression modérée favorable, au contraire, à leur contraction, et quand des exercices convenables alternent avec l'application de ce vêtement ».

J'ajoute que la durée de compression des muscles dorsaux est de beaucoup moins longue que la période pendant laquelle ces muscles sont décomprimés et que, d'autre part, lorsque la femme use mal à propos de son corset en se serrant fortement la taille, elle le fait le plus souvent à un âge où ses muscles sont développés et suffisamment robustes pour résister à cette compression ; ce qui, certes, ne veut pas dire qu'il y a lieu de recommander la constriction du thorax par le corset.

Je ne puis terminer cette partie de mon travail sans répondre à une objection bien souvent élevée sous des formes diverses contre le port du corset. Comparez, dit-on, le buste de la Vénus de Milo avec celui d'une Parisienne de nos jours, et voyez si le thorax de celle-ci, infiniment plus petit que celui de la célèbre statue, n'est pas là pour prouver que le corset est une cause de déformation thoracique.

Et, dit M. Butin en d'autres termes, quand une jeune fille se vante d'avoir 58, 55, 50 et même 45 centimètres de tour de taille comme certains mannequins de nos grands couturiers, il est bien facile de diagnostiquer le rétrécissement du thorax si on se rappelle que la Vénus de Médicis a environ 80 centimètres de tour de taille.

Que ces arguments sont donc peu scientifiques, et qu'ils ont peu de valeur! Il faut les réfuter cependant parce qu'ils sont toujours donnés comme irréfutables et souvent acceptés comme tels.

D'abord une statue, en admettant qu'elle soit la reproduction exacte d'un seul corps féminin, même irréprochable, n'est pas pour cela le type unique et immuable d'après lequel doit être construit, pour prétendre à la beauté des formes, tout autre corps de femme.

Fig. 42. — La Vénus de Sandro Boticelli (Galerie Impériale de Berlin).

C'est ainsi que M. Charpy, professeur d'anatomie à Toulouse, admet trois types de thorax féminins :

1° Le type large, carré, ayant la transversalité du thorax mâle, des épaules bien entablées, une taille pleine, les reins plutôt en disque étalé. A diamètre transverse égal, il a plus d'étendue de l'avant... une capacité thoracique plus considérable. C'est le type des grandes déesses antiques, c'est celui des Toscanes, des Ligures, des Romaines du Transtevère ; c'est celui qu'affectionnaient les anciens Grecs ; ils l'avaient même exagéré dans leurs sculptures comme ils l'ont fait pour l'angle facial.

2° Le type rond avec des formes très tournantes et potelées, type plus fin, plus sexualisé, plus rare. A l'inverse de ce que l'on pourrait croire, son diamètre antéropostérieur qui paraît si saillant est moindre que dans le type large, mais plus détaché et en valeur. Je lui rapporterai plus volontiers les Vénitiennes, les blondes.

3° Un type long qui a probablement autant d'ampleur totale que les autres. Je crois le retrouver dans les Anglaises, les Arlésiennes, les brunes aux épaules tombantes, au port élégant et gracieux.

Eh bien, pourrait-t-on comparer deux femmes exceptionnellement belles, mais l'une à thorax du type carré, et l'autre à thorax du type long, et dire que l'une est déformée parce qu'elle n'a pas l'aspect de l'autre ?

La Vénus de Boticelli est mince et élancée, a des épaules tombantes, un cou long et mince, un thorax étroit, des seins bas et rapprochés, cela prouve simplement qu'elle présente un type allongé ou longiline ; il y a dans la race humaine comme dans les races animales (le professeur Baron d'Alfort a beaucoup insisté sur ce point), des beautés minces, allongées, comme celles de Boticelli. Il existe à l'opposé des beautés larges et trapues comme les beautés italiennes ou flamandes de la Renaissance (docteur Félix Regnault).

D'autre part, il semble bien que, de tout temps, les artistes aient pris comme modèles des sujets dont les formes fussent remarquablement belles lorsqu'il s'agissait de figurer dans tout son éclat la beauté physique. Et même quand ils n'ont pas trouvé le modèle qui résume en lui toutes les perfections physiques, quand ils n'ont pas trouvé le modèle suffisamment parfait pour « poser l'ensemble », ils créent une femme idéale qui réunit les beautés de plusieurs modèles dont l'un pose la tête, un autre les bras, un autre la gorge..., etc. Ainso Zeuxis, pour l'exécution de son Hélène courtisane, fit poser nues les cinq plus belles filles d'Agrigente. Est-il donc juste et exact de comparer avec le buste sculptural d'une statue antique, reproduction d'une femme particulièrement bien faite, peut-être même synthèse des perfections de plusieurs modèles, celui d'une femme de nos jours que l'on aura choisie, particulièrement déformée par un usage excessif du corset?

En résumé, j'envisagerai l'influence du corset sur les différentes parties de la cage thoracique comme beaucoup moins néfaste qu'on ne s'est plu à la décrire. D'un côté, il n'y a pas lieu un instant de comparer la compression exagérée et étendue exercée sur le thorax par les rigides armatures des anciens corps à baleines avec les résultats que peut provoquer l'application d'un corset moderne, léger, fait sur mesure et pas serré. D'un autre côté, si les anciens corps à baleines, bien que portant sur tout le buste, pouvaient en raison de leur large surface d'appui sur toutes les parties de la poitrine, être appelés corsets thoraciques. il n'en est pas de même du corset moderne qui mérite surtout le qualificatif d'épigastrique, puisqu'il agit, je le montrerai dans la suite, comme un lien placé sur l'estomac.

Enfin, la région du thorax, avec laquelle le corset moderne est en rapport, est la région inférieure plutôt rétrécie qui affecte la forme contraire à celle de la partie supérieure évasée du corset.

Si donc quelque déformation de la cage thoracique est produite par un corset, « elle résulte de l'abus que les femmes ont fait du corset ordinaire serré d'une manière exagérée et appliqué sur le thorax dès l'enfance » ; c'est ce que je traduirai encore avec Mme Gaches-Sarraute, qui ne peut être suspectée de tendresse pour le corset moderne (je ne parle pas du type qu'elle a créé) ; la constriction de la cage thoracique a une importance capitale sur la direction du développement osseux, et ce sont les femmes qui se sont *serrées pendant longtemps sur une grande étendue, depuis la taille jusque sous les bras*, qui présentent un thorax dont la circonférence est très amoindrie, la région dorsale bombée, la région pectorale aplatie et des côtes incurvées vers le bas. Ce sont les corsets hauts et trop serrés qui en déformant le thorax amènent forcément un arrêt dans le développement normal des poumons qui deviennent ainsi plus sensibles aux influences pathogènes.

Les professeurs de chant sont bien à même de se rendre compte de la gêne qu'apporte un corset trop serré dans les exercices respiratoires qu'ils enseignent.

Les conclusions du chapitre thorax de la thèse, consacrées par M. Butin au corset se rapportent, elles aussi, selon leur auteur, au *corset trop serré.*

Et pour Bouvier, les corsets ne produisent que dans des *cas exceptionnels* un rétrécissement permanent de la base de la poitrine, c'est sans preuve qu'on les a accusés de déformer la colonne vertébrale.

Toutes réflexions, on le voit, qui incriminent non l'usage, mais l'abus des corsets.

Cependant si les raisonnements, appuyés sur les mensurations et sur les faits démontrent qu'un bon corset ne saurait avoir sur le thorax une influence dangereuse, peut-être n'en est-il pas de même si au lieu de considérer seulement son action sur la cage thoracique l'on considère son action sur les viscères qui y sont enfermés, c'est-à-dire sur les poumons et sur le cœur. Je vais donc étudier maintenant l'influence du corset sur la respiration, j'étudierai ensuite son influence sur la circulation.

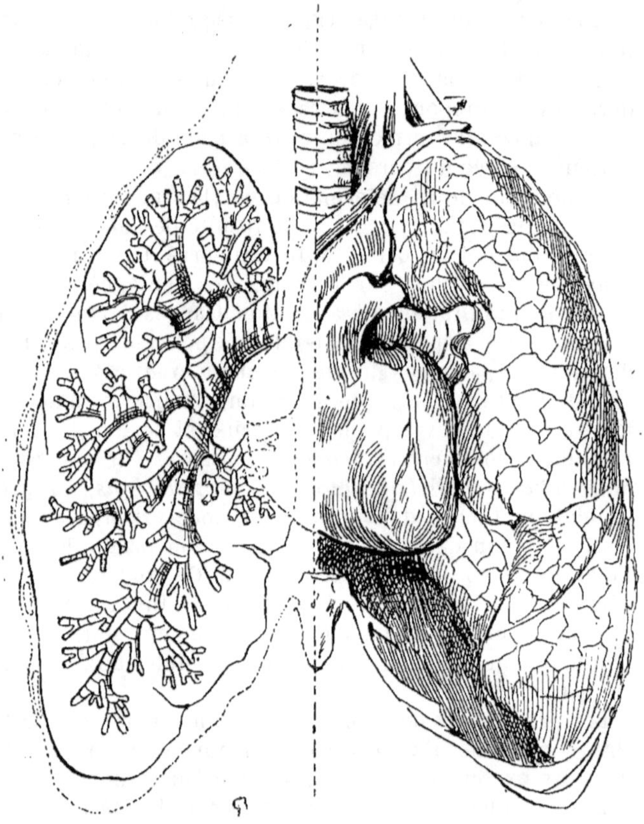

Fig. 43. — Les poumons et le cœur.

(La partie gauche de la figure montre les ramifications de plus en plus petites des bronches dans le poumon dont on a enlevé la substance. A droite le poumon est intact. Les côtes ont été coupées de chaque côté.)

Les poumons sont les organes essentiels de l'appareil respiratoire. C'est en effet dans leur épaisseur que s'accomplit, sous l'action de l'air atmosphérique que leur apportent incessamment les bronches, l'important phénomène de l'hématose, c'est-à-dire la transformation du sang veineux en sang artériel.

Les poumons sont au nombre de deux, l'un droit,

l'autre gauche, ils sont suspendus aux deux branches de bifurcation de la trachée-artère ou grosses bronches ; la trachée-artère communiquant avec la bouche par le larynx.

Ils sont enveloppés d'une membrane appelée plèvre, composée de deux feuillets qui peuvent glisser l'un sur l'autre grâce à la sérosité qui les enduit entièrement sur leur face interne.

Les poumons sont séparés des viscères abdominaux

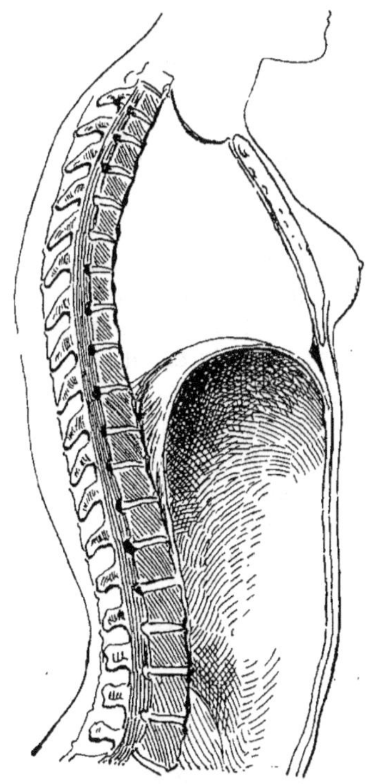

Fig. 44. — La voûte formée par le muscle diaphragme.

par la cloison que constitue le diaphragme, entre eux se trouvent une série d'organes : nerfs, veines ou artères, et le cœur. Au niveau du cœur la paroi pulmonaire se déprime pour recevoir ce viscère, mais comme le cœur est fortement incliné de droite à gauche, il s'ensuit que la dépression cardiaque est notablement plus prononcée sur le poumon gauche que sur le poumon droit ; c'est à cette dépression du poumon gauche qu'on donne le nom de lit du cœur.

Les parois externe et postérieure du poumon tant à

droite qu'à gauche, sont en rapport avec la surface interne de la cage thoracique qui est représentée par la paroi interne des côtes et de la colonne dorsale.

Les bases pulmonaires larges et concaves répondent aux parties latérales du dôme formé par le diaphragme, dôme sur lequel elles se moulent.

Par l'intermédiaire du diaphragme la base du poumon droit répond à la partie droite du foie, la base du poumon gauche est en rapport avec le lobe gauche du foie, avec la grosse tubérosité de l'estomac et avec la rate.

Ces rapports sont très importants à connaître pour la question du corset et j'y reviendrai pour chacun des organes précités.

Pour bien faire comprendre le mécanisme de la respiration, il me faut décrire en quelques mots le muscle diaphragme.

Ce muscle — muscle impair et non symétrique — s'attache à la fois à la colonne vertébrale, au sternum et aux côtés. Il s'attache au rachis par deux piliers qui naissent des premières vertèbres lombaires, c'est-à-dire des vertèbres situées au-dessous des douze vertèbres dorsales.

Toutes les insertions du diaphragme vertébrales, sternales ou costales, après être devenues de fibreuses musculaires, convergent vers le centre du muscle — vers le centre du dôme — où redevenues fibreuses elles constituent le centre phrénique.

Pour compléter ces notions d'anatomie, il faut ajouter que les côtes sont réunies deux à deux par des muscles dits muscles intercostaux et qui sont au nombre de deux entre chaque côte, l'un de ces muscles dit muscle intercostal interne étant recouvert par un autre muscle dont les fibres sont en sens inverse et qu'on appelle muscle intercostal externe.

Les poumons se trouvent donc enfermés dans une cavité bien close en bas par le diaphragme, en haut par les tissus qui réunissent entre eux les divers organes se rendant au cou, en arrière par la colonne vertébrale, en avant par le sternum et latéralement par les côtes et les muscles intercostaux.

En faisant par une inspiration entrer dans le larynx l'air atmosphérique qui a traversé la bouche et les fosses nasales, celui-ci pénètre par la trachée-artère et par les bronches dans les poumons, qui en se remplissant d'air, se distendent, aussi leur faut-il un espace plus grand que celui qu'ils occupaient avant l'inspiration ; or, ils ne peuvent franchir les diverses parois, les diverses limites de la cage thoracique ; celle-ci va-t-elle donc s'agrandir ? Oui et de plusieurs façons, dans ses deux principales dimensions, horizontale et verticale.

En effet, grâce à l'action des muscles inspirateurs, les côtes qui constituent des arcs osseux obliques de haut en bas, d'arrière en avant et de dedans en dehors, se soulèvent

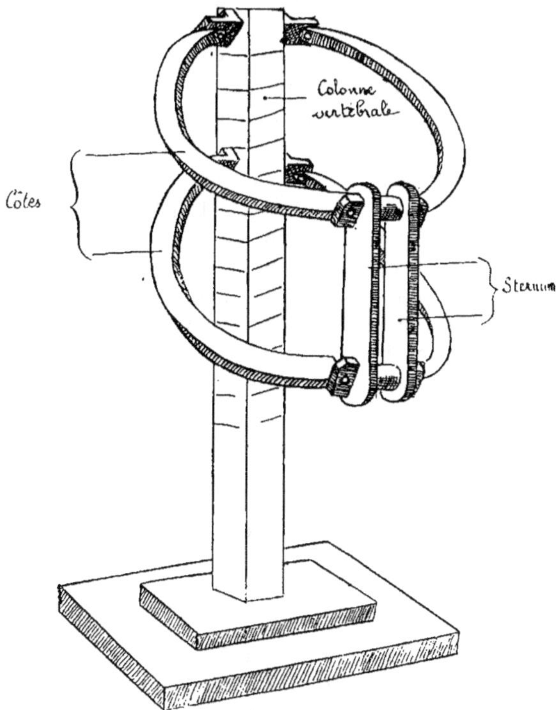

Fig. 45. — L'appareil de Frédéricq de Liége

en ayant pour point fixe leur articulation avec la colonne vertébrale ; il en résulte que leur extrémité antérieure, se porte en avant et que leur convexité externe se porte en dehors, la cage thoracique s'agrandit donc dans son diamètre antéro-postérieur et dans son diamètre transversal.

« On voit notamment que le sternum doit s'éloigner de la colonne vertébrale ; le sternum et la colonne vertébrale réunis par les côtes forment comme les deux montants d'une échelle à échelons obliques, et lorsque ces échelons se rapprochent de l'horizontale, les deux montants s'éloignent l'un de l'autre, d'où dilatation antéro-postérieure. Enfin le plan incliné de dedans en dehors et de haut en bas que forme la côte, se relève en tournant autour d'un axe oblique qui va du sternum à la colonne vertébrale et qui représente la corde de l'arc formé par la côte, la convexité de celle-ci se porte donc en dehors, d'où dilatation transverse du thorax. Le professeur Fredericq de Liége a construit un ingénieux appareil, reproduit ici, avec lequel il est facile d'imiter les mouvements des côtes et du sternum et de se rendre compte de tous les détails de leur mécanisme. »

L'agrandissement du diamètre vertical se produit par le jeu du diaphragme. Ce muscle constitue la base de la cavité thoracique, de sorte qu'en s'abaissant il modifie considérablement la capacité de cette cavité.

« On peut comparer jusqu'à un certain point son action à celle d'un piston dans un corps de pompe. Mais il faut tenir compte de ce que ce muscle a la forme d'une voûte et que, par conséquent, on peut supposer qu'en se contractant, il redresse sa courbure et qu'ainsi seulement il augmente le diamètre vertical de la cavité dont il forme la base, base qui serait convexe vers le haut pendant le repos du muscle et presque plane pendant sa contraction. Il est cependant à remarquer que la courbure du diaphragme est moulée exactement sur celle des viscères abdominaux et par exemple à droite sur celle du foie ; donc, quand le muscle se contracte, il ne peut que faiblement modifier cette courbure, cette convexité, qu'il déplace plutôt de haut en bas en refoulant les viscères devant lui dans le même sens ; aussi voyons-nous les parois abdominales se soulever à chaque dilatation inspiratrice du thorax. »

En outre, comme le diaphragme est fixé au pourtour des côtes et que celles-ci sont mobiles, il les relève en se contractant, si bien que le diaphragme agrandit le diamètre antéro-postérieur de la cage thoracique en même temps que par l'aplatissement de sa voûte il agrandit sa capacité dans le sens vertical ; l'abaissement du muscle se produit en effet juste au moment où les côtes se relèvent, au moment de l'inspiration ; l'espace que peuvent occuper les poumons se trouve simultanément agrandi dans ses trois dimensions.

A l'introduction de l'air dans les poumons succède bientôt l'expulsion de l'air en un courant de sens inverse, à l'inspiration succède l'expiration qui se produit par le retour sur lui-même du tissu pulmonaire élastique qu'a distendu momentanément l'air introduit dans ses cavités.

Comme on le voit la respiration met en mouvement les côtes et le diaphragme; or, chez tous les individus la part prise à ce travail par le diaphragme et par les côtes n'est pas la même. Certains sujets respirent surtout parce qu'ils agrandissent leur cavité thoracique au moyen du muscle diaphragmatique, on dit que la respiration de ces sujets est du type abdominal ou costo-inférieur ; d'autres au contraire dilatent leur cavité thoracique surtout par le relèvement des côtes, on dit alors que le type respiratoire est costo-supérieur.

Ceci est très important pour notre sujet.

Un corps à baleine enserrant toute la poitrine et étant très rigide, est néfaste pour la fonction respiratoire puisqu'il entrave considérablement l'expansion thoracique, cela me paraît un fait trop net pour que l'on s'y arrête, c'est donc en même temps accepter qu'un corset qui monte très haut sur la poitrine gêne la respiration.

Je veux seulement indiquer ce qui peut se produire avec un corset actuel ayant de justes proportions.

Ce corset, je l'ai montré par les radiographies qui précèdent, entoure en général le thorax seulement à sa base.

Si la femme a un type respiratoire qui met en jeu surtout les parois thoraciques supérieures, un corset moderne — à moins que trop serré il ne refoule fortement les viscères abdominaux sous le diaphragme, — ne saura gêner l'expansion des poumons. Si au contraire le type respiratoire féminin est abdominal, un corset, quelque peu serré soit-il, sera gênant du moment qu'il produira une compression quelconque.

Pilson déclare qu'il y a une diminution de l'expansion pulmonaire même avec les corsets des enfants ou avec la compression la plus légère.

Quel est le type respiratoire féminin ? Il semblerait que la plupart des femmes civilisées respirent surtout, d'après les auteurs, en dilatant la partie supérieure du thorax, ayant ainsi une respiration à type costo-supérieur.

Si ce dernier type de respiration prédomine chez ces femmes, la faute, dit M. Butin, en est au corset qui le détermine par l'opposition qu'il apporte à la libre dilatation de la partie inférieure du thorax.

Pour le professeur Mathias Duval l'existence de ce type de respiration costo-supérieur est dû à une toute autre cause et voici ce qu'il en dit dans son *Cours de Physiologie* : « Il faut attribuer au diaphragme la plus grande part dans les mouvements de l'inspiration, surtout chez les jeunes sujets et chez l'homme ; les femmes à partir de l'âge de la puberté font jusqu'à un certain point exception à cette règle et chez elles le type respiratoire, au lieu d'être abdominal (diaphragmatique) ou costo-inférieur, se caractérise plutôt par une forme costo-supérieure ; sans doute cette absence du jeu diaphragmatique est en rapport avec les fonctions génitales, vers l'époque de la gestation le diaphragme ne pouvant sans inconvénient presser sur l'utérus gravide ».

Dans les *Archives générales de médecine*, Beau et Maissiat disent avoir trouvé le type de respiration costo-supérieure chez les femmes n'ayant jamais fait usage de corset et ils écrivent qu'il faut toutefois reconnaître que si le corset n'est pas la cause de la respiration costo-supérieure de la femme, il fait exagérer les mouvements de ce mode de respiration en empêchant tous les autres mouvements qui pourraient se faire à la base de la poitrine ; ils ajoutent un peu plus loin : « On peut presque avancer que les femmes sont pour ainsi dire organisées pour l'usage du corset.» Et Mme le Dr Tylicka de s'écrier avec indignation : « On ne trouverait nulle part un pareil sophisme. »

Mays, de Philadelphie, en observant un grand nombre d'Indiennes qui n'avaient jamais porté de corset, a vu que chez elles pendant la respiration la poitrine se soulève aussi bien en bas qu'en haut.

M. Marey a étudié les mouvements respiratoires de la femme au moyen de la chrono-photographie. Les images qu'il a obtenues montrent que chez la femme sans corset le diaphragme agit aussi bien que les côtes supérieures et que la poitrine se déplace, se dilate, en haut comme en bas.

Entre ces deux opinions extrêmes qui attribuent à la femme l'une un type respiratoire semblable en tout à celui de l'homme, l'autre un type respiratoire spécial, il y a lieu de placer un troisième avis, celui du professeur Mathias Duval, qui dans son *Cours de Physiologie* montre par une figure empruntée à John Hutchinson, médecin anglais (1811-1861), que dans la respiration ordinaire, la femme respire surtout avec ses côtes et moins avec son diaphragme bien qu'aussi avec ses côtes, mais que dans l'inspiration forcée le diaphragme de la femme augmente son travail et les côtes de l'homme leur dilatation, si bien alors que les deux types respiratoires se confondent.

Les figures reproduites ici d'après Hutchinson, représentent la silhouette d'un homme et d'une femme. « Le profil de la face antérieure du tronc dans la respiration ordinaire est marquée par un large trait noir, qui indique par ses deux bords les limites de l'inspiration et de l'expiration. On y a surajouté un profil en ligne pointillée qui répond à l'inspiration forcée pendant laquelle l'homme lui-même prend nettement le type costo-supérieur ; enfin le contour même de la silhouette en noir répond à l'expiration forcée. »

Mais est-ce bien sur les variations du type respiratoire qu'il y a lieu d'étudier l'influence du corset sur la respiration ; car de même que pour les dimensions du thorax, les

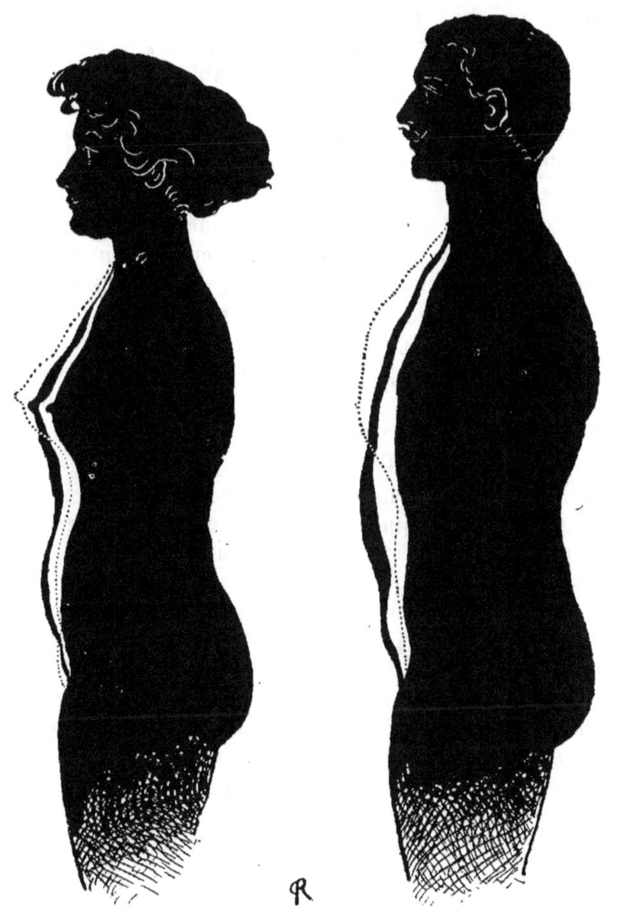

Fig. 16. — Respiration chez l'homme et chez la femme.

conditions d'existence, de milieu, de race, etc., peuvent différencier le type respiratoire ; il n'est pas rigoureusement exact de dire : voyez les Indiennes observées par Mays, elles respirent de telle façon ; donc, si nos concitoyennes ne respirent pas de façon semblable, c'est que le corset est venu perturber leur fonction respiratoire ? Ce qu'il faudrait, pour se prononcer en parfaite connaissance de cause, ce serait choisir des femmes de diverses races, de divers pays, de diverses conditions, d'en former deux groupes, l'un n'ayant jamais porté de corset, l'autre en faisant usage et de comparer alors les résultats entre eux, groupe à groupe.

Une telle expérience ainsi entendue est bien difficile pour ne pas dire impossible ; j'en ai réalisé toutefois une partie intéressante qui consiste à étudier sur des femmes de même race, mais de taille, de santé, de condition, de profession différentes, les variations de la capacité respiratoire, lorsque ces femmes ont un corset et lorsqu'elles ont enlevé ce vêtement. Ce sont ces recherches inédites que je rapporte ici.

La quantité d'air que l'on peut successivement introduire dans le poumon et en chasser ensuite en faisant les mouvements les plus énergiques de respiration, constitue ce que l'on appelle la capacité pulmonaire ou mieux encore la capacité respiratoire.

Cette capacité respiratoire varie avec chaque sujet. La taille de l'individu est, de toutes les conditions qui font varier le chiffre de la capacité pulmonaire, celle qui joue le rôle le plus considérable.

Il résulte des recherches de Hutchinson sur plusieurs milliers de sujets, que la stature est en rapport direct avec la capacité du poumon. Le poids du corps donne une notion moins exacte que la taille, de même que la circonférence de la poitrine est sans aucun rapport avec le volume d'air expiré. L'âge n'apporte que peu de modification. Il suffit donc de tenir compte de la taille de l'individu pour juger de sa capacité pulmonaire. Hutchinson a trouvé que la capacité vitale pour un homme de 1 m. 50 était égale à 2.035 centimètres cubes, que cette capacité augmentait de 25 centimètres cubes par centimètres de taille (Dr M. Dupont). Pour le Dr Charlier cette capacité serait de 2.735 et elle augmenterait de 15 centimètres cubes par chaque centimètre de taille.

Je ne m'occuperai cependant pas des tables de mensuration que Hutchinson a publiées sur cette question car il ne s'agit pas ici de savoir si la respiration des sujets est normale, si leur capacité respiratoire est en rapport avec leur poids et avec leur taille ce que l'on pourra trouver étudié dans les communications du Pr Gréhant et de M. Charlier au Congrès international de la Tuberculose (octobre 1905), mais seulement d'étudier sur un même sujet les variations de la capacité pulmonaire sous l'influence du corset et de comparer cette même influence sur divers sujets.

Le problème à résoudre, est en effet le suivant :

1° Etant donné une femme faisant usage du corset rechercher quelle est sa capacité pulmonaire : et lorsque son thorax est vêtu d'un corset et lorsqu'elle ne porte pas de corset.

2° Etant donné plusieurs femmes, rechercher si l'action du corset est analogue sur chacune d'elles.

La première expérience consiste à faire respirer la femme qui a revêtu son corset selon ses quotidiennes habitudes, je mesure alors sa capacité respiratoire ; puis la femme ayant serré son corset, je mesure une deuxième fois cette capacité. Enfin, je mesure sa capacité pulmonaire, lorsque dans la troisième expérience la femme a enlevé son corset.

Les trois chiffres obtenus permettront de juger mathématiquement l'influence du corset sur la respiration.

On mesure la capacité pulmonaire au moyen d'un appareil qu'on appelle spiromètre. « Le plus connu des spiromètres est celui d'Hutchinson modifié par Wintrich d'abord puis par Schnepf. Dans ces dernières années celui qui s'est le plus répandu est peut-être le spiromètre de Galante. A ces instruments un peu délicats et dont les indications manquent souvent de précision... » mon confrère et ami le Dr Maurice Dupont a substitué un appareil à la fois simple et précis.

Cet appareil soumis à l'appréciation de l'Académie de Médecine, est décrit comme suit par son auteur dans un travail sur le *Traitement de la tuberculose par les inhalations d'acide carbonique :* le spiromètre se compose de deux vases A et B munis chacun des deux tubulures AT, TA, TB, TB' ils ont une capacité égale à 5.000 centimètres cubes. La tubulure TB' reste ouverte et met le vase B en communication avec l'extérieur.

Les tubulures TB, TA , sont fermées par des bouchons de caoutchouc, à travers lesquels on introduit deux tubes de verre SS' de deux centimètres de diamètre ; on fait descendre ces deux tubes de verre SS' jusqu'à un centimètre du fond du vase ; ces deux tubes recourbés dans leur partie supérieure sont réunis par un tuyau en caoutchouc qui embrasse leur extrémité. La réunion du tube de caoutchouc et des deux tubes de verre constitue un siphon qui met les deux vases en communication.

La tubulure AT, est fermée par un bouchon en caoutchouc traversé par un tube de verre U de 10 millimètres de diamètre, auquel est adapté un tuyau de caoutchouc terminé par une embouchure que précède un robinet.

Le vase A est gradué de haut en bas de zéro à 5.000 centimètres cubes par fraction de 25 centimètres cubes.

Pour faire fonctionner l'appareil, on remplit d'eau le vase B, on ouvre le robinet R, puis à l'aide du siphon, on fait passer l'eau dans le vase A jusqu'à ce que le niveau

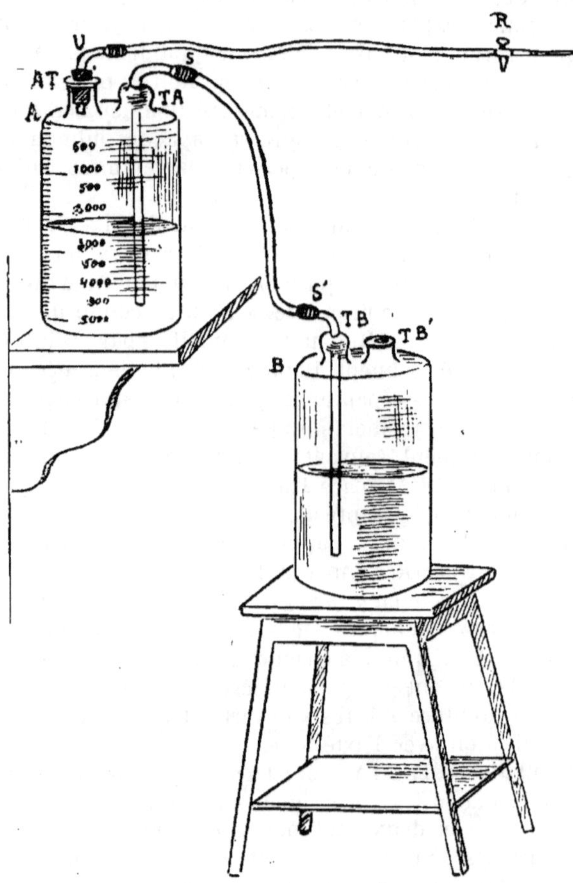

Fig. 47. — Spiromètre du Dr Maurice Dupont.

supérieur affleure le zéro on ferme alors le robinet. On verse ensuite dans le vase B la quantité d'eau nécessaire pour que l'extrémité inférieure du tube S' y soit toujours plongée, puis on place le vase B à un niveau inférieur à celui du vase A.

Le siphon étant amorcé on peut faire facilement passer

l'eau de A en B en ouvrant le robinet R. Il suffit de fermer le robinet pour arrêter immédiatement l'écoulement.

Voici comment on apprécie la capacité pulmonaire :

On recommande au sujet de faire une large inspiration, puis avant que l'expiration commence on adapte l'embouchure à la bouche du sujet et en même temps on ouvre le robinet. Le sujet prolonge l'expiration autant qu'il le peut et au moment où elle cesse, l'écoulement s'arrête. On ferme rapidement le robinet. L'air de la respiration a

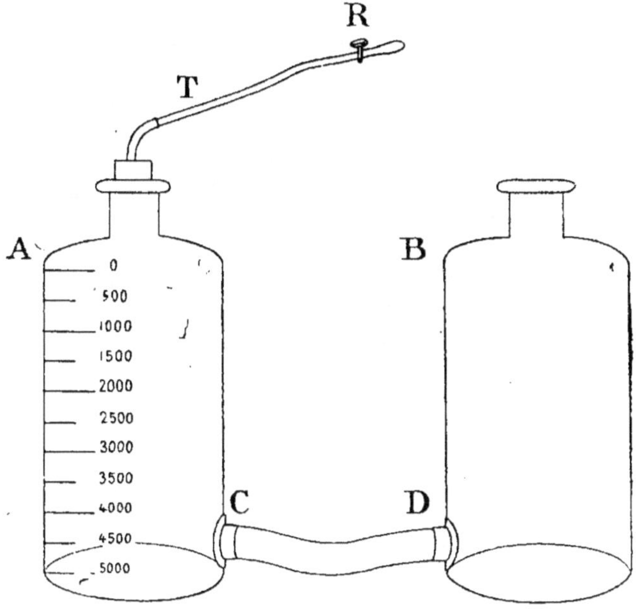

Fig. 48. — Spiromètre.

repoussé l'eau du vase A qui s'est écoulé dans le vase B et le chiffre correspondant au niveau de l'eau exprime le volume de l'air expiré. Grâce au fonctionnement du siphon l'expiration se fait sans effort, sous l'unique influence de l'air atmosphérique pressant sur les parois du thorax ; l'air contenu dans le poumon s'écoulant comme l'eau du siphon est en réalité aspiré par le vase A et le poumon se trouve ainsi vidé plus complètement que par l'expiration la plus énergique.

Pour mes recherches j'ai utilisé un appareil plus simple qui est le résultat de la transformation par M. Dupont de son spiromètre à siphon en un spiromètre à vases communicants. L'appareil se compose de deux vases A et B dont les tubulures inférieures sont réunies par un tube de caoutchouc CD, l'analogue du tube SS' sur le modèle précédent. Le vase A est gradué de haut en bas de 0 à 5.000 il porte à son extrémité supérieure un tube de caoutchouc, qui sera utilisé par le sujet en expérience. On verse dans l'appareil cinq litres d'eau, deux litres et demi se trouvent alors dans chaque vase au moment où l'on va disposer l'appareil pour les recherches.

Au moment d'utiliser le spiromètre, on élève le récipient B de façon à ce que le liquide passe dans le vase A, on ferme le robinet R du tube T et on replace le vase B à côté de A qui se trouve alors contenir de l'air jusqu'à la division zéro.

Le sujet en expérience embouche la tubulure du tube T après avoir fait une forte inspiration ; alors en même temps qu'il va expulser par le tube T dans le vase A l'air inspiré, le sujet ouvre le robinet R qu'il referme aussitôt qu'il ne peut plus expirer d'air. Le niveau auquel se trouve l'eau dans le vase A indique la capacité respiratoire du sujet. Si le dispositif que je viens de décrire peut au point de vue absolu présenter quelque cause d'erreur, il donne pour des recherches comparatives des résultats très satisfaisants.

Ces recherches ont été poursuivies de la façon suivante :

1° Mesure de la capacité respiratoire de la femme vêtue de son corset, tel qu'elle le portait en entrant dans mon cabinet et sans qu'elle ait été prévenue des expériences auxquelles elle se prêterait (colonne I).

2° Mesure de la capacité respiratoire du même sujet dont le corset a été fortement serré (colonne II).

3° Mesure de la capacité respiratoire de la femme ayant enlevé son corset (colonne III).

Afin de diminuer les chances d'erreur, l'expérience était répétée trois fois pour chaque cas et ce sont les moyennes des trois chiffres obtenus qui ont été comparées entre elles.

Soixante pour cent des personnes examinées portaient des corsets confectionnés, les autres des corsets sur mesure. Pour presque toutes, la forme du corset était droite devant en tous cas peu cambrée ; il faut toutefois ne pas perdre de vue que le corset droit cambre d'autant plus qu'il est plus serré et qu'alors à la gêne de la respiration produite par les cambrures latérales vient s'ajouter la gêne de la pression abdominale.

Voici les chiffres obtenus :

	I	II	III	Taille du sujet
1 — Pr.	2.400	1.750	2.400	1 55
2 — No.	1.900	1.400	1.900	» »
3 — Ho.	2.300	2.100	2.350	1 55
4 — Re.	2.800	2.300	2.800	1 65
5 — Sou.	1.800	1.450	1.800	» »
6 — La.	2.350	2.200	2.400	1 60
7 — Pl.	1.800	1.500	1.750	» »
8 — Ga.	2.475	2.225	2.500	1 59
9 — Ro.	2.580	2.480	2.475	» »
10 — G.	1.000	810	1.075	1 48
11 — T.	2.150	1.900	2.200	1 54
12 — M.	2.100	1.600	2.150	» »
13 — L.	2.200	1.950	2.300	» »
14 — A.	2.200	2.100	2.125	1 55
15 — V.	2.160	1.660	2.100	1 57
16 — A.	2.175	1.800	2.225	» »
17 — Du.	2.830	2.510	2.930	» »
18 — Ro.	2.100	1.500	2.200	» »
19 — La.	2.160	1.500	2.180	» »
20 — M.	2.650	2.050	2.600	» »
21 — C.	1.900	1.830	1.960	1 54
22 — Mo.	2.460	2.030	2.415	1 60
23 — Mar.	2.300	2.100	2.250	» »
24 — Tr.	2.700	2.425	2.750	1 61
25 — Le.	2.800	1.800	2.750	1 60
26 — Du.	2.800	2.600	2.900	1 65
27 — Gu.	2.670	2.350	2.680	1 57
28 — Ga.	2.850	2.430	2.800	1 60
29 — De.	2.760	2.700	2.760	1 58
30 — Ch.	2.900	2.600	2.870	1 56
31 — Fl.	2.100	1.780	2.100	» »
32 — G. I.	2.300	2.250	2.400	1 62
33 — E. R.	2.190	1.630	2.150	1 50
34 — B. B.	1.800	1.770	1.800	1 46
35 — N. A.	1.570	1.430	1.600	1 55
36 — J. M.	2.085	1.830	2.100	1 50
37 — M. J.	2.650	2.485	2.725	1 63
38 — F. P.	2.700	2.385	2.900	1 51
39 — H. B.	2.300	2.050	2.300	» »
40 — Ta.	2.400	2.375	2.400	» »

Il faut maintenant commenter les chiffres fournis par ce tableau :

Je vais d'abord comparer les chiffres de la première colonne avec ceux de la troisième, c'est-à-dire les chiffres fournis quand le sujet se présente avec un corset qui, selon son opinion, maintient seulement la taille, avec ceux fournis par le sujet respirant sans corset.

Sur les quarante cas notés ici, je trouve que :

1° Neuf fois, il n'y a pas de différence entre les deux mesures de capacité respiratoire.

2° Onze fois, les chiffres de la troisième colonne sont inférieurs à ceux de la première. La différence est comprise entre 105 centimètres cubes et 30 centimètres cubes ; la moyenne est de 55 centimètres cubes.

3° Vingt fois les chiffres de la troisième colonne sont supérieurs à ceux de la première. La différence est comprise entre 200 centimètres cubes et 10 centimètres cubes, la moyenne est de 65 centimètres cubes 5.

Ainsi donc dans près d'un quart des cas, la capacité respiratoire n'a pas été modifiée, et dans un peu plus d'un quart des cas, la femme a respiré plus facilement avec son corset. Dans l'autre moitié des observations, la capacité pulmonaire a été diminuée, par le port du corset, de 65 centimètres cubes 5 en moyenne ; encore cette moyenne serait-elle abaissée, si ne figuraient certainement pas dans la 1re colonne des femmes qui « mettant leur corset comme d'habitude », étaient serrées par lui et n'en étaient pas seulement vêtues, ce qui est bien différent.

Si je compare en effet maintenant les chiffres des colonnes 1 et 2, je trouve que *dans tous les cas, le corset serré a abaissé* si notablement la capacité respiratoire que l'on trouve entre les chiffres des colonnes 1 et 2 des différences atteignant 300, 430, 600, 650, 1.000 centimètres cubes, et telles au total que la moyenne de la diminution de la capacité respiratoire atteint plus de 315 centimètres cubes.

Les résultats de ces mensurations spirométriques sont donc tels que les faisaient prévoir l'étude de l'influence du corset sur la cage thoracique et ils seraient encore plus probants si toutes les femmes examinées portaient un corset fait exprès pour chacune d'elles, ou si plus simplement encore chacune d'elles, ayant un corset fait ou non sur mesure, le plaçait et le laçait rationnellement comme je l'indiquerai dans la suite.

L'étude de l'influence du corset tant sur les organes pulmonaires que sur le fonctionnement de l'appareil respiratoire permet de conclure que le port d'un corset ne peut entraver sérieusement la fonction respiratoire que lorsque ce vêtement est serré.

La diminution de la capacité respiratoire que le corset serré produit alors n'est pas due seulement à la compression du thorax, mais encore, et je le démontrerai plus loin, à l'action du corset sur les viscères abdominaux.

CHAPITRE III

Le cœur étant situé dans le thorax, derrière le sternum, en avant de la colonne vertébrale, entre les deux poumons qu'enveloppent les membranes séreuses appelées plèvres, il convient d'étudier ici quelle est l'action du corset sur le cœur, quelle influence ce vêtement peut avoir sur la circulation.

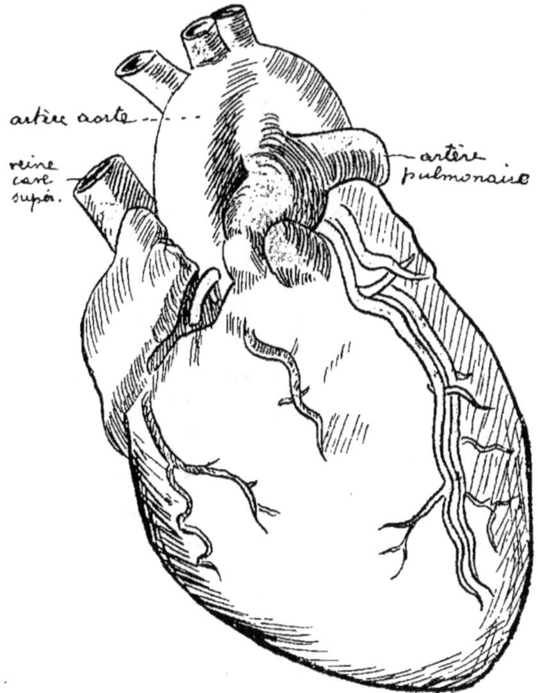

Fig. 49. — Le cœur.

Le cœur a la forme d'un cône à base supérieure et à sommet inférieur. Il est intérieurement divisé en quatre cavités : deux supérieures, les oreillettes et deux inférieures, les ventricules. Les vaisseaux qui émergent de la partie supérieure du muscle cardiaque contribuent à le maintenir en place. Une membrane séreuse appelé péricarde enveloppe le cœur qui suspendu par sa base vient par sa pointe s'appuyer sur le muscle diaphragme.

Le cœur doit à sa structure essentiellement musculaire, ses fonctions motrices qui consistent en une contraction rythmique et dont l'exercice est réglé par les connexions de cet organe avec le système nerveux central ainsi que par les éléments nerveux jouissant d'une certaine indépendance qu'il porte en lui-même. Les artères, grâce à l'élasticité et à la contractilité de leurs parois soutiennent l'impulsion donnée par le cœur et transforment en un mouvement continu le débit saccadé de l'ondée cardiaque de manière à distribuer régulièrement le sang dans les capillaires. Là, l'étendue du champ circulatoire s'accroissant ainsi que l'étroitesse des conduits, sous cette double influence le cours du sang se ralentit et ce ralentissement de même

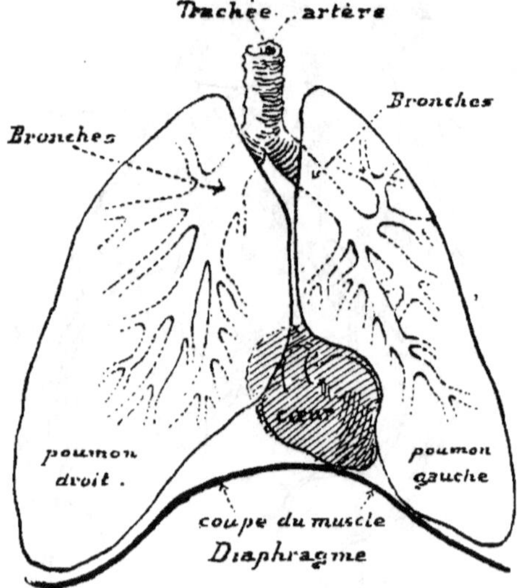

Fig. 50. — Le contenu de la cage thoracique
(Fig. demi-schématique)

que l'extrême minceur des parois vasculaires favorise puissamment les échanges qui s'accomplissent entre le liquide nourricier et les tissus qu'il traverse, échanges qui constituent en quelque sorte l'objet suprême de la fonction circulatoire. Puis le sang passant dans les veines est ramené au cœur par ces canaux pourvus de valvules dont l'effet compense dans une certaine mesure le ralentissement du courant sanguin, conséquence obligée de l'éloignement du centre d'impulsion (Ch. Achard).

« Au point de vue physiologique, l'appareil circulatoire se compose de deux portions distinctes par les propriétés différentes du sang qui les traverse. Ces deux portions sont : le système à sang rouge qui amène aux tissus le sang propre à leur nutrition (sang artériel), et le système à sang noir dans lequel le sang devenu impropre à la nutrition des tissus par son contact avec eux (sang veineux), se dirige vers les poumons pour s'y revivifier, grâce aux échanges gazeux qui constituent le phénomène de l'hématose.

On appelle hématose le phénomène par lequel le sang apporte aux tissus l'oxygène nécessaire à leur vie et dépose à l'extérieur leur acide carbonique.

Comme il n'y a point de rapport entre la structure des conduits vasculaires et les qualités du sang qui les traverse, on a pu distinguer selon la direction prise par le sang au sortir du cœur une circulation pulmonaire ou petite circulation et une circulation générale ou grande circulation. Les organes de la circulation pulmonaire ne sont au point de vue de l'étude des maladies qu'une annexe de l'appareil respiratoire et les troubles affectant l'un de ces organes retentissent sur l'autre, par l'intermédiaire de la petite circulation. (Dr Achard).

L'on ne s'étonnera donc pas que le cœur subissant les influences qui s'exercent sur les poumons, le corset puisse agir sur l'organe central circulatoire ; et que d'autre part, l'action du corset sur le cœur puisse se faire sentir, par l'intermédiaire des vaisseaux sanguins sur le système circulatoire périphérique et parfois sur certains organes gênés dans leur irrigation sanguine.

Les auteurs qui ont admis que le corset apportait une grande gêne au libre exercice de l'appareil pulmonaire ont été amenés à formuler les conclusions suivantes : « Le corset en entravant les fonctions respiratoires s'oppose à l'hématose. C'est donc incomplètement vivifié que le sang sort du poumon pour rentrer de nouveau dans la grande circulation et ce sang chargé d'acide carbonique dont il n'a pas pu se débarrasser et peu propre à la nutrition, voit encore des obstacles s'opposer à son libre cours par la compression d'une grande partie du corps par le corset. Ces conséquences sont d'autant plus nuisibles que les parois thoraciques refoulées par la compression du corset opposent aussi un obstacle puissant à la libre dilatation du cœur.

Le cœur par amoindrissement de la loge cardiaque n'ayant pas la même liberté perd une partie de sa force et chasse peu de sang à la fois, mais ses parois continuellement excitées par le sang qui n'a pu s'échapper chercheront à suppléer par la fréquence au manque d'énergie des contractions et par des mouvements tumultueux, le cœur va regagner en vitesse ce qu'il perd en expansion ; de là ces palpitations pénibles et une gêne extrême pour la femme serrée dans son corset.

La gêne circulatoire qui se fait sentir aux environs du cœur se propage de proche en proche, la circulation périphérique s'accomplit mal ; les parties sur lesquelles s'exerce la pression du corset ont de plus leurs capillaires comprimés et sont d'autant mal nourris ; à la moindre cause, on verra se produire des congestions dans divers organes : poumon, foie, cerveau, etc.

Comme conséquence de ces troubles des fonctions physiologiques si importantes pour la vie de l'organisme : respiration et circulation, les évanouissements, les syncopes sont fréquentes chez les femmes qui ont la déplorable habitude de trop se serrer la taille. Le séjour dans un endroit peu aéré ; une émotion un peu vive, un exercice trop violent, même la station debout un peu prolongée, suffisent chez elles pour faire un obstacle à l'hématose qui suspend l'arrivée de l'oxygène au cerveau et provoque une perte de connaissance, perte du sentiment et du mouvement avec pâleur de la peau, suspension plus ou moins marquée de la respiration et un affaiblissement considérable de la circulation sanguine. Quoique la syncope soit le plus souvent passagère et qu'il suffise d'habitude d'enlever le corset pour détruire les obstacles circulatoires et rendre le jeu de la respiration plus facile pour que ces victimes de la mode ou de la coquetterie reprennent leurs sens, cependant la syncope aboutit quelquefois à la mort.»

Voilà certes des conclusions sévères.

Il est vrai que le corset peut amener de sérieux troubles de la circulation et il en est de même pour tout vêtement apportant une gêne circulatoire, tel un faux-col, une ceinture trop serrés, il est vrai aussi que le corset peut provoquer des syncopes et même amener la mort subite. Ambroise Paré a raconté l'histoire d'une jeune mariée qui mourut pendant la cérémonie nuptiale pour s'être trop serrée. Réveillé-Parise a rapporté qu'une dame très forte qui luttait tellement contre une obésité croissante, qu'elle se faisait lacer par sa domestique à plusieurs reprises, jusqu'à sufffocation et une fois pendant cette opération barbare, elle mourut subitement d'apoplexie. Ce même Réveillé-Parise raconte qu'une dame célèbre par sa beauté au temps de l'Empire, ayant entendu dire que la peau de renne était complètement inextensible, en fit venir une du Nord, on en forma un sac dans lequel elle se fit coudre la poitrine et le ventre ; cette nouvelle espèce de cuirasse ne put cependant être supportée que peu de mois ; il n'y eut pas moyen de résister à cause des suffocations et d'indéfinissables malaises.

Œlmer a noté que « le corset gêne la circulation abdominale et celle des membres inférieurs, par suite de la pression du foie sur la veine cave inférieure, il produit la compression du cœur, d'où gêne de la circulation des membres supérieurs, de la tête et du cœur, congestion du visage, epistaxis. »

Mais ces conclusions sont poussées au noir, si on les considère comme se rapportant à l'usage du corset ; elles ne visent que des excès et elles ne doivent être prises en considération que lorsqu'il s'agit d'abus du corset, de constrictions exagérées du thorax de la nature de ceux et de celles que je viens de rapporter.

En opposition avec les opinions excessives ci-dessus indiquées, il me semble curieux de citer ici une communication faite par M. Deschamps de Riom à la *Société de Thérapeutique* dans la séance du 8 mai 1901.

Dans cette communication l'auteur présente à la Société un appareil de soutien cardiaque, dit ceinture hypocardiaque, analogue à ceux inventés en 1900 par les médecins allemands Abée et Hellendal.

L'invention du Dr Deschamps consiste en une ceinture et en une bretelle qui maintiennent une pelote sur la région cardiaque avec le mamelon comme centre. Tous les cardiaques qui souffrent de leur cœur sont soulagés par une pression *loco dolenti* soit avec la main soit au moyen d'un artifice quelconque. C'est cette pression douce et instinctive que la pelote assure méthodiquement.

L'auteur expose alors comment peut s'expliquer la bienfaisante action de cette pelote et il termine en disant : « J'ai à peine besoin d'ajouter que cette ceinture n'est pas utilisable chez la femme. Si le corset n'existait pas il serait possible de créer un modèle spécial, mais le corset étant une partie essentielle du vêtement féminin, on pourra peut-être essayer et faire tolérer une simple pelote d'ouate au-dessous du sein. D'ailleurs le corset exerce par lui-même une pression constante qui, si elle n'est pas exagérée me semble favorable à la circulation et à la pression artérielle ».

En réalité le cœur est moins sensible à l'action du corset que le poumon. Quand le corset est placé, les battements s'accélèrent pendant les premiers instants de la constriction, puis ne tardent pas à s'apaiser ; si le corset n'est pas trop serré, il ne se passe rien d'anormal. C'est ce qu'à constaté Dechambre, sur les jeunes filles de 17 à 20 ans, bien portantes et d'une constitution robuste. Mais il en est autrement lorsque le corset est trop serré. Alors par la gêne de la circulation veineuse, résultant de cette constriction exagérée, le cœur gauche, c'est-à-dire la partie du cœur composée de l'oreillette gauche et du ventricule gauche, doit faire des efforts anormaux, la dilatation cardiaque peut en résulter. Si le cœur est déjà hypertrophié, le corset vient aggraver la situation (Dr Butin).

Il est de pratique courante que les palpitations et les syncopes peuvent se produire chez les jeunes filles et les femmes surtout quand elles sont trop serrées dans leur corset. A l'époque de Louis XV où cette constriction était de règle, ces syncopes ou vapeurs étaient d'une extraordinaire fréquence. De nos jours, à la fin des dîners de cérémonie, dans les soirées, dans les théâtres, la syncope est également fréquente ; mais là encore, il s'agit de cas où par coquetterie, les femmes ont voulu se faire très fine taille, cas dans lesquels vient encore s'ajouter à cette constriction exagérée, le manque d'aération et souvent le travail de la digestion. Le simple délacement du corset fait presque toujours tout rentrer dans l'ordre.

Le corset peut donc produire des troubles de la circulation par compression et ces troubles de circulation font que le sang s'oxygène moins dans les poumons, il en résulte que la femme trop serrée réalise les conditions nécessaires à la production de certaines maladies de l'appareil circulatoire, de la chloro-anémie en particulier. Mais je tiens à bien le répéter en terminant, il ne s'agit là que de femmes faisant un abus du corset serré, un corset bien fait et bien placé, s'il répond aux desiderata que j'indiquerai plus tard, ne pourra avoir aucune influence dangereuse sur le cœur en particulier et sur le système circulatoire en général.

CHAPITRE IV

Je compléterai l'étude de l'influence du corset sur le thorax en disant quelques mots de l'action du corset sur les glandes mammaires.

Les mamelles ou seins sont deux glandes destinées à la secrétion du lait chez la femelle et situées de chaque côté de la ligne médiane sur la partie antérieure et supérieure de la cage thoracique, selon quelques auteurs elles auraient fortement à souffrir de l'usage que les femmes font du corset.

En 1792, Bernard-Christophe Faust adressa à l'Assemblée nationale un mémoire *Sur un vêtement libre unique et national à l'usage des enfants*, où il écrit : « La manière de s'habiller de nos femmes est très défectueuse..., les habillements serrés des hanches, partagent pour ainsi dire le corps en deux..., la chaleur de la partie supérieure amollit, affaiblit et gâte les mamelles ; la compression qu'éprouvent les seins dans l'enfance, non seulement les affaiblit, mais en détruit les bouts, une infinité d'enfants nouveaux-nés périssent parce que les mamelles de leur mère en sont dépourvues, dans les cas où les bouts ne sont pas absolument détruits, ils sont au moins en si mauvais état, si petits et si faibles, que la plupart des mères qui allaitent souffrent considérablement des inflammations et des abces (*sic*) des mamelles. »

Bouvier, dans son *Etude sur l'usage des corsets*, parue en 1853, accuse un mauvais corset de produire les accidents suivants, parmi d'autres : aplatissement, froissement des seins et maladies diverses des ganglions lymphatiques ou des glandes mammaires, affaiblissement, déformations ou excoriations des mamelons.

Le Dr Butin écrit en 1900 : « Sur la question des seins, l'hygiène et l'usage du corset ne se rencontrent pas davantage. Ce n'est certainement pas le corset qui les fait naître quand il n'y en a pas, et lorsqu'il y en a, il les compromet en ne les laissant pas à leur place naturelle. »

Dans son réquisitoire contre le corset, Mme le Dr Tylicka affirme que « l'usage prématuré du corset avant que les glandes mammaires aient atteint leur développement parfait, nuit beaucoup au développement des seins, lesquels s'atrophient sous la compression du corset ; les religieuses réussissent souvent à produire cette atrophie à un âge plus avancé. »

Dans *The Lancet*, 1904, (n° 4205), le Dr Lucas rapporte une série d'observations qui démontrent, selon lui, que chez les femmes sujettes à se servir beaucoup de leur bras droit, l'irritation locale provenant du frottement du bord du corset contre le tronc est une cause fréquente du cancer du sein droit.

Et je pourrais multiplier les citations d'après lesquelles le corset serait à la fois un instrument de lèse-esthétique en détruisant la forme des glandes mammaires ou en les atrophiant et une cause de mortalité infantile en empêchant les seins d'être après le port du corset, aptes à l'alimentation du nouveau-né.

Fig. 51. — Un corset ancien.

Contre de telles assertions, je m'inscris en faux tout au moins en ce qui concerne le corset à notre époque. Un corset moderne bien fait ne peut produire les accidents que je viens d'énumérer.

Même quand le bord supérieur du corset est haut situé et que les seins viennent s'y appuyer, il n'en peut résulter une compression du mamelon. Celui-ci ne peut être lésé que lorsque le bord supérieur du corset remonte jusqu'au dessus des seins et que le lacet se trouve fortement serré au niveau de la gorge. Quant à la compression des glandes mammaires par le corset, compression telle que les seins en soient déformés ou atteints d'affections diverses, je ne saurais l'admettre à moins de cas exceptionnels où une hyperthrophie mammaire pathologique est déjà en cause. Dans l'immense majorité des cas une femme de nos jours alors même que son corset est mal ajusté ne comprime pas fortement ses seins, d'abord parce que cette compression lui serait douloureuse et intolérable, ensuite parce que les corsets actuels ont des goussets qui revêtent le sein mais ne l'écrasent pas. Il suffit pour s'en rendre bien compte de considérer une femme vêtue d'un corset et inclinée en arrière, et l'on constatera toujours qu'il y a de l'espace entre les glandes mammaires et l'étoffe de la partie supérieure du corset.

Ce qui est vrai c'est que le corset peut être nuisible pour les femmes enceintes et pour les nourrices ; pour les femmes en état de grossesse, parce que le volume de

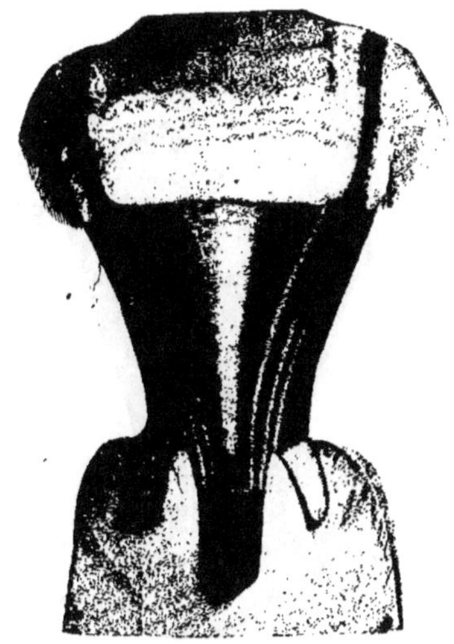

Fig. 52. — Un corset ancien.

leurs glandes mammaires s'accroît peu à peu et que le corset qui ne serait pas établi spécialement en vue de l'état de gestation de la femme pourrait, aux derniers mois de la grossesse, gêner le développement glandulaire des seins ; pour les femmes qui allaitent parce que le volume de leurs glandes et l'obligation de les présenter plusieurs fois par jour au nourrisson leur interdit le port d'un corset qui ne serait pas exclusivement adapté à la fonction momentanée qu'elles remplissent.

Quant aux fillettes et aux jeunes filles, les brassières que l'on met aux premières, les corsets que les autres portent ne doivent être absolument destinés qu'à soutenir les vêtements et une constriction même modérée étant absolument interdite, je ne pense pas que les seins aient à souffrir plus que la fonction respiratoire de la présence de ces brassières et de ces corsets légers.

Il reste entendu que ce que je viens de dire de l'influence du corset sur les mamelles serait infirmé s'il s'agissait d'un corset excessivement haut, ou d'un corset qui présenterait au niveau des goussets de seins, des baleines, des tuteurs quelconques capables de blesser par leur résistance les organes glandulaires avec lesquels ces soutiens artificiels se trouveraient en contact.

La défense que je viens de prendre du corset sur ce point particulier ne saurait en aucune façon être juste, si

Fig. 53. — Un corset ancien.

l'on parlait de l'action qu'ont pu exercer sur les seins les anciens corsets, que l'on ne peut considérer sans penser à des instruments de torture quand on compare leur rigidité, leur poids, leur armature, à la légèreté du vêtement moderne. Il suffit de jeter un coup d'œil sur les figures pour voir combien ces cuirasses antiques pouvaient brutalement meurtrir et comprimer les glandes mammaires (fig. 51, 52, 53).

Il est vrai que nos vénérables aïeules échappaient le plus qu'elles pouvaient à cette horrible étreinte en usant avec prodigalité du décolletage, si bien qu'un prédicateur s'écriait un jour, parlant à ses ouailles dont les corsages étaient larges ouverts : « Vous verrez qu'il faudra que le roi envoie ses mousquetaires par la ville matin et soir, afin de faire rentrer nos coquettes dans le devoir et les gorges dans les corsets. »

L'influence néfaste du corset sur les seins a donc été exagérée ou mal interprétée. L'on ne saurait accepter que lorsqu'il est bien placé et fait sur mesure, notre corset moderne si léger puisse produire une atrophie des glandes mammaires, une déviation de la colonne vertébrale, une déformation du thorax. S'il amène quelque accident dans le fonctionnement des organes respiratoires et des glandes mammaires, c'est que ce corset est trop haut ou exagérément serré.

Je tirerai donc de ce début de mon étude médicale du corset, cette première conclusion pratique que le bord supérieur du corset doit être fait de telle sorte qu'en arrière, il atteigne l'angle inférieur des omoplates et que s'inclinant en avant il emprisonne légèrement les côtes flottantes laissant les seins dégagés et le thorax libre.

Si les seins sont volumineux et que l'on fasse le corset un peu plus haut, celui-ci présentera en avant deux goussets qui seront simplement des nids de repos et non des appareils compresseurs ; mieux vaudrait cependant une brassière spéciale pour soutenir les seins que de faire le corset trop montant.

CHAPITRE V

Le foie, organe glanduleux, est le plus volumineux des viscères ; il est situé dans la partie supérieure de la cavité abdominale au-dessous du diaphragme qui le recouvre à la manière d'une vaste coupole, au-dessus de l'estomac et de la masse intestinale qui lui forment comme une sorte de coussinet élastique.

Les cellules hépatiques sont le siège de deux phénomènes simultanés, la sécrétion de la bile et la production de

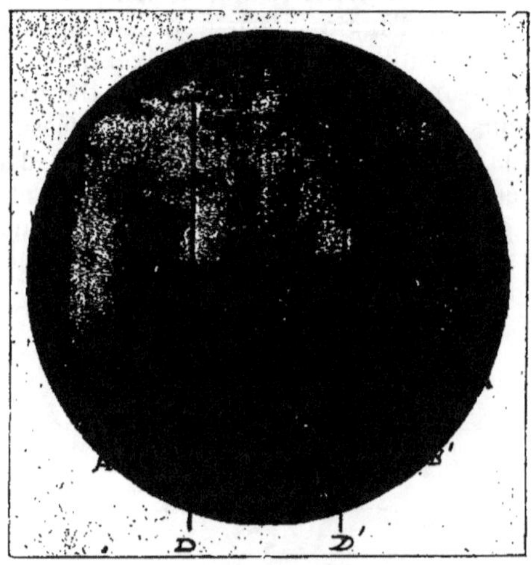

Fig. 54. — Divisions de la cavité abdominale.

la matière glycogène, celle-ci se transforme en sucre par l'action d'un ferment.

Le foie occupe à lui seul la presque totalité de l'hypochondre droit, une grande partie de l'épigastre et la partie la plus élevée de l'hypochondre gauche, c'est-à-dire trois des divisions de la cavité abdominale établies anciennement et qu'une figure fixera dans l'esprit.

Pour établir cette figure, traçons sur la face antérieure de l'abdomen les quatre lignes suivantes : A B horizontale qui passe immédiatement au-dessous des fausses côtes (ligne sous-costale) ; A'B' horizontale tangente au point le plus élevé des crêtes iliaques (ligne sus-iliaque) et CD, C'D' verticales qui, au niveau du pli de l'aine, passent par le milieu de l'arcade fémorale ; nous obtenons ainsi neuf régions qui sont, en les numérotant de un à neuf :

1 L'épigastre, 2 l'hypochondre droit, 3 l'hypochondre gauche, 4 l'ombilic, 5 le flanc droit, 6 le flanc gauche, 7 la fosse iliaque droite, 8 l'hypogastre, 9 la fosse iliaque gauche.

Le foie est maintenu en place par différents vaisseaux : veine cave-inférieure, veines sus-hépathiques ; par plusieurs replis du péritoine dont le ligament gastro-hépatique qui relie le foie à l'œsophage, à l'estomac et au duodénum.

Malgré ces divers appareils de soutien, le foie n'est pas absolument fixe. Il suit les mouvements respiratoires que lui transmet le diaphragme ; c'est ainsi qu'il s'abaisse à chaque inspiration pour reprendre à l'expiration suivante sa position première.

La glande hépatique, arrivée à son complet développement, pèse de 1.450 à 1.500 grammes ; sa coloration est d'une façon générale rouge brunâtre.

Le foie a une consistance beaucoup plus grande que celle des autres glandes, malgré cela — chose importante à retenir — le foie est friable, il se laisse déchirer ou écraser avec la plus grande facilité, il est malléable, c'est pourquoi toute pression lente et continue se traduit par des déformations de la glande ou des empreintes à sa surface.

Pour bien comprendre l'action que peut exercer le corset sur le foie, il faut préciser les rapports les plus importants de cet organe avec les viscères avoisinants.

La face supérieure du foie est, ainsi qu'il a été indiqué plus haut, en rapport dans sa plus grande partie, avec le muscle diaphragme qui se moule exactement sur elle. Toutefois, au niveau de l'épigastre, le foie perd tout contact avec le diaphragme et vient se mettre en rapport immédiat avec la paroi antérieure de l'abdomen.

Par l'intermédiaire du diaphragme, la face supérieure ou convexe du foie est en rapport avec la base du poumon droit, la face postérieure du cœur, une partie de la base du poumon gauche, les dernières côtes du côté droit et les sixième, septième et huitième côtes gauches.

Du côté droit, on admet que le foie ne dépasse pas le rebord des fausses côtes, mais au moment de l'inspiration le diaphragme se contractant, s'abaisse et en même temps élève les côtes ; il en résulte alors un abaissement du foie qui descend d'une quantité variable au-dessous des fausses côtes droites.

La face postérieure ou inférieure du foie divisée en

zone moyenne, zone latérale gauche et zone latérale droite, est très accidentée, mais je ne noterai ici que les rapports qui intéressent directement cette étude, c'est-à-dire ceux de la zone latérale droite qui entre en contact d'avant en arrière avec le coude formé par le côlon ascendant et le

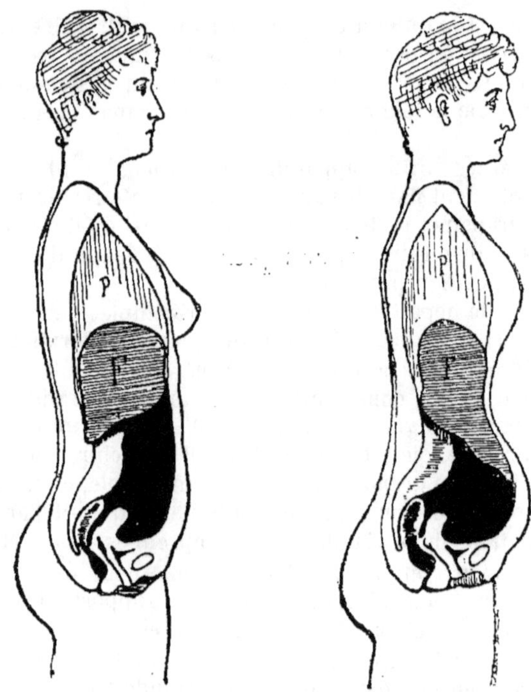

Fig. 55. -- Compression et déformation du foie par le corset.

Formes et situation normales du tronc, de l'abdomen, du foie et des organes génito-urinaires.

Poitrine soulevée et reportée en haut. Ventre plus proéminant. Déformation du foie.

D'après Dickinson.

P. poumon. -- F. foie.

côlon transverse, avec la face antérieure du rein droit, et enfin avec la capsule surrénale qui coiffe le rein droit.

Des deux bords, le postérieur est en rapport surtout avec le diaphragme, l'antérieur avec le rebord des fausses côtes du côté droit. C'est sur le bord antérieur que l'on peut sentir la vésicule biliaire dont le fond dépasse ce bord de quelques millimètres.

Ces notions anatomiques font comprendre que la glande hépatique peut être facilement lésée par les influences extérieures et que cette lésion peut retentir à la fois, d'une façon désastreuse pour l'individu, et sur le fonctionnement du foie et sur le fonctionnement des organes, avec lesquels il prend plus ou moins directement contact.

L'étude des déplacements du foie et de ses déformations par le corset ont été l'objet de nombreux travaux parmi lesquels l'on peut citer ceux de Murchison, Engel, Frerichs, Corbin, Charpy, Glénard, etc.

Pour Dickinson, plus le corset est porté dans un âge tendre plus le foie est affecté, puisqu'il est proportionnellement plus gros chez l'enfant que chez l'adulte.

Corbin prétend que le foie étant fixe surtout en arrière, c'est sa partie antérieure qui sous l'influence d'une pression peut descendre de telle sorte que sa surface normalement supérieure devient antérieure et verticale. C'est, dit-il, un effet constant même avec une striction minime. Il a vu souvent le foie comme coupé en deux par un vaste sillon qu'Engel a trouvé une fois aussi large que la main ; une partie était véritablement flottante.

Tous ceux qui ont fait — *post mortem* — un certain nombre d'examens de viscères, ont constaté ces sillons ; moi-même, lors de mes dernières autopsies, j'ai pu constater sur le foie d'une jeune femme de profonds sillons dus à l'empreinte des côtes ; mais je m'empresse d'ajouter qu'il s'agissait d'une malade ayant succombé à des phénomènes d'alcoolisme, et que chez elle le foie était très considérablement hypertrophié, si bien que la glande était venue s'imprimer elle-même sur la paroi costale sans que celle-ci fût comprimée par un corset serré.

Les sillons anormaux observés sur le foie ont été signalés d'abord par Cruvelhier puis par plusieurs autres anatomistes, parmi lesquels le Dr Charpy, qui en a fait une étude détaillée, dont j'extrais les lignes suivantes, les unes concernant les sillons costaux, les autres concernant les sillons dits diaphragmatiques.

Le sillon costal siège sur la partie latérale et antérieure du lobe droit. Il est transversal ou faiblement oblique dans le sens des côtes, d'aspect opalin, cicatriciel, long de 5 à 10 centimètres et plus. Il est ordinairement plat, superficiel, rarement profond et étroit. Il est le plus souvent unique ou, si l'on en observe un ou deux autres au-dessus de lui, ce sont de simples empreintes qui vont en diminuant.

Leue qui a examiné systématiquement 516 sujets d'autopsie à Kiel, a noté ce sillon chez l'homme dans 5 % des cas, chez la femme dans 56 %. Il ne se rencontre jamais avant quinze ans.

La cause paraît résider uniquement dans la constriction des vêtements, d'où sa fréquence considérable chez la femme. Il correspond tantôt à l'empreinte de la septième côte qui marque la limite supérieure de la partie comprimée, tantôt et le plus souvent au rebord costal de l'ouverture thoracique ; ce dernier cas suppose que l'empreinte s'est faite sur un foie abaissé ou débordant.

Le foie est ordinairement allongé dans le sens vertical et quand le sillon est profond il prend l'aspect d'un sablier, « hourglass shaped » des auteurs anglais.

Les sillons diaphragmatiques diffèrent nettement du sillon costal avec lequel d'ailleurs ils coexistent fréquemment. Ils siègent sur le sommet du foie, sur son lobe droit

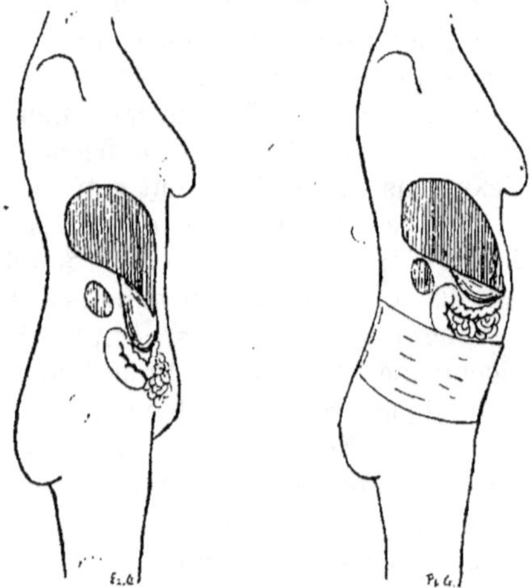

Fig. 56. — Abdomen ptosé et ventre sanglé

surtout et sur la limite des deux lobes, exceptionnellement à gauche. Leur direction est antéro-postérieure. Presque toujours multiples, de 2 à 6, profonds de 1 à 2 centimètres et étroits ; ils n'ont pas l'aspect cicatriciel ; le tissu du foie est normal et si on les observe sur les organes en place, on voit qu'ils contiennent un pli du diaphragme qui s'enchâsse exactement dans leur gouttière. Le diaphragme une fois retiré, montre une disposition fasciculée ; chaque faisceau hypertrophié correspond à un sillon. Les sillons diaphragmatiques sont fréquents chez la femme ; Mattei les a observés 35 fois sur 59 femmes.

J'en ai (Charpy) rassemblé un grand nombre de cas et quoi qu'en dise Zahn, ils sont rares chez l'homme. Comme les sillons costaux, ils n'existent pas avant l'âge de 15 ou 20 ans et sont d'autant plus accentués qu'on a affaire à des sujets plus âgés. On a fait tour à tour intervenir l'hypertrophie fasciculée du diaphragme, les lésions pulmonaires chroniques s'accompagnant de dyspepsie, la constriction des vêtements. Nous pensons que le rétrécissement de la base de la poitrine dans le sens transversal, c'est-à-dire de droite à gauche, est la condition fondamentale pour la production de ces sillons et que cette constriction, à son tour, est le plus souvent produite par les vêtements : celle-ci agira d'autant plus efficacement que le foie sera normalement ou pathologiquement plus volumineux. Les sillons hépatiques s'accompagnent presque toujours d'autres déformations du foie. L'organe prend une forme bombée, foie en dôme, dans le cas de sillon diaphragmatique.

Dans son étude sur les sillons costaux du foie (thèse de Toulouse 1902) M. Soulé décrit les impressions costales sous forme d'empreintes, de sillons simples et de sillons cicatriciels. M. Dieulafé a observé sur une femme âgée présentant tous les désordres habituels de la constriction une incisure profonde du lobe droit du foie, située dans le voisinage du bord inférieur. Cette incisure longue de 25 millimètres, correspondait à l'extrémité antérieure de la onzième côte ; elle détachait du restant de l'organe une sorte de lobe accessoire qui représente le lobe de constriction de Soulé.

Dans les cas de constriction basse, sous-hépatique (ceinturons, cordons de jupe, ceintures de corsages), le foie déplacé peut aller se soumettre directement, à l'action de l'agent constricteur ou présenter à l'action des dernières côtes une région élevée de l'organe. Sur une femme présentant de l'hépatoptose et un resserrement très marqué des rebords costaux, le foie était parcouru par un sillon transversal étendu sur toute la face antérieure. Ce sillon correspondait à l'impression du rebord costal sur le lobe droit et sur le lobe gauche, à celle de l'agent constricteur dont la ligne d'action devait prolonger la direction des fausses côtes. (Dr Dieulafé, prof. agrégé à la Faculté de Toulouse.)

Mme Tylicka n'a pas manqué, dans sa thèse inaugurale, de relever les opinions et les observations relatives à l'action du corset sur le foie, mais pour rester fidèle à ce titre qu'elle avait choisi : *Les méfaits du corset*, elle a pris soin dans ce chapitre, comme dans d'autres, de ne citer que les cas extrêmes favorables à sa thèse, encore que ceux-ci soient par leurs auteurs eux-mêmes rapportés ou expliqués souvent d'une manière quelque peu générale ou incertaine.

Ainsi, elle fait intervenir :

Cruveilhier qui, dans son *Anatomie*, cite un cas où il a vu descendre le foie presque dans la fosse iliaque droite. Un cas, et encore le coupable était-il bien le corset ?

Testut qui, dans son *Traité d'anatomie humaine*, dit : J'ai remarqué que chez la femme qui a l'habitude du corset le diamètre transversal du foie diminue, tandis que son diamètre antéro-postérieur augmente. Chez elle, la largeur se rapproche beaucoup de la longueur ou même la dépasse... on connaît les déformations parfois si profondes, que le corset imprime au foie.

Par l'habitude du corset, Testut entend certainement l'habitude de se serrer et c'est pourquoi il parle de déformations « parfois » profondes ; là encore, l'anatomiste n'accuse que l'abus du corset.

Garny rapporte l'observation d'une fille de 38 ans qui se serrait beaucoup et dont l'autopsie démontra que le foie avait une dépression considérable à la face antérieure de son lobe droit ; ce lobe descendait de plusieurs pouces dans l'abdomen ; cette dépression était tellement profonde que cette partie du foie était bilobée.

Une fois de plus, on se sert pour combattre le port raisonnable du corset, des cas particulièrement exceptionnels de constriction exagérée. J'en dirai autant des lignes empruntées à Frerichs qui dans son remarquable travail sur les maladies du foie parle à plusieurs reprises des vêtements fortement serrés que l'on porte pour se faire la taille mince, étreignant la cage thoracique plus ou moins haut suivant les caprices de la mode. Suit une description d'un cas où les vaisseaux veineux sont dilatés ainsi que les conduits biliaires pleins d'un mucus brunâtre, où le foie est presque coupé en deux.

Enfin, je trouve citée une observation de Corbin, qui la reçut du professeur Cayol : une jeune femme entra à l'hôpital, se plaignant d'une douleur profonde dans l'hypochondre droit, ayant le teint jaune, la bouche amère, de l'anorexie, des nausées et des vomissements. On ne savait à quelle cause rapporter ces symptômes, lorsqu'on apprit de la malade qu'elle avait porté un corset qui la serrait beaucoup et la faisait souffrir. A défaut d'autre cause, Cayol adopta cette étiologie. A l'autopsie, on trouve plusieurs abcès du foie, dont le tissu est très dense.

Combien peu marquée au coin de l'exactitude scientifique apparaît cette observation : à défaut d'autre cause, accusons le corset ! Et cette autopsie qui montre plusieurs abcès au foie, d'où ces abcès ? mais du corset ! ! Cela me remet en mémoire la scène où Toinette examine le malade imaginaire : c'est du poumon que vous êtes malade : et Argan de s'étonner : du poumon? Oui, reprend Toinette ; vous avez bon appétit, vous trouvez le vin bon, vous rêvez la nuit, etc., etc. ; le poumon, le poumon vous dis-je.

Tous les auteurs n'ont pas imité cette façon de faire, mais ceux-ci, Mme Tylicka ne les cite pas. Parle-t-elle des travaux de M. Glenard et de M. Faure ?

M. F. Glenard pense que des causes multiples peuvent, sans le secours du corset, déformer, abaisser le foie ; si j'admets parfaitement, dit-il, les déformations du foie par ce vêtement, il n'en est pas de même de son abaissement qu'on trouve toutes les fois que cet organe a été le siège de fréquentes congestions. Le lobe droit se déforme et s'abaisse, on trouve ce signe en particulier chez un grand nombre d'uricémiques. Je ne crois pas que l'action du corset sur le foie soit pathogène sauf en ce qui concerne le lobe gauche ou épigastrique, celui qui recouvre l'estomac ; il force les malades à quitter le corset après le repas lorsque leur foie est congestionné à l'épigastre.

Le Dr Faure, dans sa thèse de 1892 sur l'appareil suspenseur du foie : *L'hépatoptose et l'hépatopexie*, soutient la même opinion : les corsets de tout genre et de tout mode, dit cet auteur, s'appliquent par leur point le plus rétréci, très exactement à la taille, immédiatement au-dessus de la hanche, c'est-à-dire de la crête iliaque, au-dessous du rebord costal. La constriction de l'abdomen, lorsque le corset est serré, se fait donc en avant, tout au-dessous des côtes et, par conséquent, au-dessous du foie. Il tend donc à soutenir le foie, à le soulever même et non à l'abaisser. Il ne peut avoir cette dernière influence que lorsque le foie est déjà descendu et c'est dans ces cas qu'on rencontre sans doute sur sa surface l'empreinte du corset, empreinte qui ne saurait évidemment se transmettre à travers la cuirasse costale. Il est donc probable que les cas assez nombreux où l'on a signalé une déformation du foie sous l'influence du corset étaient, eux aussi, des cas d'hépatoptose mal observés.

Je n'ajouterai, pour conclure, que peu de chose à ces lignes ; j'estime qu'une constriction très forte exercée sur le plastron costal peut produire sur le foie des empreintes costales, mais il faut alors que le corset exerce cette constriction très haut, ce qui n'a pas lieu avec les corsets modernes, même avec le corset cambré ; la cambrure coïncidant presque toujours avec la partie du tronc que l'on peut le plus facilement serrer, c'est-à-dire la partie située entre l'os de la hanche et les fausses côtes ; or, comme normalement le foie ne doit pas dépasser ce rebord costal, il s'ensuit que le laçage du corset étrangle le tronc au niveau des intestins mais au-dessous du foie, il faut donc, pour que celui-ci se trouve dans la région de constriction maxima des lacets, ou que le corset soit trop haut placé, ou que le foie soit déjà affecté d'une tare pathologique : déplacement, hypertrophie, etc.

C'est ce qu'exprime, sous une forme différente, le Dr Glénard : La constriction par les vêtements et spécialement par le corset, ne me paraît pas suffisante à elle seule pour abaisser le foie, car j'ai observé plusieurs fois que l'organe très déformé était resté en place ou même était surélevé et rétroversé. Il est très vrai que dans la majorité des cas, on trouve le bord inférieur bien au-dessous des côtes et même dans la fosse iliaque ; mais, outre que dans ces cas l'abaissement est compliqué d'antever-sion et d'allongement vertical du viscère, ce déplacement n'est rendu possible que par la détension abdominale qui accompagne ordinairement la constriction. L'intestin grêle prolabé, le côlon transverse vide ou abaissé, l'estomac plus ou moins disloqué ne fournissent plus au foie le coussin élastique qui le maintenait en place. Il fuit du côté de la moindre résistance.

CHAPITRE VI.

La rate occupe comme le foie la partie supérieure de l'abdomen, mais elle se trouve située dans l'hypochondre gauche.

Placée au-dessus de l'angle que fait le côlon transverse avec le côlon descendant, elle est située en avant du rein gauche et de la capsule surrénale gauche, ayant en dedans la grosse tubérosité de l'estomac, en dehors la partie gauche de la voûte diaphragmatique.

D'une façon générale, on peut dire que la rate présente avec les organes situés du côté gauche de l'abdomen, des rapports analogues à ceux que le foie présente avec les organes situés dans le côté droit.

C'est en raison de cette situation et surtout de la position qu'occupe l'estomac entre le foie et la rate, que j'examinerai l'influence du corset sur l'estomac seulement après avoir étudié comment le corset agit sur le foie et sur la rate ; quand j'arriverai à l'étude du corset dans ses rapports avec la masse intestinale, le lecteur pourra plus facilement comprendre comment l'intestin peut être influencé à la fois directement par le port du corset et indirectement par l'action du corset sur les organes susjacents.

« La rate peut être considérée comme très analogue aux ganglions lymphatiques et elle produirait en abondance, comme ces derniers, des globules blancs ; mais on n'est pas encore bien fixé sur son rôle relativement aux globules rouges ; des expériences plus récentes tendent à démontrer au contraire que la rate est un lieu de production de ces éléments et que notamment chez l'embryon elle est un organe important d'hématopoïèse. »

Toutefois l'étude de la rate peut être rattachée à l'étude du système digestif vu l'action indirecte de cette glande sur la digestion. En effet, d'après Schiff, la sécrétion pancréatique nécessaire à l'accomplissement normal de la digestion serait en rapport direct avec l'état et le fonctionnement de la rate.

La glande splénique est maintenue en position par un certain nombre de ligaments formés par des replis du péritoine, et qui la relient à l'estomac, au pancréas, au diaphragme. Malgré ces moyens de fixité — ordinairement très lâches — la rate peut se mouvoir librement. Ce viscère est du reste continuellement en mouvement puisqu'il suit, comme le foie, les mouvements respiratoires. s'abaissant à chaque inspiration pour reprendre sa position primitive au moment de l'expiration. Non seulement la situation de la rate est modifiée par les phénomènes respiratoires, mais aussi par les phénomènes digestifs puisque, suivant l'état de plénitude ou de vacuité de l'estomac, elle s'approche ou s'écarte de la ligne médiane.

Ces modifications dans la position de la rate s'expliquent par ses rapports. En effet, par l'une de ses faces dite externe qui est lisse et convexe elle répond au diaphragme qui la sépare de la partie inférieure du poumon gauche et à la face interne des neuvième, dizième et onzième côtes gauches. Par son autre face plane ou légèrement concave, et dite face interne, elle répond à la grosse tu-

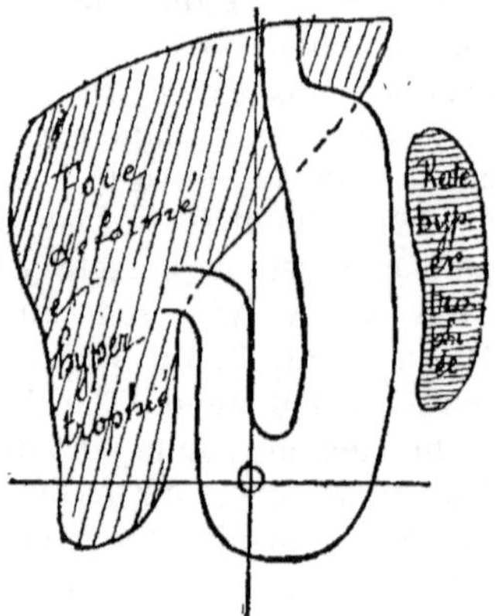

Fig. 57. — Déformation d'un estomac pincé entre un foie et une rate hypertrophiées, d'après Bouveret (o. ombilic.).

bérosité de l'estomac. Un corset serré agissant à droite sur le foie, à gauche sur la rate, pince l'estomac entre deux plans résistants.

C'est dans les cas d'hypertrophie de la rate et du foie que l'estomac peut prendre une forme trouvée par M. Bouveret à l'autopsie d'une femme âgée. L'estomac, dit-il, était comprimé entre le lobe gauche du foie et la rate l'un et l'autre très hypertrophiés. Cette compression était très aggravée par le corset, dont l'impression se voyait sur les côtes. L'estomac était réduit à l'état d'un cylindre vertical du volume et de la forme d'un côlon. La portion pylorique descendait au niveau de l'ombilic et formait un angle droit avec les trois quarts du grand axe vertical.

Cette observation est intéressante, mais on ne saurait, d'après elle, généraliser puisqu'il s'agissait d'un cas où foie et rate étaient exceptionnellement gros.

Les auteurs qui ont étudié la question du corset n'ont point signalé beaucoup de cas dans lesquels la rate ait eu à souffrir du port de ce vêtement.

Cela doit tenir en partie à ce que la rate ayant un poids moyen de 150 à 200 gr. seulement, offre par sa surface moins de prise à l'action du corset et aussi à ce que ses déplacements étant plus rares on a eu moins souvent l'occasion d'accuser le corset de l'abaissement de ce viscère.

Cependant la loge splénique correspond à la zone thoracique qui s'étend de la 9e à la 11e côte, zone de compression thoracique possible par le corset.

Il est donc bon de consacrer dans ce livre quelques lignes à la rate et d'étudier si par sa situation dans l'hypochondre gauche cette glande peut ou non se soustraire à la compression du thorax.

Corbin, signale que la rate peut être déplacée de sa loge, refoulée vers la partie médiane du corps en même temps qu'en bas et en avant, où elle s'arrête dans l'aire de l'angle xiphoïdien rétrécie par la compression du thorax.

Les quelques déplacements spléniques observés : rate quittant l'hypochondre gauche, rate gagnant l'hypogastre, rate se trouvant même dans la région iliaque, ne sont rapportés par Testut qu'à un relâchement anormal des ligaments du viscère, il s'agit là de cas tout à fait exceptionnels.

Récemment cependant de nouvelles observations de rate déformée ont été publiées par le Dr Dieulafé qui a consacré à ce sujet plusieurs articles dans la *Presse médicale* et dans le *Toulouse médical* en 1900, 1901 et 1904.

Ces déformations sont ramenées par l'auteur à trois types représentés sur la fig. 58.

A) Rate dont l'extrémité inférieure est rétrécie et allongée.

B) Rate dont l'extrémité supérieure est diminuée de volume.

C) Rate augmentée de volume.

A quoi sont dues ces déformations ? Lisez le Pr Dieulafé : Par sa situation dans l'hypochondre gauche la rate ne saurait échapper à l'action de la compression du thorax.

Parmi les causes de constriction, le corset entre en première ligne, or le corset moderne, le corset bien fait, élégant, comprime le thorax de la neuvième à la onzième côte ; c'est la zone à laquelle correspond la loge splénique.

Le Pr Hayem, à propos de l'action du corset sur l'estomac, établit trois variétés de constrictions : constriction sus-hépatique, agissant immédiatement au-dessous des seins, de la cinquième à la huitième ou neuvième côte ; constriction hépatique portant en plein dans la région du foie ; constriction sous-hépatique, agissant sur les dernières côtes et au-dessous ; c'est elle qui donne lieu à une longue taille, la taille de guêpe.

Les cordons et les ceintures exercent leur action au-dessus des crêtes iliaques, quelquefois jusque sur les dernières côtes.

Dans ces diverses variétés de constriction, la rate pourra participer aux mouvements généraux de ptose viscérale et dans certains cas être influencée directement.

Leue, dans une thèse de Kiel, 1891, où il étudie la constriction du foie, dit à propos de la rate : « On doit s'attendre à ce que la rate, grâce à la petitesse de sa masse et sa situation protégée, ne soit que faiblement influencée par la pression ; c'est ce que confirme l'observation. Une seule fois elle était mobile : deux fois elle présentait un sillon qui pouvait très bien être en rapport avec le siège de la constriction. Les cas nombreux d'atrophie de la rate chez les sujets d'un âge avancé ne peuvent avoir aucune signification. »

M. le professeur Charpy ayant eu l'occasion d'observer des déformations de la rate, et nous-mêmes en ayant observé dans ces dernières années, nous avons cru devoir les signaler aux anatomistes.

Dans tous les cas auxquels nous faisons allusion, les autres viscères portaient des traces profondes de la compression, le thorax présentait divers types de déformation ; les sujets étaient presque tous des femmes.

La planche ci-jointe montre trois formes de rate acquises sous l'influence de la constriction du thorax.

La figure 58-1 montre une rate dont l'extrémité inférieure est tassée, rétrécie, allongée en forme de langue. Cette portion, ainsi diminuée dans le sens de la largeur et de l'épaisseur, est séparée du reste de l'organe par une profonde incisure du bord antérieur ; la surface externe porte de nombreuses rides dont quelques-unes ont la valeur de sillons ; vers le pôle inférieur on voit une cicatrice étoilée.

La figure 58-2 présente un type presque inverse : c'est

l'extrémité supérieure qui diminue de volume et devient beaucoup plus étroite que l'extrémité inférieure. La portion atrophiée porte à sa base une profonde incisure du

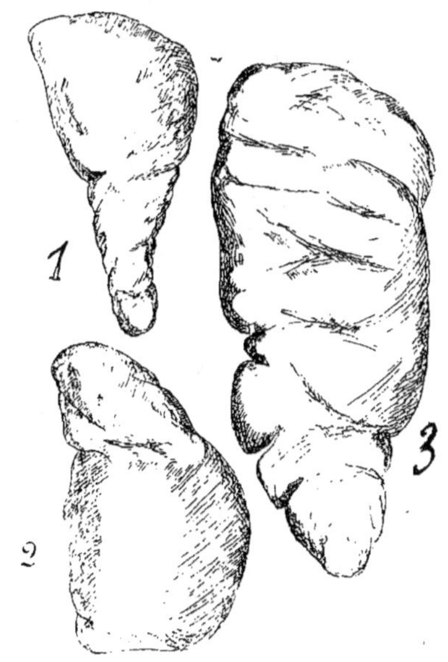

Fig. 58. — Rates déformées.

1. — Tassement de l'extrémité inférieure.
2. — Tassement de l'extrémité supérieure.
3. — Allongement de la rate hypertrophiée.

bord antérieur, et sur la face externe un sillon oblique partant du bord antérieur, puis un autre sillon plus profond, transversal, vers le niveau de l'incisure.

La rate a des dimensions normales ; elle pèse 150 grammes.

Les déformations sur l'estomac consistent en un sillon sur le milieu de la grande courbure et dans l'allongement en forme de conduit cylindrique de la région du vestibule et du canal pylorique ; la face convexe du foie présente plusieurs sillons antéro-postérieurs.

Nous avons trouvé plusieurs autres cas se rapprochant de ce type :

Dans une observation la rate présentait dans le voisinage du pôle supérieur un sillon transversal profond de un centimètre.

Dans une autre, la seule se rapportant à un homme

(thorax déformé, méplat sur la partie inférieure de la paroi latérale et relèvement du rebord costal, sillon antéro-postérieur sur le foie, estomac biloculaire), on voyait sur la rate deux incisures du bord postérieur et de nombreuses sur le bord inférieur, plus profondes que normalement, et, en outre, sur la partie postérieure de la face interne, vers son extrémité supérieure, un petit lobule se détachant de la surface splénique, comparable au lobule de Spiegel.

Sur une femme présentant des déformations thoraciques peu marquées, un allongement du foie en sens vertical et un tassement en sens transversal, un estomac vertical et presque cylindrique, la rate portait, à l'union du tiers supérieur et du tiers moyen, sur la face externe, un profond sillon s'étendant transversalement d'un bord à l'autre ; sur les lèvres du sillon et sur d'autres points de la face externe, le péritoine portait des traces d'inflammation ; le rein gauche présentait une volumineuse hydronéphrose.

La figure 58-3 montre une grosse rate avec, sur sa face externe, cinq sillons transversaux très profonds, le plus élevé s'étendant d'un bord à l'autre. Elle provient d'une jeune phtisique et pèse 320 grammes : malgré ce poids les diamètres transverse et antéro-postérieur sont normaux, ils ont 4 et 8 centimètres ; le diamètre longitudinal atteint 19 cent., c'est le seul sur qui porte l'hypertrophie. Les autres déformations dans ce cas étaient très marquées : le thorax, à partir de la neuvième côte, était généralement rétréci, l'angle xiphoïdien très étroit.

Comment peuvent se produire ces déformations ? Leur mécanisme est assez facile à expliquer. Tout d'abord nous remarquons que, dans tous les cas, elles coexistent avec des traces indélébiles de la compression extérieure sur le thorax et les viscères sous-jacents ; il est tout naturel de les rapporter à la même cause, puisque la rate occupe une situation topographique qui l'expose aux effets de cette compression.

Dans aucun cas la rate n'a subi de déplacement notable ; dans plusieurs observations nous l'avons vue redressée, se rapprochant de la verticale par son grand axe ; comme elle est normalement située, de la neuvième à la onzième côte, son grand axe étant presque parallèle à la direction oblique des côtes, le relèvement de cet organe est nécessaire pour que ces dernières marquent leur empreinte sous forme de sillons transversaux. Dans ce mouvement de la rate, le pôle supérieur s'éloigne de la colonne vertébrale ; en effet, le thorax comprimé diminue tous ses diamètres, la loge splénique est rétrécie, l'organe qu'elle contient est déplacé, mais, arrêté en dedans par le rein, il se porte forcément en dehors.

Dans certains cas, n'ayant pas enlevé nous-même la rate de la cavité abdominale, nous n'avons pas eu de renseignements exacts sur sa situation ; nous regrettons surtout de n'avoir pas vu la rate en place dans le cas où le rein gauche était le siège d'une hydronéphrose, car cette dernière a sûrement contribué aux déformations de la rate, qui, dans ce cas exceptionnel, était celui de tous les viscères qui portaient les traces de compression les plus apparentes.

Les divers types de rate déformée correspondent assez bien aux diverses variétés de constriction. Ces variétés, établies par Hayem, se combinent souvent entre elles. La constriction hépatique provoque une compression de l'extrémité supérieure de la rate : c'est le type 2. La constriction sous-hépatique seule ou combinée à la précédente amène la production des types 1 et 3.

Le type 1 n'est pas un effet exceptionnel de la compression particulière à la rate. M. Charpy a trouvé plusieurs fois des déformations analogues sur des estomacs qui présentaient presque en entier la forme d'un boudin vertical.

Dans le type 2, comme dans le précédent, nous trouvons le tassement d'une portion de l'organe qui paraît atrophiée.

Dans le type 3, c'est une rate hypertrophiée par une tuberculose pulmonaire à évolution lente, qui est venue s'offrir à la compression du thorax, compression par le corset chez une jeune fille de mœurs légères, qui a continué sa vie et sa mise élégante jusqu'à la période ultime de son affection. Cette grosse rate, obligée de loger sous une cage étroite, n'a pu augmenter ses dimensions que dans le sens de la longueur ; le grand axe était ici très nettement vertical, aussi les sillons marqués par les côtes y sont-ils profonds et très nombreux. Cruveilhier, dans une note de son *Anatomie*, avait déjà signalé la possibilité de l'empreinte des côtes sur une rate augmentée de volume.

Il n'est pas rare d'observer, à l'autopsie, un sillon transversal, unique, étroit, plus ou moins profond, qui isole du reste de l'organe l'extrémité supérieure de la rate. Les auteurs n'en font pas mention, bien que quelques-uns, comme Luschka, l'aient figuré. Nous nous demandons s'il s'agit d'une anomalie originelle ou d'une forme acquise par la compression.

En somme, les divers effets de la compression sur la rate, que nous avons observés, se résument ainsi : redressement vertical ; sur les faces : incisures, empreintes et sillons parfois très profonds ; effilement d'une des extrémités, peut-être formation de lobules accessoires.

Si j'ai tenu à reproduire dans les lignes qui précèdent la plus grande partie d'un des articles que M. Dieulafé, alors prosecteur à la Faculté de Médecine de Toulouse, a écrits sur les déformations de la rate, c'est que la compétence anatomique spéciale de l'auteur est un sûr garant de l'exactitude des observations. Je ne discuterai donc pas l'existence de rates déformées, déplacées, parcourues de nombreux sillons ou déchiquetées par de multiples incisures, mais je ne saurais admettre que le corset, surtout peu serré et bien placé, puisse jouer dans les cas rapportés le grand premier rôle. Déjà dans une observation la rate examinée était celle d'un homme, dans d'autres cas, la rate était hypertrophiée et malade, enfin un autre sujet est une demi-mondaine qui faisait passer les fantaisies d'une coquetterie exagérée avant les soins de sa santé.

Ce qu'il faut accepter, seulement, je crois, c'est qu'une constriction exagérée peut augmenter, pour la rate, les néfastes résultats d'états pathologiques antérieurs.

Je n'insisterai pas davantage sur cette partie de mon travail, je crois le lecteur suffisamment préparé à bien se rendre compte des phénomènes que je vais décrire en parlant de l'estomac et de l'intestin.

Toutefois, pour que cette étude si importante de l'influence du corset sur l'estomac et l'intestin apparaisse plus nette, je traiterai auparavant de l'action du corset sur les reins.

CHAPITRE VII

Les reins sont au nombre de deux, l'un droit, l'autre gauche.

Ce sont des organes très glanduleux, et très vasculaires auxquels incombe l'importante fonction d'élaborer l'urine.

Les reins sont placés dans la région postérieure de l'abdomen. Ils sont couchés sur les côtés du rachis ou colonne vertébrale, à la hauteur des deux dernières vertèbres dorsales et des deux premières vertèbres lombaires. Le rein droit est ordinairement situé un peu plus bas que le rein gauche, probablement à cause de la présence du foie qui, pesant sur lui, tend à le refouler du côté de la fosse iliaque.

Les reins sont allongés dans le sens vertical. Leur grand axe n'est pas exactement parallèle au plan médian, car les reins sont convergents en haut, ou, en d'autres termes, se trouvent plus rapprochés à leur extrémité supérieure qu'à leur extrémité inférieure.

Les reins sont maintenus en position tout d'abord par leurs vaisseaux qui sont relativement très courts et qui les relient à l'aorte abdominale et à la veine cave inférieure, et par le péritoine (Testut, *Anatomie*, T. III).

Ces moyens de fixité s'augmentent de l'action de la capsule adipeuse du rein. Cette capsule peut être comparée à une sorte de sac plus grand que le rein ; les intervalles entre le sac et le rein sont remplis, chez l'adulte, par de la graisse. On conçoit facilement que l'accumulation de cette graisse maintienne le rein en place, mais on comprendra facilement aussi que, si cette graisse vient à disparaître sous une influence quelconque, le rein, remplissant mal sa loge, puisse abandonner sa position normale et descendre dans la cavité abdominale. Il accomplira cette descente aidé par son poids et par les mouvements de l'individu et descendra d'autant plus facilement que la graisse étant plus abondante à la partie inférieure de la capsule surrénale, le rein trouvera par en bas plus de vacuité quand disparaîtra la graisse.

Il y aurait lieu, toutefois, de considérer d'autre manière les moyens de fixité du rein d'après Poirier. Pour cet auteur, les vaisseaux semblent un moyen de fixité bien hypothétique, car où vit-on, dans l'organisme, des vaisseaux faisant office de ligaments ? Quand au péritoine, son rôle comme soutien des reins est illusoire, le péritoine étant incapable, en tant que séreuse, de maintenir un organe pesant comme le rein. Enfin, la capsule adipeuse apparaît bien sur le cadavre comme remplie d'une graisse consistante qui peut faire illusion ; mais la chirurgie montre, dans toutes les interventions sur le rein, que cette graisse, sur le vivant, est d'une fluidité désespérante pour l'opérateur et que, loin d'immobiliser l'organe, elle facilite ses mouvements de glissement de haut en bas pendant les mouvements respiratoires et ses changements de volume résultant des pulsations artérielles.

M. Legueu a décrit des tractus fibreux qui, de la capsule fibreuse, s'insèrent sur l'organe même ; ces tractus fibreux sont irréguliers quant à leur nombre et leurs points d'insertion sont essentiellement variables ; au reste, Volkove et Delitzine, qui ont étudié ces ligaments pour s'assurer de leur action, les ont sectionnés dans l'espace compris entre leurs points d'insertion, en respectant les supports et les organes voisins, ils ont constaté que le rein s'affaissait sur lui-même, que sa partie supérieure se repliait sur la partie inférieure, mais que l'organe, somme toute, restait immobile.

Il n'y aurait donc, à proprement parler, aucun ligament effectif de suspension du rein, ni de tractus fibreux qui retiennent énergiquement l'organe en place, et le rein ne tomberait pas dans les fosses iliaques, toutes grandes ouvertes pour le recevoir, parce qu'il est mécaniquement maintenu en place par la tension abdominale. On sait, en effet, que les muscles de la paroi abdominale : transverse et oblique, constituent, à l'état normal, une sangle énergique, qui exerce sur l'abdomen une pression suffisante pour s'opposer à la ptose viscérale ; cette pression peut être constatée par des procédés physiques ; les expériences de Schmert qui consistaient en l'introduction dans le duodénum par l'estomac, dans le rectum et dans la vessie d'ampoules manométriques, démontrent que la pression due à la tonicité musculaire équilibre et dépasse la pression atmosphérique.

On conçoit donc que les muscles, constituant une sangle, et que la masse intestinale enveloppée du péritoine constituant une pelote constamment appliquée sur le rein, maintiennent l'organe en place.

Les conséquences de l'altération de la sangle musculaire, de quelque nature que soient ces altérations, se feront immédiatement sentir sur le rein ; il en sera de même de certaines affections de l'intestin, la chute de celui-ci, par exemple, entraînant l'abaissement du coussin sur lequel reposent les reins, ceux-ci auront tendance à s'abaisser aussi.

Cette manière d'envisager le mode de fixité des reins, et, par suite, la pathogénie des déplacements des reins, n'empêche pas d'accepter aussi que la disparition de la graisse de la capsule adipeuse ne prédispose à l'abaissement des glandes rénales. Sangle musculaire distendue, paquet intestinal ptosé, rein libre dans une capsule que la graisse ne capitonne plus, autant de causes qui peuvent, inégalement mais concurremment, provoquer les déplacements des reins.

Si je me suis étendu longuement sur les moyens de fixation du rein, c'est que cette question est importante à étudier pour bien faire comprendre le mécanisme de la maladie, désignée, en pathologie, sous le nom de rein mobile ou de rein flottant, et dont je vais parler plus loin.

D'une coloration rouge brunâtre, les glandes rénales, qui pèsent environ 125 à 150 grammes et sont coiffées chacune d'une capsule dite surrénale, n'ont point, à droite et à gauche, les mêmes rapports.

Le rein droit, par sa face antérieure, est en rapport en avant avec la face inférieure du foie, qui vient reposer sur elle, avec le côlon ascendant et la portion initiale du côlon transverse. Le rein gauche entre en contact, par la même face, avec la rate qui repose sur elle, avec la partie terminale du côlon transverse, avec le côlon descendant et avec la grosse tubérosité de l'estomac.

Par une partie de leur face postérieure, les reins reposent sur le diaphragme qui les sépare des deux dernières côtes.

Je joins à ces notions anatomiques, un schéma qui les résume.

Les rapports des reins ainsi décrits ne sont pas complets, mais je n'ai voulu retenir que ceux qui intéressent directement ce travail. La lecture de cette brève énumération suffit à expliquer pourquoi j'ai voulu encore étudier l'influence du corset sur le rein avant d'examiner celle du corset sur l'estomac et sur l'intestin. On voit, en effet, que par leur position directement sous le foie et sous la rate, par leur contact avec l'estomac, par leur situation au-dessus de l'ensemble de la masse intestinale, ils subiront eux-mêmes directement, comme le tube gastro-intestinal, les influences qui s'exerceront sur le foie et sur la rate, et que parfois ils augmenteront de l'action de leur poids et de leurs déplacements l'influence des pressions transmises par le foie et la rate à l'estomac et à l'intestin.

L'ectopie rénale, le déplacement du rein, écrit le Pr Dieulafoy, est bien connue depuis les travaux de Rayer ; elle est beaucoup plus fréquente chez la femme que chez l'homme ; elle atteint le rein droit plus souvent que le gauche et rarement les deux reins. On a invoqué, comme causes, les grossesses répétées, l'abus du corset, le relâchement des parois abdominales, les contusions, les efforts violents, la résorption de la couche cellulo-graisseuse qui entoure le rein.

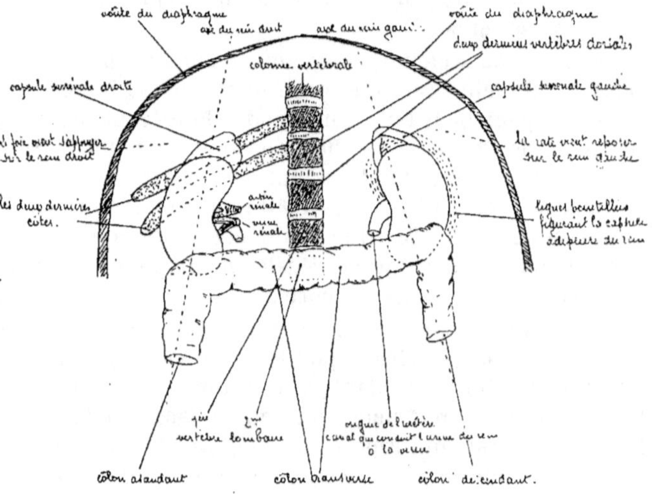

Fig. 59. -- Les rapports des reins.

Jusqu'à l'apparition des travaux de M. F. Glenard, on considérait comme fort rare le prolapsus du rein ; quand on le trouvait, on pensait à la maladie du rein mobile ; or, néphroptose et maladie du rein mobile ne sont pas absolument même chose, on peut, comme le dit M. Glénard, avoir une néphroptose sans être malade et avoir la maladie dite du rein mobile sans avoir de néphroptose. Il admet deux sortes de néphroptoses, une secondaire due à l'abaissement de la masse intestinale et à l'hypostase sous l'influence de l'amaigrissement, l'autre primitive due au corset.

Le professeur Bouchard explique la chute du rein par la congestion du foie qu'il trouve toujours chez les gens d'estomac dilaté. Or, c'est constamment à droite que l'on trouve l'ectopie rénale. Pourquoi ? Parce que, dit-il c'est le foie qui le chasse de sa loge. Il admet d'ailleurs, l'influence du corset : « On trouve l'ectopie du rein droit uniquement chez les dilatés dont le thorax est le siège d'une constriction habituelle à sa base : chez la femme et chez les militaires. Le corset et la ceinture empêchent le foie, lorsqu'il augmente de volume, de passer au-devant du rein. Or, si dix à quinze fois par an se produisent des poussées de congestion hépatique, on comprend facilement que le rein refoulé peu à peu se déplace consécutivement par l'élongation graduelle de ses attaches vasculaires. »

L'action du corset dans l'ectopie rénale est donc évidente et admise par tous. Le Dr Bouveret la considère pourtant souvent comme beaucoup plus primitive que ne le veut le Pr Bouchard. Il est un point, ajoute le Dr Chapotot, sur lequel on n'a pas insisté. Si le foie pressait le rein simplement sur son pôle supérieur, tout en admettant qu'il puisse se déplacer par le mécanisme qu'indique le Pr Bouchard, son abaissement énorme, comme on le voit souvent, serait difficile à comprendre. Il faut pour le chasser quelque chose de plus. Ce quelque chose, la main le réalise quand recherchant le rein par le procédé du Dr Glénard, elle le projette en quelque sorte hors de sa loge en plongeant dans l'espace costo-iliaque. C'est un effet semblable que produit le corset, il comprime cette même échancrure et transporte le rein sous le foie tout en formant en arrière un plan rigide qui lui permet d'agir plus efficacement sur le rein.

Est-il exact que la constriction par le corset puisse produire l'abaissement du rein : et si ce mode étiologique est possible, est-il exact que le corset soit une cause fréquente du rein mobile ? C'est ce que je vais examiner.

A la première question, je réponds : oui, le corset peut produire l'abaissement du rein. Cela se comprend facilement si l'on songe que, placés directement sous le foie et la rate, les reins sont forcément abaissés si un corset est assez serré pour abaisser primitivement le foie et la rate. La pression exercée au niveau de ces viscères se transmet aux glandes rénales, qui ont, en plus, à supporter le poids de la glande hépatique et du parenchyme splénique. Le foie étant beaucoup plus lourd que la rate et offrant plus de prise à l'action du corset, doit abaisser davantage et plus souvent le rein avec lequel il entre en contact ; ce raisonnement trouve sa justification dans les statistiques qui établissent la prédominance de fréquence de l'ectopie droite : « Sur 43 observations, 31 sont relatives au rein droit, 5 seulement au rein gauche, dans les 7 autres les deux reins étaient déplacés, mais le droit plus que le gauche. »

De ce que cet abaissement du rein par un corset serré est possible, s'ensuit-il que le corset soit la cause primitive très fréquente de l'ectopie rénale ? C'est ce que beaucoup d'auteurs ont soutenu, en s'appuyant surtout sur les statistiques qui relèvent le déplacement du rein beaucoup plus souvent chez la femme que chez l'homme.

Sur 35 cas de rein déplacé, réunis par Fritz en 1859, on trouve 30 femmes et 5 hommes. Les statistiques plus récentes de Rosentein (1870) et de Ebstein (1875), parlent dans le même sens; la fréquence de l'affection chez la femme est de 82 % pour le premier et de 85 % pour le second. Le professeur Tadenat, de Montpellier, a trouvé le rein mobile dans la proportion de 15 pour cent chez la femme, de 5 pour cent chez l'homme ; 120 fois à droite, et à gauche 4 fois.

Pour Mme Gaches-Sarraute : la fréquence des ectopies rénales est telle qu'une femme sur deux en est atteinte. (*Tribune Médicale*, 1895).

J'estime cette proportion exagérée, comme j'estime excessive l'opinion qui met à la charge du corset la grande majorité des cas de déplacement rénal.

Mme le Dr Gaches-Sarraute qui ne ménage pas le corset — le type qu'elle a créé excepté, et cela se comprend — disait en mai 1895, à la *Société de Médecine publique et d'Hygiène professionnelle* : « Je ne voudrais pas exagérer et prétendre que le corset cause toujours des déplacements du rein et qu'il les cause seul ; je conviens que certains efforts violents, ceux qui se produisent pendant l'accouchement, en particulier, ainsi que le vide laissé par l'expulsion fœtale, peuvent avoir une influence réelle sur la production de ces déplacements, mais je ferai remarquer que les ectopies rénales se rencontrent aussi souvent chez les jeunes filles que chez les femmes qui ont eu des enfants, et que, d'autre part, ces ectopies s'accompagnent toujours de troubles gastriques, de dilatation et d'abaissement de l'estomac. Je puis donc, sans m'avancer trop, attribuer dans beaucoup de cas cette action néfaste au corset. »

Certes, je suis de l'avis de mon confrère quand elle dit que l'accouchement n'est pas la seule cause du rein mobile ; mais précisément parce qu'elle insiste en faisant remarquer que le rein flottant se rencontre chez les jeunes filles, je suis en droit de vouloir connaître comment, chez ces sujets, peut apparaître un déplacement rénal.

Et cela est d'autant plus intéressant et important à savoir que, non seulement, le rein abaissé se rencontre chez les jeunes filles, mais encore chez les hommes. Je n'en veux pour preuve que le travail le plus étendu sur l'ectopie rénale, celui de C. Schultze (1888) qui montre la présence de l'ectopie chez la femme, chez l'homme et chez l'enfant. Ce travail porte sur 474 observations. Celles-ci se décomposent ainsi : 8 fois il s'agissait d'enfants au-dessous de dix ans (un des malades avait six mois, ce qui a fait admettre à l'auteur une forme congénitale), 405 fois de femmes, soit 85 pour cent, et 69 fois d'hommes, soit 15 pour cent. Sur 100 observations détaillées, 65 fois la ptose portait sur le rein droit, 18 fois sur le rein gauche, et 14 fois sur les deux reins simultanément.

Si j'examine à nouveau quelles sont les causes énumérées par le Pr Dieulafoy, dans le passage de son *Manuel de Pathologie interne*, que je citais plus haut, j'en trouve deux que j'élimine tout d'abord ; ce sont les contusions et les efforts violents, il s'agit là de cas exceptionnels et de causes accidentelles au sens propre du mot.

Les grossesses répétées donnent l'explication de certains cas d'ectopies rénales chez des multipares.

Quant à l'abus du corset, dont je reconnais le rôle étiologique, il explique certaines observations de déplacement du rein chez des sujets qui se sont serré la taille. Mais comment expliquer la mobilité du rein chez des femmes nullipares ou chez des jeunes filles n'ayant, ni les unes ni les autres, porté de corset, comment l'expliquer chez les hommes ?

Les deux causes qu'il me reste à citer, d'une part le relâchement de la paroi abdominale sous l'influence des affections de la sogle abdominale proprement dite qui maintient le rein et des maladies intéressant le coussin intestinal qui supporte le rein, et d'autre part l'absorption de la couche cellulo-graisseuse qui entoure le rein, vont m'aider à résoudre le problème.

Toute maladie, en effet, qui aura pour résultat de provoquer l'affaiblissement de la paroi abdominale et l'amaigrissement d'un individu, toute profession où l'orthostatisme sera la règle, prédisposera à la ptose rénale. Cela ne se fera pas simplement. La paroi abdominale étant relâchée, le rein n'étant plus soutenu au milieu de sa gangue graisseuse, de sa capsule adipeuse, cet organe descend ; le foie, la rate perdent leur point d'appui et s'abaissent aussi : l'intestin sur lequel le rein est tombé, pousse devant lui la paroi affaiblie et toute la masse viscérale de l'abdomen prend part à ce mouvement de descente dans lequel il est très difficile d'attribuer la part active qui revient à chaque organe : il y a non seulement nephroptose mais encore entéroptose, maladie dont je m'occuperai spécialement en parlant de l'intestin, ou. pour mieux faire comprendre ma pensée, il y a ce que j'appellerai splanchnoptose, c'est-à-dire chute en masse des viscères.

Dans ses *Leçons de thérapeutique*, le Pr Hayem rapporte aussi à des causes multiples l'ectopie rénale. La fréquence de cette maladie chez les femmes et chez les militaires s'expliquerait par l'action du corset ou du ceinturon ; chez 14 pour cent des dilatés on observe l'ectopie rénale et, bien que la dilatation stomacale soit aussi fréquente chez l'homme que chez la femme, on ne trouve le rein ectopié chez le premier que dans 5 pour cent des cas, tandis qu'il le serait dans 28 pour cent des cas chez la femme (du reste, pour Ewald, Oser. Nothnagel, Leubé, dans la plupart des cas les deux troubles n'ont aucune relation, il s'agit d'une simple coïncidence). Toutefois, au point de vue étiologique, les influences génitales et utérines (menstruation, accouchement, avortement) sont prépondérantes ; elles existeraient chez 34 femmes sur 80.

En 1901, à la cinquième session de l'*Association française d'Urologie*, M. Paul Delbet a exposé comment d'après lui le rein mobile serait une maladie résultant d'une infection utérine ascendante atténuée, amenant la fonte de la graisse périrénale et la dissociation des tractus conjonctifs qui fixent le rein ; d'où abaissement de celui-ci par son propre poids.

C'est donc à des causes d'ordre général de nature à entraver la nutrition du sujet, à diminuer sa force de résistance que je rapporterai nombre de cas d'ectopie rénale.

Il ne faudrait pas déduire de cette explication qu'il ne saurait y avoir de néphroptose sans chute des autres viscères, cela est possible, de même que l'on peut rencontrer la chute de l'intestin, l'entéroptose, sans que le rein soit abaissé.

Les seules conclusions à tirer de ces différentes considérations, c'est qu'une constriction exagérée produite par le corset peut, s'exerçant indirectement sur les reins, les abaisser et abaisser particulièrement le rein droit en raison de son rapport avec le foie qui offre à l'action du corset plus de prise que la rate.

Cette action néfaste du corset peut s'exercer dans quelques cas exceptionnels, en dehors de toute autre influence, mais, le plus souvent, le corset n'agit que comme une cause adjuvante qui vient s'ajouter à d'autres facteurs étiologiques et pathogéniques, et son influence ne devient néfaste que parce qu'elle s'ajoute à d'autres causes exerçant elles-mêmes une influence néfaste sur les viscères ; et ces autres causes sont multiples ; à celles que j'ai déjà citées, j'ajouterai les suivantes : une laxité anormale des tissus particulière aux neuro-arthritiques, la diminution de la courbure lombaire qui diminue la profondeur de la loge rénale, les affections utéro-ovariennes, etc.

Que l'action du corset sur le rein soit primitive ou secondaire, un sage éclectisme est de rigueur quand il s'agit de fixer les causes qui provoquent l'ectopie rénale, ce que je vais dire de l'influence du corset sur l'estomac et sur l'intestin le prouvera encore.

Il y a même des auteurs qui nient l'influence dangereuse pour le rein d'un bon corset bien fait et bien placé ; c'est ainsi que dans un article paru en 1905 dans la *Revue internationale de Médecine et de Chirurgie*, M. Legueu écrivait :

« Le corset, qui a joué dans la pathologie féminine un grand rôle, auquel on a attribué une foule de misères, est-il responsable de la plus grande fréquence du rein mobile chez la femme ? Je ne crois pas. Trekaki (du Caire) a pu, il y a quelques années, faire des observations chez les femmes arabes qui ne portent point de corset, et il s'est rendu compte chez elles de la fréquence du rein mobile, dans la même proportion que chez les Européennes corsetées. Donc il ne faut pas incriminer le corset dans la genèse de cette maladie, réserve faite, bien entendu, pour l'influence fâcheuse que peut exercer un corset mal fait. Mais, ce qui est plus important à considérer, c'est la forme du buste, qui est très différente suivant les femmes. On peut distinguer les tailles basses des tailles hautes ; or, s'il y a des chances pour que le corset étrangle la taille au-dessus du rein chez les premières, chez les secondes, au contraire, le corset peut être un soutien, un élément de solidité pour le rein. »

CHAPITRE VIII

Parmi les divers appareils qui concourent à la nutrition de l'organisme, l'appareil digestif est un de ceux dont le rôle est le plus considérable. Avec l'appareil respiratoire, il a pour fonction d'introduire dans l'économie les principes qui sont nécessaires à l'entretien de la vie et que renferme le monde extérieur.

Non seulement il reçoit et conduit les substances aptes à la nutrition, mais encore il les transforme en principes assimilables avant de les transmettre au milieu intérieur chargé de les distribuer aux éléments anatomiques. Enfin, il sert de voie d'excrétion non seulement pour les résidus non utilisés des aliments, mais aussi pour un certain nombre de substances éliminées par les glandes qui lui sont annexées et notamment par le foie (Achard).

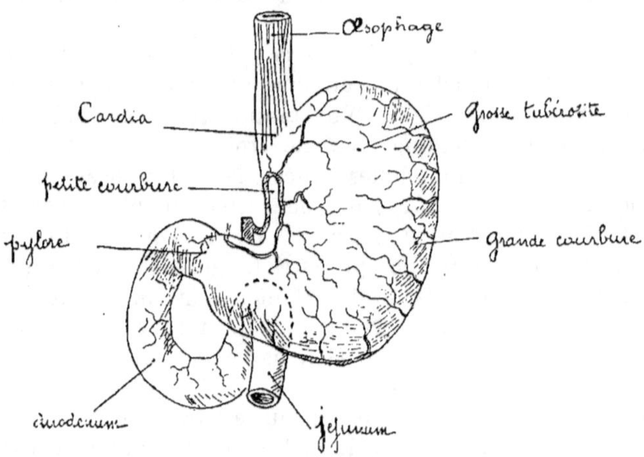

Fig. 60. — L'estomac et les premières parties de l'intestin grêle.

Chez l'homme, le tube digestif est constitué par la bouche, le pharynx, l'œsophage, l'estomac, l'intestin grêle et le gros intestin.

L'œsophage n'est qu'un simple conduit contractile. Par son rôle mécanique, il achève la déglutition des aliments qui viennent rapidement s'accumuler dans l'estomac.

L'estomac est une vaste poche où les aliments sont brassés et en partie transformés par les contractions de sa musculature et l'action du suc gastrique qu'il sécrète.

L'estomac est situé dans la partie supérieure de la cavité abdominale au-dessous du foie et du muscle diaphragme qui le recouvre dans la plus grande partie de son étendue ; au-dessus du paquet intestinal. Il occupe à la fois une grande partie de l'épigastre et presque tout l'hypochondre gauche.

L'estomac est maintenu en position par sa continuité avec l'œsophage auquel il fait suite, par sa continuité avec le duodénum qui le continue, par plusieurs replis du péritoine qui le relient au foie, au diaphragme et à la rate et par la masse intestinale sous-jacente.

La forme de l'estomac est celle d'un cône incurvé sur lui-même, un peu aplati d'avant en arrière et à base arrondie. C'est à juste titre qu'on l'a comparé à une cornemuse.

L'estomac est dirigé de haut en bas, de gauche à droite et d'avant en arrière ; pour quelques anatomistes : Luschka, Henlé, Betz, Lesshaft, Tillaux, Beaunis et Bouchard, la direction de l'estomac n'est pas sensiblement horizontale, mais fortement oblique en bas, à droite et en arrière, c'est-à-dire que son axe est vertical. La direction de celui-ci se déduit de la situation respective de ses deux orifices : cardia ou orifice supérieur de l'estomac, pylore ou orifice inférieur du même viscère.

Le cardia situé à l'extrémité supérieure de la petite courbure, se trouve au niveau des sixième ou septième cartilages costaux gauches et du corps de la onzième vertèbre dorsale.

Le pylore ou orifice duodénal, est à la hauteur de la septième ou huitième côte droite ; il occupe l'extrémité inférieure de la petite courbure.

La face antérieure de l'estomac est convexe ou supérieure ; elle présente trois rapports fort intéressants pour cette étude ; ce sont : le diaphragme, le foie, la paroi antérieure de l'abdomen. Le diaphragme sépare l'estomac de la cavité thoracique, le foie recouvre une partie de la face antérieure de l'estomac et suivant l'étendue que recouvre le foie, l'estomac présente une surface plus ou moins grande qui est en rapport direct avec la peau de l'abdomen.

La face postérieure ou inférieure de l'estomac est en rapport avec la partie du gros intestin appelé côlon transverse, avec la portion terminale du duodénum, avec les vaisseaux de la rate et avec une glande appelée pancréas.

Je laisse de côté le détail des autres rapports qui sont inutiles pour ce travail, ainsi que la description des lignes d'Obrastzow, qui répartissent le champ d'exploration de l'estomac en une série de repères, et je termine cet exposé anatomique par l'étude des moyens de fixation de l'estomac.

Ceux-ci ont été décrits d'une façon très méticuleuse par le Dr F. Glénard, dans son travail sur la *Dyspepsie nerveuse et l'Entéroptose.* Je rappellerai simplement d'après lui, ce qui a quelque utilité pour cette étude.

Le point le plus fixe de l'estomac est le cardia, bien que les Allemands le croient capable de quelques déplacements dans la dislocation en masse de l'organe. La grosse tubérosité participe à cette fixité ; elle est solidement unie au muscle diaphragme « par l'adhérence, dit

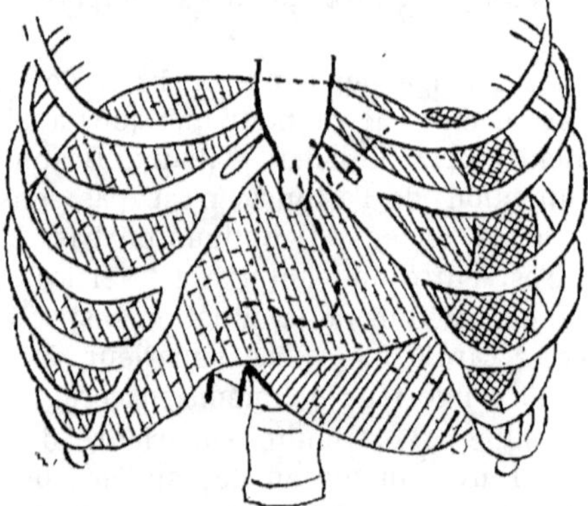

Fig. 61. — Le foie et l'estomac dans leurs rapports avec la paroi antérieure de l'abdomen.

La masse du foie est indiquée par des hachures obliques de gauche à droite. La partie de l'estomac qui n'est pas recouverte par le foie et qui n'est pas en rapport avec la paroi abdominale est indiquée par des hachures obliques entrecroisées de droite à gauche et de gauche à droite. La partie de l'estomac qui n'est pas recouverte par le foie et qui est en rapport avec la paroi antérieure de l'abdomen est indiquée par des hachures obliques de droite à gauche.

Boas, de la séreuse de l'estomac avec le revêtement péritonéal du diaphragme. »

Un second point relativement fixe, c'est le pylore ou plutôt, comme le dit M. Glénard, l'orifice gastro-duodénal, situé un peu après lui. En effet, d'après les plus récentes recherches, le pylore est un peu mobile. S'il est attaché au côté des corps vertébraux, c'est par l'intermédiaire de la portion du duodénum auquel il est immédiatement suspendu. D'ailleurs, le plus sûr moyen de suspension du pylore, c'est le ligament gastro-hépatique, s'étendant du cardia au pylore en formant une large lame solidement unie au sillon transverse du foie.

Ainsi donc, l'estomac et le foie adhérant au diaphragme, et par lui aux côtes, forment en quelque sorte un tout ; les déplacements de l'un retentissent sur l'autre.

L'estomac est très fixe, écrit Cruveilhier, on peut dire que la plupart de ses changements de rapport sont consécutifs aux déplacements et aux changements de volume des organes avec lesquels il est en connexion.

Le pylore est donc capable d'exécuter quelques excursions surtout en bas. Elles sont d'un avis unanime très modifiées par l'état de son contenu comme l'a bien

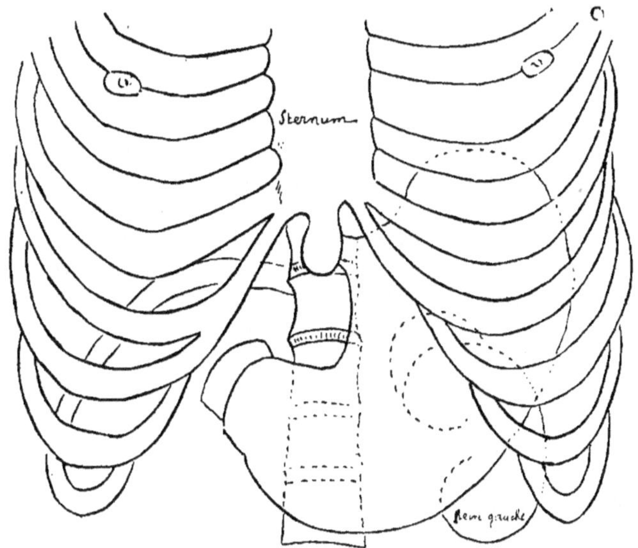

Fig. 62. — Le sternum, les côtes, la colonne vertébrale, l'estomac, le rein gauche et la capsule surrénale du rein droit.

observé Braune sur des cadavres dont les organes étaient maintenus en place par la congélation.

Pour mémoire, signalons les ligaments gastro-splénique, pancréatico-gastrique, gastro-colique qui réunissent l'estomac à la rate, au pancréas et au côlon.

C'est la grande courbure de l'estomac qui est la partie la plus mobile de ce viscère, elle pivote en quelque sorte autour d'un axe qui est sur la partie fixe de l'organe : cardia, petite courbure, pylore.

Quel est le rôle de l'estomac ?

Voici comment après avoir montré combien ce sujet présente d'obscurité, M. Hayem expose le mode de fonctionnement normal de l'estomac.

L'estomac est composé d'un appareil sécréteur et d'un

appareil moteur ; sa cavité est le siège d'un travail chimique qui constitue l'une des phases principales de la digestion. Ces différents phénomènes sécréteurs, chimiques et moteurs ne sauraient être considérés séparément ; ils constituent à eux trois, un acte physiologique, ils marchent de pair et sont comme liés entre eux. L'étude des faits cliniques montre que l'appareil moteur (en dehors des cas d'occlusion mécanique) est sous la dépendance de la fonction sécrétoire et chimique et l'on doit admettre l'existence d'un système de régulation agissant sur les mouvements de la musculeuse et sur l'état des orifices et réglant son action sur la quantité et la constitution chimique du contenu stomacal.

Supposons l'estomac en place avec sa situation, ses dimensions et sa sécrétion normales. Décrivons d'une façon succincte, les phénomènes qui se déroulent pendant la digestion d'un repas d'une certaine importance.

Les aliments mastiqués, ayant subi l'influence de la salive arrivent dans la cavité gastrique et viennent se placer dans sa partie la plus déclive, l'antre prépylorique. Cette région, accessible à la palpation, se distend et la surface d'exploration augmente en même temps que la grande courbure s'abaisse entraînée par le poids des aliments. Dans la cavité même de l'organe le niveau du contenu déborde bientôt la valvule pylorique, celle-ci se ferme et empêche tout passage dans l'intestin. De son côté, le cardia s'il se laisse facilement ouvrir de haut en bas se contracte pour s'opposer au reflux de bas en haut. Les aliments sont pris dans une chambre à double porte. Dans son ensemble l'estomac représente un vase clos qui se moule sur son contenu. Celui-ci est représenté par la bouillie alimentaire plus ou moins épaisse quelquefois liquide et par une petite quantité d'air qui a été dégluti ou était enfermé dans les aliments. Normalement il ne se produit pas d'autre gaz. L'air forme une couche qui se déplace dans le grand cul-de-sac, sous le diaphragme ; peut-être est-il, dans certains cas, résorbé ou rejeté au dehors, mais il ne paraît faire défaut que d'une façon exceptionnelle. L'estomac peut ainsi être comparé à une bouteille légèrement entamée.

Le contact de l'aliment avec la muqueuse gastrique a fait entrer immédiatement en jeu l'appareil sécréteur. Le bol alimentaire subit peu à peu la transformation en chyme ; on admet, d'après les expériences faites sur les animaux, qu'il est constamment remué par les mouvements inconscients, vermiculaires de la paroi stomacale, mouvements qui restent inappréciables à nos moyens d'investigation. Pendant que ces phénomènes se produisent, le cardia reste fermé, mais il n'en est pas de même du pylore qui semble devoir s'ouvrir ou s'entre-bâiller d'une façon intermittente pour laisser passer une partie du contenu. Puis, après un temps variable avec la quantité et la qualité des aliments, l'estomac se vide définitivement et entre en repos.

Tels sont, esquissés à grands traits, les phénomènes physiques qui se passent dans l'estomac pendant l'acte digestif. Parmi ces phénomènes, il en est que nous pouvons constater à l'aide des moyens d'investigation cliniques et dont il importe de fixer les termes physiologiques. C'est ainsi que nous devons essayer de déterminer : 1° dans quelles limites l'estomac se laisse distendre à la suite d'un repas copieux, celui de midi par exemple ; 2° combien de temps il met dans ces conditions à se vider et à revenir à sa situation normale. Ces deux points ont été et sont encore fort discutés.

La limite inférieure de la distension de l'estomac siégerait, d'après Wagner, à un peu plus de 2 centimètres au-dessus de l'ombilic, l'organe occuperait alors les 6/7 de la distance qui sépare l'appendice xiphoïde de l'ombilic, cette distance mesurant 15 centimètres.

Pour M. Bouchard, elle ne dépasserait pas normalement une ligne allant de l'ombilic au rebord des fausses côtes gauches, et d'après M. Hayem, dans les conditions les plus normales, le point le plus abaissé de l'estomac après le repas de midi resterait un peu au-dessus de l'ombilic.

A ce propos, M. Hayem fait remarquer que le choix de l'ombilic comme point de repère laisse beaucoup à désirer. Si, en effet, ce point est fixe chez les individus dont la conformation corporelle est normale, il est très fréquemment déplacé chez ceux dont la forme générale du ventre a été altérée par une cause quelconque telle que les grossesses multiples ou simplement l'obésité. Il faudrait, pour avoir des mesures rigoureuses, déterminer la longueur et la direction du grand axe de l'estomac.

La durée de la digestion est naturellement variable avec la nature du repas. Elle est de sept heures pour un repas copieux d'après Leube. M. Hayem fixe à cinq ou six heures celle d'un repas comme celui de midi. (Dr G. Lion. Les signes objectifs des affections stomacales (*in Archives générales de médecine* 1895.)

La topographie de l'estomac ainsi fixée et son fonctionnement normal exposé, il est de la plus indispensable utilité de pouvoir sur le vivant déterminer les contours et la situation de cet organe.

L'inspection est déjà capable de fournir à elle seule des renseignements intéressants. C'est elle, écrivent MM. Hayem et G. Lion, qui permet de relever les différentes déformations de la cage thoracique et spécialement celles qui sont occasionnées par le corset. Il ne faut pas seulement rechercher les déformations du thorax, mais encore essayer de se rendre compte des points sur lesquels

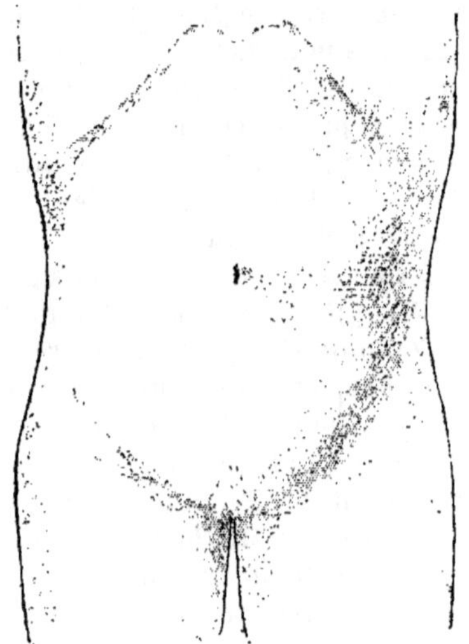

Fig. 63. — Evasement de l'abdomen par en haut

s'exerce la compression du corset. Pour cela, on doit en quelque sorte surprendre la malade en flagrant délit. Dès le premier examen, alors que n'étant pas prévenue elle se présente au médecin sans avoir modifié ses habitudes, il faut la prier de retirer son corsage et examiner avec attention comment le corset est mis, sur quels points il exerce sa compression, quel aspect prend le ventre sous son influence. On assiste alors dans bien des cas à un spectacle invraisemblable dont aucune description ne saurait donner l'idée.

La malade est d'ordinaire couchée sur le dos, le tronc légèrement relevé, les jambes étendues : on la prie de respirer avec calme et de relâcher ses muscles abdominaux. L'examen doit être fait successivement de face et de profil. (Voir les fig. 63 à 67 empruntées à MM. Hayem et G. Lion.)

De face, on peut constater quatre aspects différents de l'abdomen : 1° L'évasement par en haut. Le ventre apparaît élargi dans sa partie supérieure sus-ombilicale. C'est ce qui se produit chez les gros mangeurs, les diabétiques par exemple qui ont un estomac agrandi transversalement (fig. 63.)

2° L'évasement par en bas. Le ventre est élargi dans sa moitié inférieure sous-ombilicale. Pareille déformation se montre dans des conditions assez diverses : elle caractérise le ventre amaigri et tombant des femmes qui ont eu

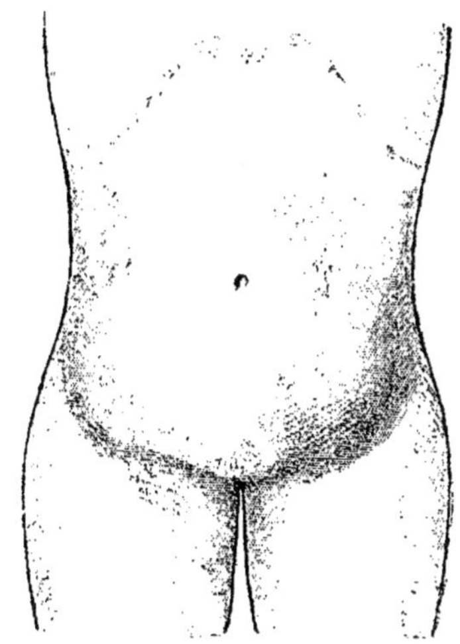

Fig. 64. — Évasement de l'abdomen par en bas

des grossesses répétées, des anciens obèses débilités, des individus atteints d'entéroptose qu'elle qu'en soit l'origine (fig. 64.)

3° La saillie médiane. Saillie étendue de l'extrémité inférieure du sternum à un point quelconque de l'abdomen un peu au-dessous de l'ombilic, effaçant le creux épigastrique. Cet aspect est celui qu'on a l'occasion d'observer le plus souvent. Il se montre à la suite des repas, chez les malades atteints de dilatation prononcée sans ptose (fig. 65).

4° L'aplatissement épigastrique avec ballonnement hypogastrique. Lorsque l'estomac est à la fois dilaté et ptosé il fait bomber, en se distendant à la suite des repas, la partie inférieure de l'abdomen, tandis que la région sus-ombilicale semble déprimée. Souvent, en pareil cas, on constate au niveau de la région épigastrique inférieure

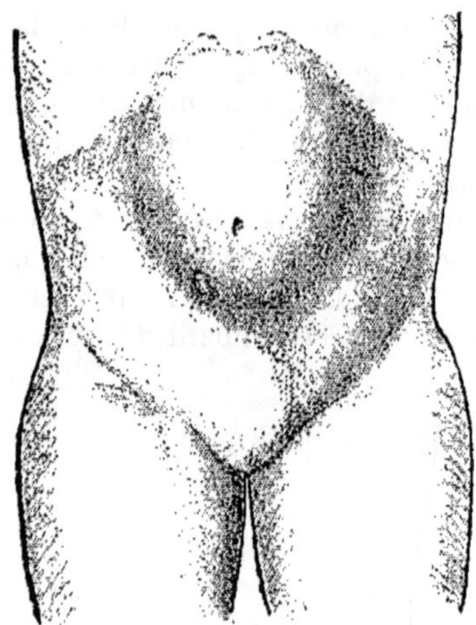

Fig. 65. — Ventre à saillie médiane

une légère saillie transversale qui correspond à la petite courbure abaissée (fig. 66).

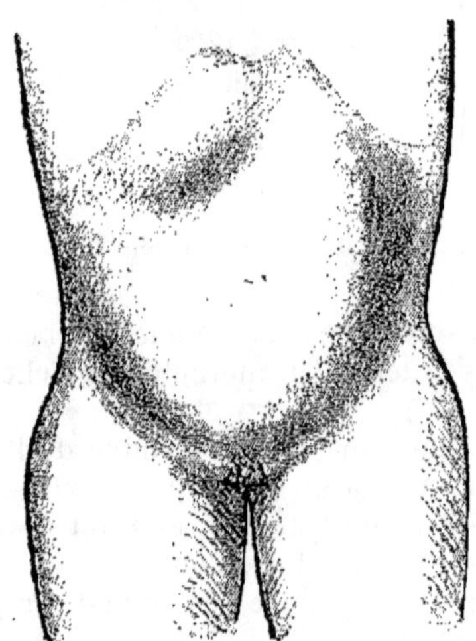

Fig. 66. — Aplatissement épigastrique avec ballonnement hypogastrique

De *profil*, trois dispositions principales peuvent être notées.

1° L'enfoncement sous-sternal. Le ventre est excavé

dans la région épigastrique, plat dans le reste de son étendue.

L'inanition, les vomissements répétés amenant la vacuité et la rétraction de l'estomac, la contraction des muscles abdominaux, telle qu'elle se produit pendant les crises douloureuses intenses qui forcent le malade à rester immobile, recroquevillé dans son lit ou chez certains gastropathes nerveux sujets à des éructations continuelles, sont les conditions dans lesquelles se produit cette déformation (fig. 67, A).

2° La saillie anormale. Le plus souvent partielle, sous-

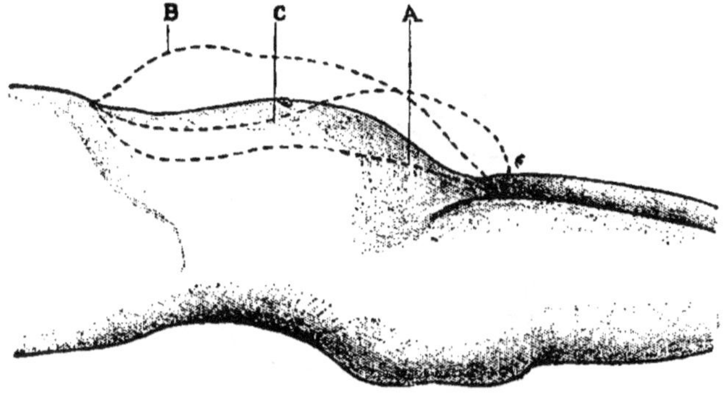

Fig. 67. — Différents aspects de l'abdomen vu de profil

sternale ou épigastrique, conséquence du ballonnement de l'estomac. Quelquefois généralisée (fig. 67, B).

3° L'aplatissement de la région sus-ombilicale avec ballonnement hypogastrique.

La dépression épigastrique s'étend plus ou moins bas, quelquefois au-dessous de l'ombilic.

Cet aspect appartient aux cas de dilatation avec ptose (fig. 67, C).

Ajoutons pour terminer ce qui a trait à l'inspection que, chez les sujets maigres, à paroi abdominale mince, se moulant sur les organes abdominaux, on peut, dans certains cas, constater l'existence de saillies anormales formées par les tumeurs.

Après l'inspection de la région abdominale on passe à la palpation.

Le point essentiel dans la palpation est d'obtenir un relâchement aussi complet que possible des parois abdominales, ce qui s'obtient en plaçant le patient sur le dos, les jambes et les cuisses fléchies et en distrayant la pensée du sujet de l'examen qu'on lui fait subir.

La palpation doit être faite légèrement, en ayant soin que les mains qui explorent ne présentent pas une trop grande différence de température avec la peau de l'abdomen examiné.

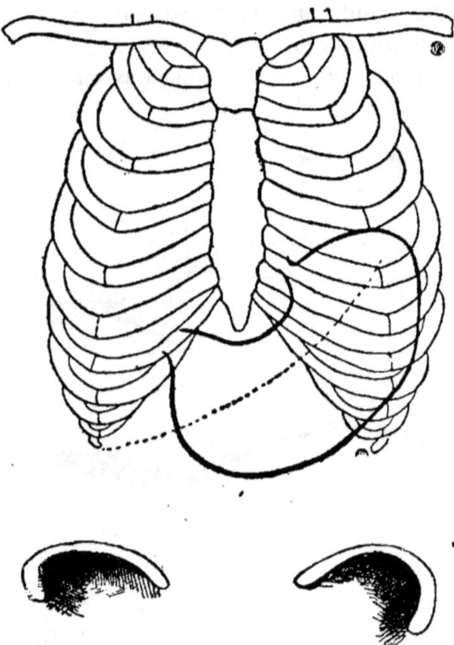

Fig. 68. — Estomac normal insufflé.

La recherche du bruit de clapotage est faite par une sorte de palpation.

Avec l'extrémité des doigts réunis, ou mieux avec le rebord cubital de l'extrémité de la main, on imprime à la paroi abdominale de brefs mouvements, c'est une sorte de fustigation faite sur l'estomac sans détacher la main de la paroi.

En même temps, on maintient avec la main gauche la partie opposée de l'estomac pour qu'elle ne fuie pas devant la main qui palpe.

Cette petite opération est répétée sur les diverses régions de l'estomac, principalement au niveau de sa grande courbure et de son grand cul-de-sac dans l'hypochondre gauche. Les résultats obtenus sont les suivants :

Toutes les fois que l'estomac contient une quantité déterminée de liquide, la palpation faite suivant les règles que nous venons d'indiquer provoque un bruit de clapotage caractéristique.

Quand l'estomac est normal (la paroi abdominale est supposée suffisamment souple pour se prêter à l'exploration), le clapotage ne descend pas jusqu'à l'ombilic, tout au moins ne le dépasse pas. S'entend-il au-dessous de l'ombilic ? Il s'agit d'une anomalie de position, de forme, ou de dimensions de l'estomac.

D'autre part, celui-ci étant primitivement vide, si l'on fait ingérer, d'après Boas, une centaine de grammes d'eau à un homme ayant un estomac normal, on ne produit pas le clapotage « même, dit-il, si la paroi abdominale est amaigrie. Il se produit au contraire, même avec une moins grande quantité de liquide, s'il y a ectasie. »

Il est bon de rappeler que le côlon transverse peut clapoter ; si l'on ne peut déterminer à quel organe, estomac ou côlon, appartient le clapotage, on a une dernière ressource : gonfler artificiellement l'estomac ; s'il lui appartient, le clapotage cesse par cette opération et réciproquement. Laissant ensuite échapper l'air insufflé, on voit reparaître le clapotage.

« La recherche du bruit de clapotage est utilement complétée par celle du bruit de succussion. On saisit à deux mains le tronc au niveau des dernières côtes ou quelquefois plus bas au niveau de la taille et on lui imprime des secousses plus ou moins violentes. On produit ainsi un bruit de flot à tonalité d'autant plus élevée et métallique que la cavité stomacale renferme plus de gaz et l'on peut se faire une idée exacte de la quantité de liquide qu'elle contient. Ce bruit prend également naissance quand le malade se déplace d'une façon brusque. Il peut être constaté dans les cas où la plénitude de l'organe ou la tension gazeuse excessive empêchent d'obtenir le bruit de clapotage, à condition toutefois que la quantité de liquide soit suffisamment grande. »

Aux renseignements fournis par l'inspection et par la palpation viennent s'ajouter ceux que l'on peut obtenir par la percussion.

Pour pratiquer la percussion de l'estomac, dit Chapotot, il est bon de commencer par un des bords de cet organe. Percutant, par exemple, d'abord le poumon gauche sur la ligne mamelonnaire, on descend peu à peu; et l'oreille peut percevoir le changement de ton entre le poumon et l'estomac. Puis on percute une zone dont la sonorité ne se modifie plus, et enfin, descendant toujours, on trouve la sonorité du côlon plus sourde, plus grave en général. On reprend la percussion du côté droit, de haut en bas, puis de droite à gauche horizontalement. Par une percussion légère, une oreille exercée peut saisir les changements de tonalité.

« En s'aidant de la palpation et de la percussion, on arrive avec un peu de soin à délimiter le contour de la portion de l'estomac en contact avec la paroi et à dessiner ce contour sur la peau à l'aide du crayon dermographique. »

Ces procédés d'exploration sont complétés par l'étude des bruits anormaux qui peuvent être entendus à distance ou reconnus par l'auscultation et par l'insufflation. L'insufflation est une méthode qui fut introduite en Allemagne par Frerichs et Mannkopf et qui a été étudiée spécialement par Schreider, Rosenbach, Ewald, Jaworski, etc. Son but, dit Boas, est de dessiner les contours de l'estomac et surtout la grande courbure. On lui demande, en outre, actuellement, la détermination de la situation, de la grandeur, de la capacité de cet organe.

L'insufflation se pratique en faisant absorber au patient une certaine quantité de bicarbonate de soude et d'acide tartrique dissous séparément et dont la combinaison produit dans l'estomac un dégagement d'acide carbonique. On utilise aussi des appareils basés sur le déplacement de l'air contenu dans un flacon par l'eau qu'y déverse un autre flacon placé à un niveau plus élevé. L'air déplacé est introduit dans l'estomac par une sonde. Par l'insufflation on voit la paroi épigastrique se soulever et les contours de l'estomac se dessiner. On peut alors percuter, même palper l'organe et en marquer les limites au crayon dermographique.

A tous ces modes d'investigation il convient d'ajouter : l'étude chimique des sécrétions gastriques, l'examen de l'estomac par l'éclairage de sa cavité et enfin la gastroradiographie.

Que va devenir, sous l'influence du corset, cet estomac dont les diverses méthodes d'investigation que je viens d'esquisser brièvement ont permis de fixer la situation ? Il semble fort simple d'établir l'action de la compression du corset sur les organes abdominaux. Le problème est plus complexe qu'il ne le paraît.

A côté de l'action pathogène de ce vêtement, viennent en effet se placer des causes adjuvantes, prédisposantes pour mieux parler : ce sont les causes de débilitation des parois abdominales et de la tonicité du tractus intestinal : les grossesses, la neurasthénie, la maladie de Glénard...

Je m'occuperai de la ptose gastrique dans ce chapitre, mais non pas complètement, car j'en parlerai à nouveau quand je traiterai d'une façon détaillée de l'influence du corset sur l'intestin et que je traiterai de la ptose des viscères en général.

« Toute cause qui diminue la tonicité abdomino-intestinale facilite l'action spéciale du corset. Celui-ci ne vient alors qu'en seconde ligne, il ne provoque pas, il exagère un état préexistant. Comme tel, il est déjà dangereux. Or ces conditions se trouvent d'abord dans la grossesse, surtout dans le cas de grossesses répétées dont l'influence est trop connue pour que l'on y insiste.

La dislocation abdominale et viscérale peut donc être primitive, le corset est ici une cause adjuvante, il continue ce qu'un autre agent a commencé. Mais souvent aussi c'est lui qui commence, lui qui est la cause première des dislocations splanchniques. C'est ce qu'il faut prouver. »

Ainsi s'exprime M. Chapotot et dans des pages très intéressantes que je vais reproduire en partie, il continue son argumentation. Il faut la lire, parce qu'elle montre tout le danger pour l'estomac d'un corset montant haut, cambré, trop serré.

Il est en effet parfois aussi utile de connaître ce qu'il ne faut pas faire dans tel ou tel cas que ce qu'il faut faire ; or, argumenter pour l'estomac contre le corset haut, cambré, trop serré, n'est-ce pas par cela même dire qu'il ne faut pas serrer le corset à la taille, qu'il ne faut pas porter un corset haut et que le corset ne doit pas présenter des courbures dangereuses ? Mais, comme le lecteur va le voir, l'auteur semble considérer qu'il n'y a que des femmes exagérément serrées et qu'il n'y a que des corsets cambrés mal faits.

Je souscris à tout ce qu'il reproche à de telles élégantes et à de tels vêtements, mais je montrerai quand j'en viendrai à étudier comment le corset peut ne pas nuire, qu'il est des cas où l'estomac, comme les organes thoraciques, s'accommode d'un corset bien compris et bien placé.

Quelle est donc l'action mécanique par laquelle le corset déplace les organes situés dans les hypochondres ? (Et je le répète, par corset je ne veux entendre ici, pour accepter la démonstration qui suit, qu'un corset trop montant, trop haut placé, trop serré).

Les résistances du thorax ne sont pas égales sur toute sa circonférence ; en arrière, il est absolument rigide, (colonne vertébrale), latéralement se trouve le maximum de sa souplesse, de sa flexibilité ; en avant, il n'y a qu'une échancrure : elle joue son rôle en permettant aux côtés de se rapprocher davantage de l'axe du corps ; c'est aussi une sorte d'issue offerte aux organes qui, chassés de leur loge, tendent à s'ouvrir un chemin en avant dans la partie de la paroi dépourvue de côtes.

La compression va donc agir en déplaçant surtout les parties latérales du thorax. Elle peut se faire de deux manières différentes, suivant la nature des liens.

S'agit-il de cordons de jupes comme cela se passe chez beaucoup de femmes du peuple ou de la campagne ; s'agit-il de la ceinture dont se servent bien des hommes ou encore du ceinturon ? Dickinson et quelques autres auteurs affirment que ce mode de striction agit exactement comme le corset. Nous ne le croyons pas. La compression porte, en effet, immédiatement au-dessous de la dernière côte. Le foie, l'estomac, la rate sont donc refoulés vers la partie supérieure de la cavité abdominale et pris entre les liens et le diaphragme. Qu'il en résulte des malaises, surtout de l'estomac, chacun le sait : quel est l'homme porteur d'une ceinture ou d'un ceinturon qui n'est pas obligé de les desserrer après un repas même peu copieux ? Mais qu'il en advienne un abaissement de l'estomac et du foie, nous ne le saurions admettre. »

Certes je pense avec l'auteur qu'un corset placé comme les cordons des jupes, une ceinture ou un ceinturon, ne saurait abaisser l'estomac puisqu'il serait situé au-dessous de ce dernier organe, mais je pense, contrairement à M. Chapotot, que le corset agit souvent comme ces cordons, ceintures ou ceinturons. Dans ce cas alors, ce n'est pas seulement parce qu'il peut amener des malaises du côté de l'estomac, mais encore et surtout parce qu'il gêne la fonction respiratoire, que le corset est dangereux.

Par son action directe sur la cage thoracique et sur les viscères qu'elle renferme, j'ai démontré précédemment que le corset, à moins d'être très serré, ne gênait pas d'une façon sensible et appréciable la fonction respiratoire. Quand la gêne respiratoire devient appréciable et dangereuse, ce n'est pas tant parce que les côtes et les poumons sont comprimés directement, que parce que indirectement leur fonctionnement est entravé ; le corset serre au-dessous de l'estomac et du foie, relève ceux-ci, les repousse sous la voûte diaphragmatique et en empêchant l'abaissement du diaphragme, empêche l'expansion des poumons.

Si, au contraire, non content de serrer fortement son corset, la femme place très haut un corset cambré, il advient que :

Le corset commence au niveau de la neuvième côte (face supérieure du foie) la striction du thorax qui se rétrécit de plus en plus et rapidement jusqu'au-dessous de la douzième pour aller s'évasant jusqu'à la crête iliaque latéralement. En avant, le busc s'infléchit en suivant la courbe abdominale et, selon le genre de corset, descend plus ou moins bas au-dessous de l'ombilic.

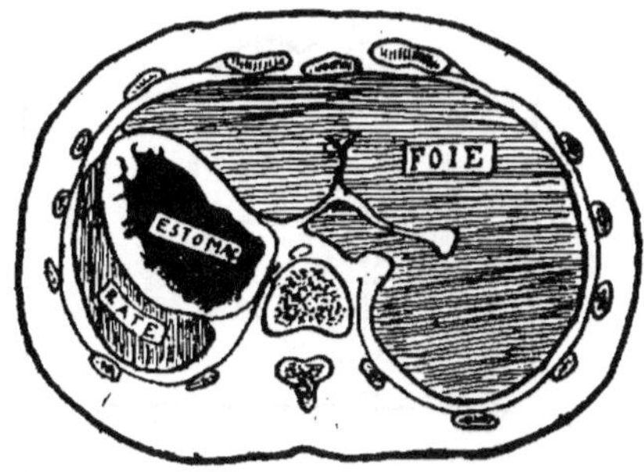

Fig. 69. — Coupe transversale du thorax au niveau de l'épigastre d'après Dickinson.

Les organes situés dans les hypochondres : foie, rate, sont pris entre trois forces expulsives : deux latérales, une antérieure ; en même temps qu'elles agissent perpendiculairement à la paroi, elles agissent aussi verticalement ; la résultante est oblique en bas et en dedans.

Au milieu de tout cela, que devient l'estomac ?

Considérez la figure qui représente une coupe transversale du thorax au niveau de l'épigastre. L'estomac est saisi entre la rate et le foie, tous deux plus résistants que lui ; il est forcé de s'aplatir plus ou moins et pour récupérer son volume normal, il s'effile et bascule en bas. cherchant de l'espace dans la cavité abdominale en même temps qu'il est refoulé à gauche par le foie plus lourd et plus volumineux que la rate.

L'estomac, dont la statique est modifiée, tend à reprendre une situation qu'il avait dans l'enfance et surtout pendant la vie intra-utérine ; il s'adapte à l'espace qui lui est laissé libre. On s'abuserait étrangement si l'on pensait qu'une constriction intense est nécessaire pour provoquer ces ptoses viscérales. Une pression minime est souvent suffisante, surtout quand elle est prolongée. La constriction de la taille au moment de la période de croissance est plus funeste encore ; elle prépare les grandes dislocations.

Ouvrez un cadavre en laissant soigneusement en place tous les organes ; serrez le thorax en imitant la compression du corset ; vous voyez sous le moindre effort le foie, mécaniquement chassé de sa loge, se diriger en bas et en dedans, pousser la petite courbure et le pylore ; le tout en bloc se déplace à gauche. L'estomac oscille autour du cardia qui demeure fixe.

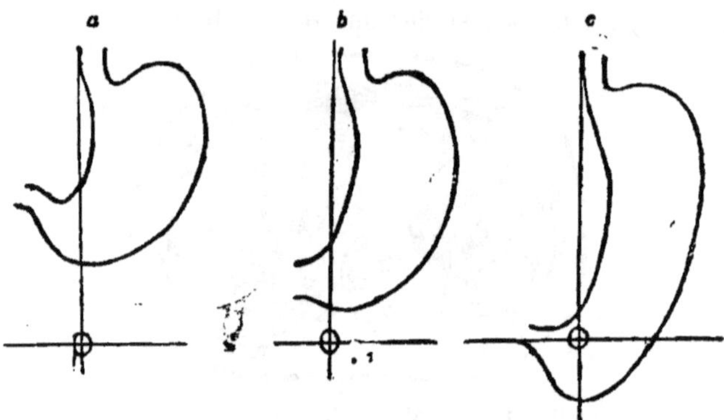

Fig. 70. — Schéma représentant la marche progressive de la déviation de l'estomac (*in* Thèse Chapotot).
O ombilic — I colonne vertébrale

Le fait se produit quand l'estomac est vide, à plus forte raison s'il est alourdi par la masse alimentaire. Tel est le fait fondamental de l'abaissement de l'estomac par le corset. Tous ceux qui se sont occupés de cette question l'ont dû comprendre ainsi. Cruveilhier puis Corbin en parlent. Plus près de nous, on trouve la notion de la verticalité de l'estomac, due au corset, dans les travaux d'Arnould, Lévy, Dickinson, Charpy, Bouveret, etc., et enfin en Allemagne dans ceux de Engel, Boas, Ewald Ziemssen, Rosenheim, etc. Tous ont vu, sous l'influence du corset, l'estomac devenir vertical, le pylore s'abaisser, la grande courbure descendre plus ou moins audessous de l'ombilic.

Donc en résumé, ou le corset trop serré et trop cambré est placé au-dessous du thorax et alors il gêne la fonction respiratoire, ou trop serré et trop cambré il est placé haut sur le thorax et il abaisse l'estomac.

De cet abaissement, Rosenheim distingue deux sortes : la situation verticale (Verticalstellung) et le déplacement par en bas et il ajoute qu'à l'origine, ils se confondent et souvent se combinent.

D'après les dernières recherches de MM. Bouveret et Chapotot, les données cliniques permettraient d'établir que l'abaissement de l'estomac se présente sous trois aspects différents. Premier degré, le grand axe simplement dévié, se rapproche de plus en plus de la verticale ; le pylore s'abaisse un peu et se porte à gauche. Deuxième degré : la verticalité se complète; l'abaissement du pylore augmente ; à son union avec la petite courbure,

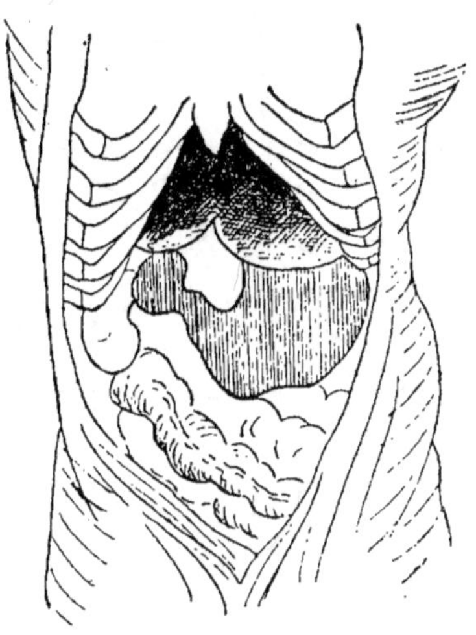

Fig. 71. — Estomac vertical en place. Commencement de poche sous-pylorique (Ziemsen).

il peut exister un coude plus ou moins accentué gênant déjà l'évacuation de l'estomac ; le pylore peut descendre très bas. Troisième degré : le pylore peut ne pas s'abaisser davantage, mais il se forme peu à peu au-dessous de son niveau une dilatation, poche pylorique ou sous-pylorique, qui grandira progressivement, descendant de plus en plus dans l'abdomen jusqu'à pendre derrière le pubis.

Ces trois degrés de déformation, de dislocation de l'estomac se traduisent par des signes physiques et par des troubles fonctionnels.

Les phénomènes physiques sont peu appréciables dans les premier et deuxième degrés ; dans le troisième, on constate une dépression entre le sternum et l'ombilic, la présence de la grande courbure de l'estomac fort audessous de l'ombilic, le bruit de clapotage qui s'entend très bas.

Les troubles fonctionnels tiennent à plusieurs causes : les unes d'ordre purement mécanique, les autres d'ordre nerveux ; d'autres enfin ont trait aux modifications du chimisme et aux désordres de la nutrition générale. Aussi observe-t-on chez les malades un sentiment de gêne, de plénitude à l'épigastre, des coliques plus ou

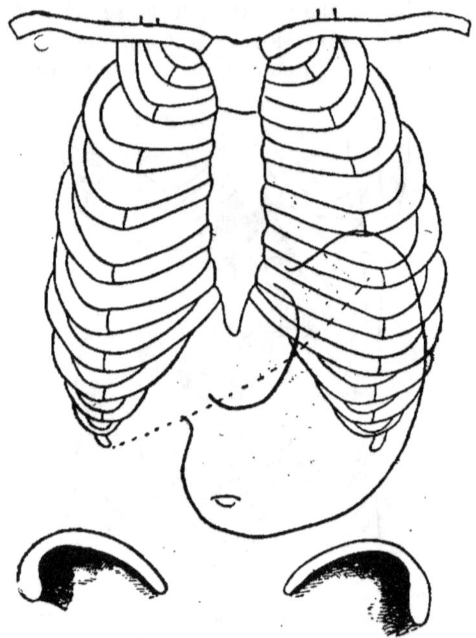

Fig. 72. — Position verticale de l'estomac distendu, d'après Rosenheim Sa situation pendant le gonflement. Bord inférieur du foie.

moins violentes, des contractions pénibles de l'estomac, des vomissements, des douleurs dorsales, lombaires, iliaques, un bruit de glouglou, des fermentations acides, de l'amaigrissement, etc., etc. ; tous symptômes qui se montrent avec des formes et une intensité très variables suivant les sujets et surtout suivant le degré de la dislocation et qui deviennent encore plus graves quand il y a, par suite de la formation de la poche pylorique, de la rétention gastrique, de la stase prolongée des aliments dans l'estomac.

Le corset peut donc produire de graves désordres dans le fonctionnement de l'estomac, mais le corset est-il coupable et la femme qui l'emploie mal à propos et hors de propos n'est-elle pas la plus coupable ? Je veux pour l'établir, rapporter ici une observation de la thèse du

Dr Chapotot dont j'ai plusieurs fois déjà cité le travail.

Mlle J.... dix-sept ans, portait à l'âge de dix ans une simple brassière qu'elle se faisait fortement serrer. Elle garda souvent cette ceinture ainsi serrée pendant plusieurs jours sans l'enlever même la nuit. A douze ans, elle portait un vrai corset, qu'elle serrait beaucoup plus qu'on ne le fait à cet âge. Elle était gênée, éprouvait déjà le besoin de se desserrer après les repas, car elle avait du

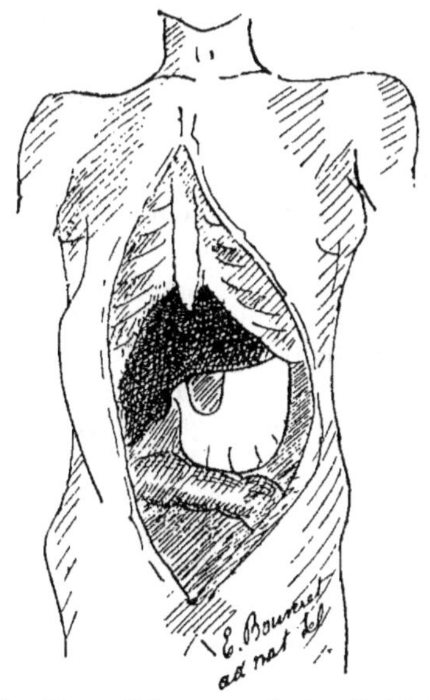

Fig. 73. — Estomac vertical cylindrique.

gonflement épigastrique et un point douloureux au niveau des dernières fausses côtes droites.

Elle n'en continua pas moins de se serrer de plus en plus. C'est de quatorze à quinze ans qu'elle fit un véritable excès de constriction ; elle s'obstinait malgré ses souffrances à se faire une taille très fine. Au bout de peu de temps, les phénomènes pénibles s'accrurent ; survinrent à l'épigastre de violentes douleurs que la malade compare à un sentiment de torsion.

Ces douleurs n'apparaissaient qu'après le premier déjeuner du matin et ne cessaient plus de tout le jour, augmentant après les repas surtout deux ou trois heures après et ne cédant qu'au moment précis où elle enlevait son corset. Elle éprouvait alors un véritable soulagement.

En même temps, elle avait de la gêne respiratoire, ne pouvait faire un effort, marcher vite, monter un escalier sans avoir non pas l'essoufflement des chlorotiques, mais une suffocation, une angoisse qui l'obligeaient à s'arrêter. Le point douloureux au niveau du foie s'exaspérait ; elle éprouvait la douleur que l'on ressent au niveau de la rate après une course forcée. Elle avait aussi quelques points douloureux à gauche et quelques-uns sous le sein gauche, profondément. Après les repas, outre la sensation de plénitude, elle éprouvait encore des tiraillements, de la pesanteur ; elle était obligée de dégrafer son corset.

Sa santé s'altéra : elle pâlit, perdit l'appétit, eut des dégoûts, des perversions, quelques signes d'anémie. Elle digérait mal les aliments liquides, mieux les solides, sous un petit volume.

Il semble que son estomac réduit de volume, se refusait à recevoir une grande quantité d'aliments à la fois. Elle avait des soifs vives. Ellel ne vomissait pas, ne maigrissait pas. Jamais de constipation.

Après un an de cette folle constriction, elle fut obligée, souffrant trop, de tenir plus lâche son corset. Elle n'a pourtant jamais cessé de le serrer un peu. Placée comme ouvrière, elle ne pouvait le garder pendant son travail, mais le remettait dès qu'elle sortait, ce qu'elle fait encore. Nous l'avons vue, après un repas, rougir, puis pâlir, avoir quelques sueurs, éprouver un sentiment de violente tension et des douleurs telles qu'il lui fallut enlever ses vêtements et dégrafer son corset. Alors, elle se trouva mieux. Il lui est impossible d'ailleurs de se passer complètement de son instrument de torture ; habituée à avoir le buste serré, dès qu'elle n'a plus ce tuteur rigide, elle éprouve une lassitude lombaire qui l'oblige à le remettre. C'est un fait que nous avons plusieurs fois constaté ; malgré cela, chaque fois qu'elle enlève son corset, elle ressent un grand bien-être.

Les côtes n'ont qu'un sillon peu accusé, le baril thoracique mesure, au niveau de la quatrième côte, 78 centimètres ; de la huitième, 71 centimètres ; de la dernière, 66 centimètres (51 avec le corset) ; c'est donc une différence de 12 centimètres entre la quatrième et la douzième côte (de 27 centimètres avec le corset !) alors que d'après nos mensurations, il n'y a qu'une différence moyenne de trois centimètres.

Ajoutons que la malade a coutume, comme d'ailleurs la plupart des femmes, après avoir agrafé son corset, de l'abaisser, de le faire glisser en bas pour le mettre en place, augmentant encore de la sorte le refoulement des organes sous-diaphragmatiques.

A ces phénomènes franchement dus au corset se sont ajoutés, depuis quelques mois, d'autres phénomènes dyspeptiques (vomissements, etc.) que l'on peut mettre sur le compte du nervosisme qui s'est peu à peu développé chez cette jeune fille.

Son estomac est vertical, mais nous n'avons pu en préciser la forme et la situation par l'insufflation, la malade n'ayant pu supporter la sonde.

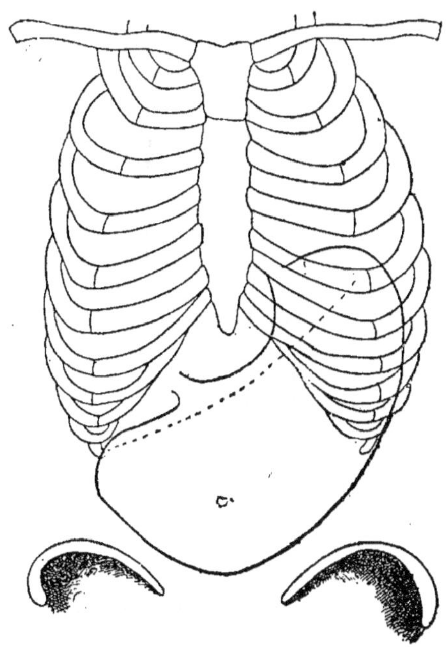

Fig. 74. — Estomac dilaté, insufflé, ne présentant pas de dislocation d'après Rosenheim.

Le foie déborde un peu les fausses côtes. Le rein droit se laisse facilement énucléer.

Cette observation se passe de commentaires, dit son auteur en la terminant. Je me permettrai au contraire d'en faire quelques-uns. Que prouve cette observation, que le corset serré à l'excès peut amener des lésions de l'estomac, mais qui soutient le contraire ? De l'avis même du narrateur, cette jeune personne était atteinte de la folie de la constriction, est-ce donc un sujet normal qui est en cause ? Non. Comparerait-on le chauffeur sérieux qui dirige une automobile avec sagesse et prudence sur une belle route droite libre d'obstacles et le maniaque dangereux qui se lance à toute vitesse dans les rues d'une ville populeuse ?

Non seulement cette jeune fille se serrait à l'excès, mais elle mettait maladroitement son corset, puisqu'elle l'abaissait sans d'une main empêcher que les organes abdominaux fussent entraînés par la descente du corset déjà agrafé. C'est cependant d'observations analogues que certains auteurs ont conclu pour faire du corset la cause de toutes les maladies d'estomac.

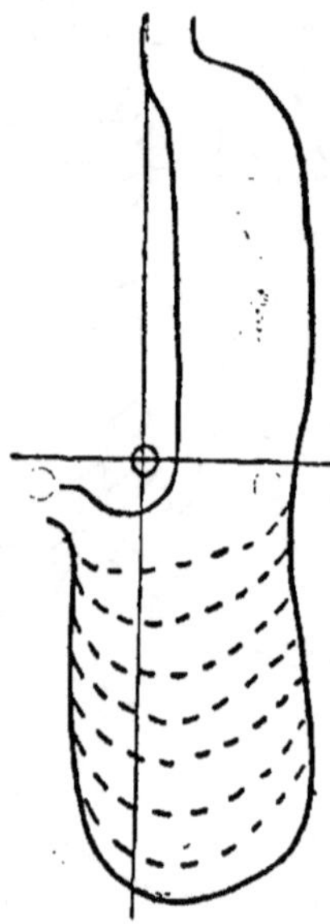

Fig. 75. — Schéma de la formation de la poche sous-pylorique.

Et pourtant que de femmes bien ou mal construites, ont porté longtemps un corset mal fait, maladroitement placé, sans jamais ressentir le moindre trouble dans leurs fonctions digestives.

Il est bon d'indiquer les fautes d'une coquette imprudente pour instruire les autres des dangers qu'elles courent, mais il ne faut pas que l'imprudence d'un sujet permette de généraliser et de dire que toutes les femmes sont imprudentes et que tous les corsets sont dangereux.

Au fond, c'est l'opinion du docteur Chapotot lui-même qui veut condamner surtout l'abus et qui, après de si noirs tableaux pathologiques, formule ainsi le diagnostic et le pronostic : les deux premiers degrés de dislocation stomacale ne présentent aucune gravité, souvent même ils passent inaperçus ou ne se révèlent que par des symptômes de peu d'importance qui disparaissent quand les femmes consentent à se serrer moins.

Il n'en est pas ainsi quand la poche sous-pylorique est formée. L'affection est alors presque irrémédiable ; la poche persistera toujours ; c'est un estomac forcé. On peut améliorer la situation d'une semblable gastrectasie ; on ne peut songer à la guérir. Si par malheur, les femmes n'ont pas le courage de renoncer à se faire une taille fine, même

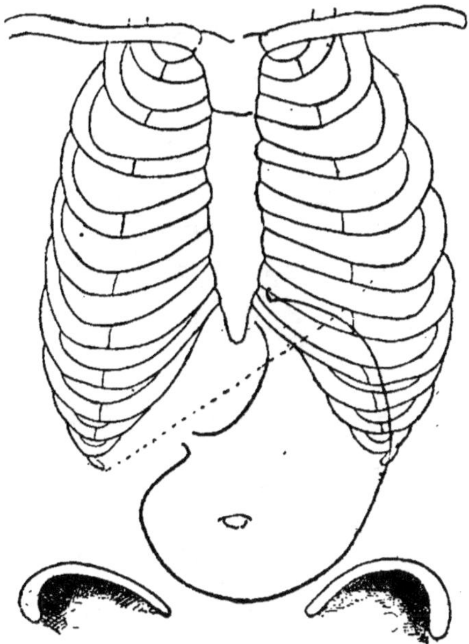

Fig. 76. — Dislocation totale d'un estomac normal. — Gonflement artificiel. — Le cardia est abaissé. — Vaste poche sous-pylorique due au mouvement de bascule de l'estomac en bas et plutôt à droite qu'à gauche

(D'après Rosenheim).

à l'âge où elles ne songent plus à plaire, les désordres iront croissant jusqu'au jour où, épuisées par les troubles de nutrition engendrées par leur folie, d'elles-mêmes elles quitteront leur instrument de supplice et se rangeront parmi les femmes raisonnables.

Il est donc urgent, lorsqu'on assiste au début d'une dislocation de l'estomac par abus du corset, de prévenir la patiente et sans tarder de prendre toutes les précautions nécessaires pour écarter le danger et ne pas permettre à la poche sous-pylorique de se former.

« Les plus grands dangers viennent, en premier lieu, de ce que souvent on fait porter aux jeunes filles un corset beaucoup trop tôt, et plus tard, beaucoup trop serré. C'est un non sens. Ce n'est pas au moment où les organes prennent leur essor, qu'on doit les comprimer outre mesure et prêter la main à la chlorose en provoquant des troubles dyspeptiques. D'ailleurs, filles ou femmes serrées au point d'avoir cette taille de guêpe qui soulevait si fort l'indignation de J.-J. Rousseau, n'excitent que la pitié, jamais l'admiration. Peut-être, si elles le savaient, donneraient-elles un peu plus de liberté à leur estomac. »

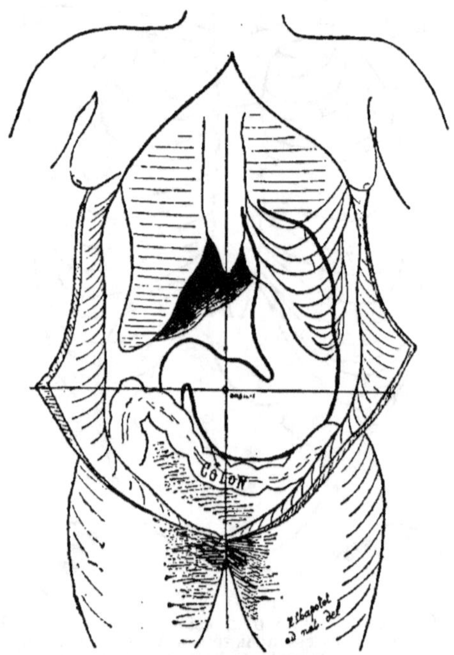

Fig. 77. — Déformation du thorax et de l'estomac, dessinée d'après nature par E. Chapotot.

Quand la maladie est arrivée au troisième degré, le traitement comporte trois indications :

1° Supprimer la cause : le corset ;

2° Diminuer la capacité de l'estomac et surtout la poche pylorique ;

3° Fournir à la malade un régime en rapport avec les modifications de son estomac.

Une autre déformation de l'estomac vaut qu'on s'arrête à la décrire, si elle n'est pas d'observation fréquente comme actuellement les dislocations, au moins a-t-elle été depuis longtemps décrite et — ce qui fait qu'elle doit attirer notre attention — depuis longtemps attribuée au corset ; je veux parler de la division de l'estomac en deux poches, de la biloculation de l'estomac.

L'estomac bilobé a été décrit par Sappey et par Cruveilhier. Les prétendus estomacs doubles ou triples observés dans l'espèce humaine, écrit ce dernier auteur dans son *Traité d'anatomie*, sont des exemples d'estomac unique rétréci circulairement en un ou deux points de son étendue: ce qui caractérise un double estomac, ce n'est point un rétrécissement congénital ou accidentel, mais bien une différence de structure. Au reste, rien de plus fréquent que les estomacs biloculaires, mais cette disposition (en forme de gourde de pèlerin) que l'on observe souvent sur les animaux vivants au moment de la digestion et qui est quelquefois extrêmement prononcée sur des estomacs vides, disparaît au moins en grande partie lorsque cet organe est fortement distendu par l'insufflation.

M. Laborde a démontré que tant que dure la digestion stomacale, l'estomac se divise en deux cavités par suite de la contraction des fibres musculaires obliques de l'estomac. Les aliments solides restent dans la cavité inférieure tandis que la cavité supérieure laisse les boissons passer librement dans l'intestin en longeant la petite courbure. M. Glénard dit à ce propos : j'admets jusqu'à démonstration du contraire, que cette biloculation est un temps normal de la contraction physiologique de l'estomac pendant la digestion.

Depuis, M. Trolard a publié à Alger une note où il conclut franchement à l'action évidente de la constriction de la taille pour produire cette biloculation. Le résultat que peut produire pareille constriction est bien prouvé par la radiographie qu'a bien voulu me communiquer M. G. Lion (P. IV), Sappey, Cruveilhier, M. Glénard ont toujours vu cette séparation en deux poches s'effacer par l'insufflation, mais Trolard jamais quand il a eu affaire à des estomacs ayant : « non des traces de séparation, mais une séparation bien nette ». Il ajoute : « le sillon de séparation des deux lobes de l'estomac correspond toujours exactement au sillon du foie (produit par le corset) dont il n'est en réalité que le prolongement.

M. Chapotot souligne cette description, en donnant dans son livre le schema que nous reproduisons. Et c'est en l'examinant que je comprends plus encore pourquoi, ainsi que le dit le Dr Butin, les auteurs qui se sont occupés de ce point particulier sont en contradiction, c'est qu'il est probable que le terme biloculation ne désigne pas pour eux tous le même phénomène.

Il semble en effet, que certains ont entendu par biloculation la division physiologique stomacale et que d'autres aient voulu décrire un étranglement pathologique de l'estomac.

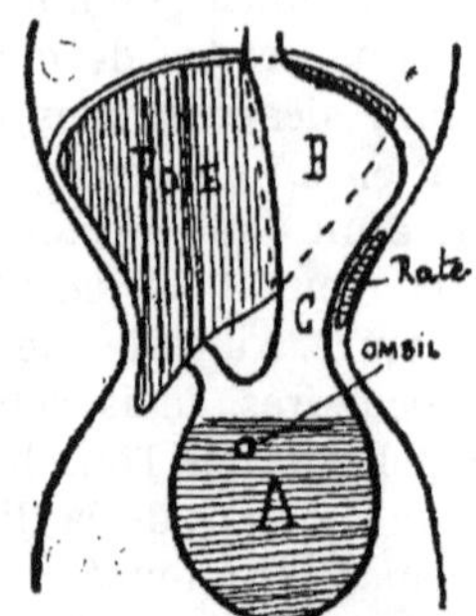

Fig. 78. — Figure schématique de la bilocution de l'estomac d'après Chapotot.

Si en effet, j'ouvre le *Cours de Physiologie* de Mathias Duval au paragraphe où il traite de la musculature stomacale, je lis : « Il règne sur les faces antérieure et postérieure de l'estomac des fibres parallèles à la petite cour-

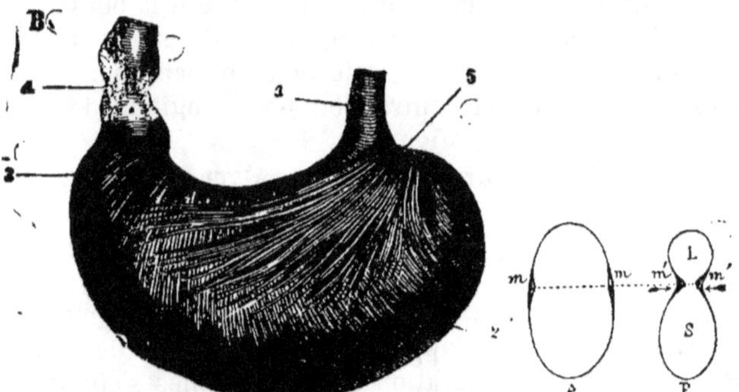

Fig. 79. — Fibres musculaires (obliques) de l'estomac (cravate de Suisse). Effet de la contraction de la cravate de Suisse.

bure, situées à quelque distance d'elle et se continuant d'une face à l'autre au-dessous du cardia et du pylore ; ces fibres forment donc une espèce d'anneau elliptique, de sphincter, dit cravate de Suisse, qui en se contractant, divise l'estomac en deux portions qui sont : la région de la grande courbure hermétiquement close, et la région de la petite courbure constituant un canal qui va du cardia au pylore ; ce canal se produit lors de la déglutition des liquides et ceux-ci le suivent, de sorte qu'on peut dire que leur déglutition se continue depuis le pharynx jusqu'au duodenum sans qu'ils entrent, à proprement parler, dans l'estomac. »

En expérimentant sur l'estomac des suppliciés aussitôt après la mort, Laborde (*Société de biologie*, 9 avril 1887), a vu que, quand on provoque une contraction énergique de la musculature, « il se produit un étranglement considérable entre le cul-de-sac et la petite courbure divisant la cavité de l'organe en deux loges dont l'une correspond et fait suite à l'ouverture cardio-œsophagienne et à la petite courbure, l'autre au cul-de-sac et à la grande courbure. Le siège de cet étranglement est exactement celui du faisceau de fibres elliptiques. »

Telle est la description de l'étranglement de l'estomac dû à un phénomène physiologique tandis que le schéma du Dr Chapotot représente un étranglement dû à une constriction anormale de l'estomac avec poche supérieure et poche inférieure, la première ne contenant que des gaz, la seconde contenant — à l'inverse de ce qui se passerait dans la biloculation physiologique — des aliments et des liquides.

Or, ainsi que je l'ai dit plus haut, nombre d'auteurs ont accusé le corset de produire la division en deux poches c'est-à-dire la biloculation et par là il faut entendre seulement la division pathologique en bissac. Cette division en deux poches produirait le bruit de glou-glou et voilà comment le corset aurait encore à sa charge la production de ce symptôme désagréable et pénible.

Les deux poches stomacales communiquant par une portion plus rétrécie, cette disposition fait que les mouvements respiratoires poussant les liquides et le gaz d'une poche dans l'autre, il se produit un bruit hydro-aérique. M. Clozier (de Beauvais) à qui il faut rapporter la paternité de cette conception originale, (*Gazette des Hôpitaux*, 30 octobre 1886), dit que ce bruit, perceptible à une distance de plusieurs mètres, est isochrone à la respiration.

Ce bruit de glou-glou est pour M. Butin symptomatique de la compression stomacale par le corset, c'est lui qui, bien souvent, guide le diagnostic.

Pour M. Chapotot, qui avoue cependant n'avoir sur la question qu'une expérience personnelle insuffisante, puisqu'il n'a vu que deux estomacs biloculaires, le corset est aussi le coupable.

« Sur les deux estomacs que nous avons vu bilobés, dit-il, la biloculation a cédé sous l'influence du gonflement par l'eau. L'un d'eux est représenté par la figure suivante. Notre dessin ne rend même pas avec assez de vérité la biloculation qui était plus nette, mais se trouve bien au niveau du sillon costal.

Sur cet estomac, on voyait après dilatation, une traînée blanchâtre persistante correspondant au sillon. On admettra sans peine avec nous, qu'une pression, un frottement constants sur le même point de l'estomac, puissent provoquer une irritation locale, une sorte de contracture musculaire, de spasme des fibres circulaires à ce niveau et enfin la biloculation. »

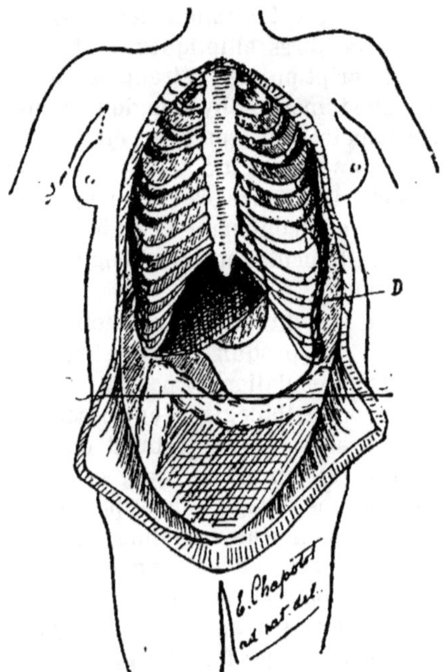

Fig. 80. — Estomac vertical avec biloculation, d'après Chapotot.

L'auteur, on le voit, fait intervenir habilement la contraction physiologique comme moyen de production de la déformation pathologique, il ne considère pas toutefois sa théorie mixte comme irréfutable, car il ajoute encore contre le corset : «Mais nous réfutât-on cette interprétation qu'importe ? En l'espèce, il est indifférent que la biloculation persiste, une fois le corset enlevé, si elle existe quand il est en place et de cela nous sommes convaincu par la lecture de deux observations de M. Bouveret.

Dans l'une celle d'une jeune femme de 26 ans, très serrée dans son corset, il y a un bruit de glou-glou dans l'hypochondre gauche : on enlève le corset, le bruit cesse.

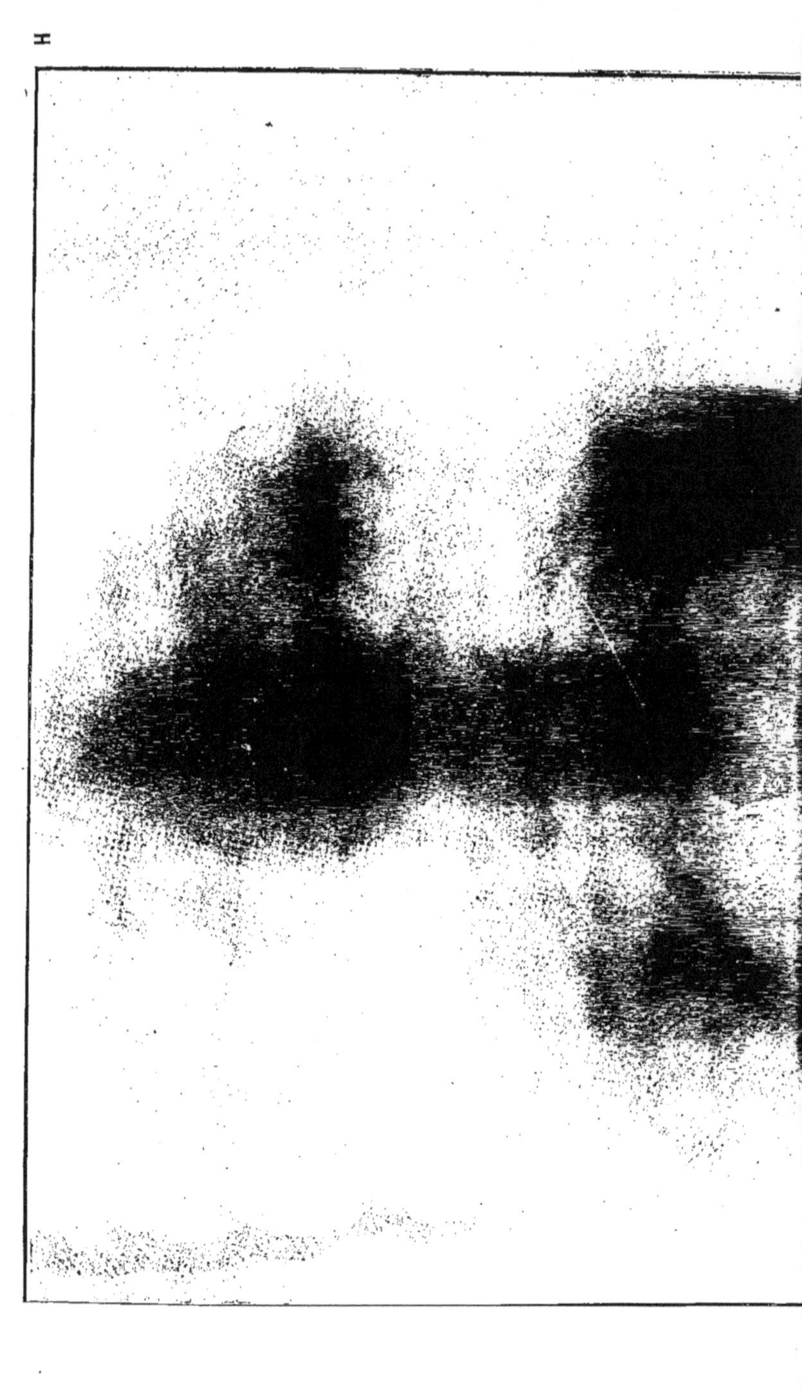

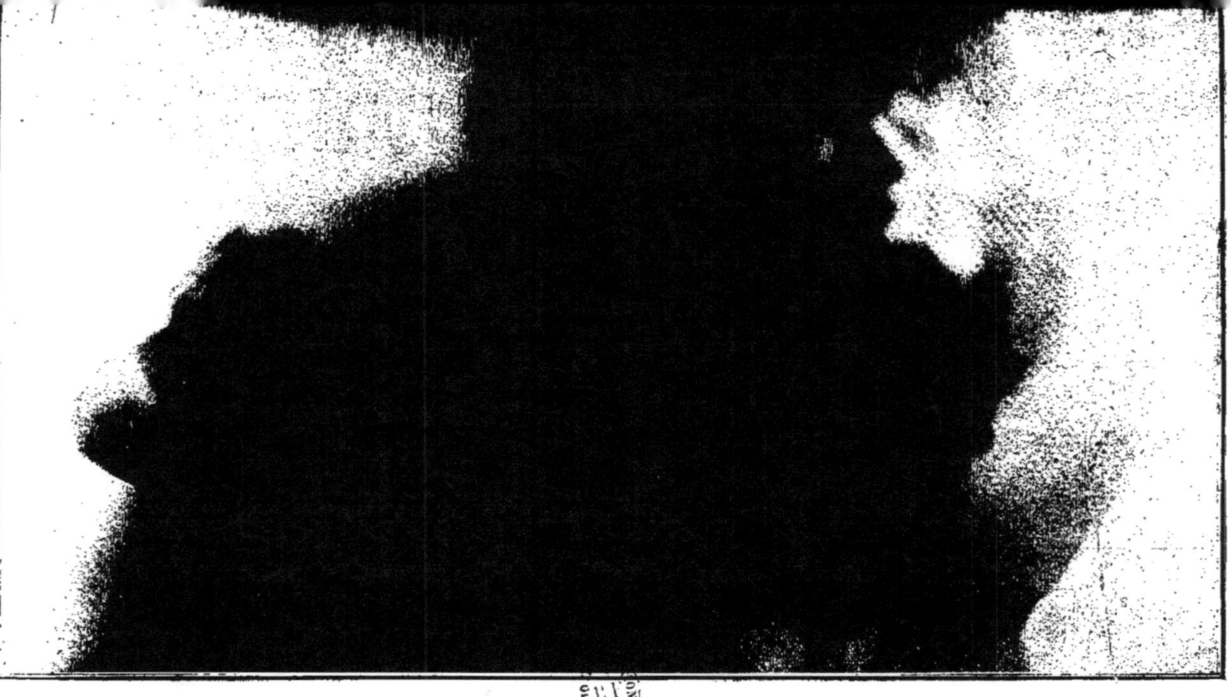

B

Biloculation de l'estomac produite par le corset

PLANCHE IV

Dans l'autre, celle d'une jeune fille de 21 ans, qui porte depuis très longtemps un corset trop serré, on constate une déformation considérable du thorax. Quand la malade est debout, on voit le ventre tomber en gourde. La malade étant debout ou assise, avec ou sans corset, on entend un bruit constant formé de deux bruits rythmés par la respiration. Pendant l'arrêt de celle-ci, cessation du bruit. Pendant l'inspiration, ce bruit se décompose en deux ou trois bruits se succédant rapidement ; pendant l'expiration, le bruit est plus long, se prolonge pendant tout le temps respiratoire. Dans la station horizontale, le bruit disparaît, même si la taille est serrée par le corset. Enfin le bruit disparaît quand on exerce une compression sous-ombilicale énergique faite avec les deux mains, compression qui refoule et remonte fortement le grand cul-de-sac de l'estomac qui est en prolapsus. »

Que prouve cette observation ? Peu de chose ; tout au plus permet-elle de penser que le corset exagérement serré est intervenu comme cause secondaire aggravante chez une jeune fille qui a présenté ce bruit anormal « à la suite d'une forte émotion causée par la mort de son père ; elle eut alors quelques troubles digestifs, du gonflement, du ballonnement et le bruit apparut ». Le docteur Chapotot ne dit-il pas lui-même en discutant ce cas : « Il est bien possible que la stricture de l'estomac soit en partie d'origine nerveuse et due à la forte émotion qu'a éprouvée la malade ». Alors pourquoi cette conclusion sévère : « Somme toute, le bruit de glou-glou est bien dû à l'action du corset qui provoque ou exagère la biloculation de l'estomac » et il termine en acceptant comme possible l'hypothèse que la biloculation stomacale favorise l'ulcère de la muqueuse gastrique, que, par conséquent, un corset serré peut provoquer ou favoriser la production de cette grave affection : l'ulcère rond de l'estomac.

Dans son livre sur les *Ptoses viscérales*, M. Glénard se posant cette question : L'étranglement indispensable à la production du bruit de glou-glou est-il réellement dû à la pression du corset, comme le pensent MM. Clozier, Bouveret, Chapotot, Trolard et Rasmussen, répond comme il suit : le corset peut tout au plus déterminer par l'intermédiaire du rebord costal une très légère dépression circulaire mais nullement cette atrésie nécessaire à la formation d'un bruit.

« Il est probable, d'ailleurs, que pour ces auteurs, le terme biloculation n'a pas la même signification que pour moi. Je n'ai pas le premier signalé l'existence, mais je crois être le premier à avoir proposé l'adoption de la biloculation comme un temps normal de la contraction physiologique de l'estomac. Que l'action du corset favorise ce qu'il peut y avoir d' « anachrone » dans cette contraction, qu'il intervienne pour exciter les contractions et rendre bruyante par le fait de la respiration une disposition qui sans lui, resterait silencieuse ; c'est, à mon avis, tout ce dont on peut l'accuser, mais le corset ne peut pas lui-même causer la biloculation suffisante à la possibilité d'un bruit.

Le borborygme spontané est causé par la biloculation gastrique « fonctionnelle » il est un signe de gastroptose. »

Je noterai encore ici un accident provoqué par le port du corset, il a été décrit par le Dr Albert Mathieu qui le signale comme heureusement rare. Dans la dislocation de l'estomac il y a, dit cet auteur, tendance à l'abaissement du pylore et en conséquence coudure du duodenum. Lorsque cette coudure se fait au-delà de l'embouchure du cholédoque, la bile pourrait de son poids directement tomber dans l'estomac par la première portion du duodenum et le pylore dilaté. De là, pénétration dans la poche gastrique d'une quantité considérable de bile (une malade de M. Weil en vomissait deux litres par jour) des troubles accentués de la digestion stomacale et des phénomènes d'épuisement.

Je ne saurais examiner l'influence du corset sur l'estomac sans parler des savantes recherches faites sur ce sujet par le Professeur Hayem et par le Docteur G. Lion, médecin des hôpitaux. Je tiens à rapporter ici les lignes que ces auteurs ont consacrées à cette question car celle-ci mérite que l'on s'y arrête longuement et s'il est vrai que l'excès de constriction soit de l'avis de tous considéré comme très dangereux, il faut que les femmes soient bien pénétrées de cette vérité que la constriction même non exagérée mais habituelle surtout avec un corset mal fait ou mal placé peut être désastreuse particulièrement pour l'estomac.

M. Hayem fait remarquer que toutes les causes de compression, toutes les augmentations de volume de la glande hépatique peuvent produire la dilatation de l'estomac par un procédé qu'il indique pour la première fois. Il suffit pour le comprendre de se rappeler la situation du pylore sur la partie latérale droite de la première vertèbre lombaire derrière le foie avec lequel il entre en contact au niveau du col de la vésicule biliaire. Refoulé par un lien constricteur, prenant en dedans un développement qui se trouve entravé au dehors par la résistance des côtes lors d'hypertrophie, le foie vient comprimer le pylore ou l'anse duodénale contre la colonne rachidienne. On peut aisément, sur le cadavre, se rendre compte de cette occlusion et de la gêne à l'évacuation gastrique qui en résulte ; il suffit d'engager l'index de la main droite dans le pylore, par l'estomac sectionné, et de comprimer le foie avec la main gauche placée sur les dernières côtes Un corset serré et portant sur le foie peut réaliser pareille compression.

Parmi les déformations thoraciques et les déplacements viscéraux d'ordre mécanique, écrivent MM. Hayem et Lion étudiant la maladie du corset (4e *volume du Traité de Médecine*) ce sont ceux que l'on rencontre chez la femme comme conséquence du port du corset qui présentent la plus grande fréquence.

Les méfaits du corset doivent être recherchés avec d'autant plus de soin qu'ils ne s'accompagnent pas toujours de déformation manifeste de la cage thoracique et peuvent passer inaperçus.

D'une manière générale il faut considérer le corset comme un instrument désastreux. Il est la cause d'un nombre considérable de gastropathies et on ne doit jamais négliger de déterminer avec la plus grande attention la part qui lui revient dans la création de l'état pathologique.

Il représente une sorte de gaine rigide inextensible qui tend à immobiliser tout le thorax inférieur et même une partie de la paroi abdominale, c'est-à-dire toute une région qui physiologiquement est soumise à des variations de forme et de volume en rapport, d'une part avec les mouvements respiratoires, d'autre part avec l'acte digestif. Dans certains cas, son action nocive dépend plutôt de l'immobilisation prolongée à laquelle il soumet ces parties que des déformations qu'il y détermine ; c'est ainsi que ses effets peuvent être nuisibles avec une cage thoracique presque normale et que, inversement, le thorax peut être très déformé par suite d'une altération pathologique telle que le rachitisme sans troubles prononcés du côté des organes digestifs.

Cet instrument est généralement appliqué chez la femme à l'âge de douze à quatorze ans, à une époque où le développement corporel est loin d'être achevé. Il devient une habitude et ne gêne plus ou même paraît être un soutien quand il commence déjà à nuire. Les jeunes filles perdent facilement conscience de la constriction qu'il exerce : elles sont de bonne foi quand elles affirment qu'elles ne sont jamais serrées, alors qu'elles portent sur le corps les stigmates d'une forte compression. L'action du corset sur le tronc est comparable à celle de cercles de tuteurs sur les arbres ; l'anneau rigide est débordé au-dessus et au-dessous par le développement du squelette et s'imprime sous forme d'un sillon plus ou moins complet. Ce sillon est surtout marqué en avant et latéralement au niveau des points les plus vulnérables, les plus tendres pourrait-on dire, de la cage thoracique.

Les résultats de la constriction sont assez variables car ils dépendent d'une part de la conformation générale de la poitrine, de l'autre, de la forme de l'appareil appliqué et de la manière dont il est posé. D'après les faits observés, Hayem rattache les déformations qui peuvent se produire à trois variétés de constriction dont les conséquences se trouvent résumées en quelques mots dans les formules suivantes :

1° Variété sus-hépatique : ptose et refoulement des organes.

2° Variété hépatique : constriction des organes qui sont comme passés à la filière, allongés, déformés sans être nécessairement ptosés.

3° Variété sous-hépatique : refoulement pectoral, gêne thoracique prédominante.

Ces différentes formes ne se rencontrent pas toujours à l'état isolé. Elles peuvent se combiner entre elles et l'on trouve réunies chez le même sujet les déformations des variétés hépatiques et sus-hépatiques et leurs conséquences. C'est la hauteur plus ou moins grande de la zone de compression qui règle ces combinaisons. Les corsets élégants ont une ligne de compression de 2 à 3 centimètres de hauteur, mais les corsets mal faits en ont une souvent beaucoup plus étendue. Aussi est-ce dans les hôpitaux que l'on observe le plus souvent les cas mixtes.

Il faut ajouter que rien n'est plus fréquent que de trouver à l'autopsie des femmes qui portent ces diverses déformations des brides de péritonite chronique allant de la face inférieure du foie ou de la vésicule biliaire au pylore, au duodénum ou à l'angle droit du côlon. Cette périhépatite peut encore augmenter la gêne à l'évacuation et entrer pour une part dans la production de la dilatation de l'estomac et des divers symptômes gastriques.

C'est aussi au corset qu'il faut rapporter de nombreux cas d'anorexie nerveuse. Incommodées par leur digestion qu'entrave le port d'un corset serré, les malades qui sont presque toujours dans ces cas des dégénérés héréditaires deviennent phobiques et réduisent leur alimentation à un degré extrême.

Comme on le voit, le travail du Pr Hayem et du Dr Lion trop brièvement résumé ici et qu'il faut lire en entier constitue un véritable réquisitoire contre le corset, mais il convient dans un travail où la recherche de la vérité doit être le premier souci, d'examiner avec impartialité toutes les opinions. La question en vaut la peine. C'est en effet sur l'estomac et sur l'intestin que le corset peut avoir fréquemment l'influence la plus nocive, influence qui agit directement sur l'estomac et indirectement sur les autres viscères.

Parlant de l'action du corset sur le thorax, j'ai montré que ce vêtement ne gênait pas les mouvements de la cage thoracique et par conséquent la grande fonction de la respiration quand le corset était bien placé et n'était pas serré et quand le bord inférieur du corset ne se trouvait pas trop haut situé, mais même avec un corset bas, si ce corset est serré la fonction pulmonaire sera entravée non parce que le corset opérera sur la cage thoracique une constriction exagérée, mais parce que refoulant l'estomac sous le diaphragme il empêchera l'abaissement de ce muscle et par là la dilatation des vésicules pulmonaires. Si au lieu d'un corset cambré la femme porte un corset droit il y aura moins de chances que l'estomac soit serré et que par conséquent il soit lui et les autres viscères que j'ai déjà étudiés : rate, foie, reins, gêné dans son fonctionnement.

Est-ce à dire que le corset droit soit la solution rêvée et qu'avec lui il n'y ait pas de gêne possible, non certes, il faudrait pour qu'il en fût ainsi que le corset droit n'ait pas de lacet qui permette, à défaut de cambrure antérieure, de former les deux cambrures latérales. De plus le corset droit agit directement sur l'intestin et il faut avant de conclure étudier l'action du corset sur l'intestin, c'est ce que je vais faire au chapitre suivant ; en outre, même droit, le corset s'il est haut, nuira au bon fonctionnement des poumons.

Qu'il soit droit ou cambré, le corset quand il est serré comprime l'estomac et le disloque, et cette action funeste se traduit par toutes les lésions ou troubles fonctionnels que j'ai exposés plus haut. Et ces lésions et troubles fonctionnels se traduisent à leur tour sur le visage « sur la façade » comme dit M. Degrave par des rougeurs, de la couperose, des boutons, de l'acné, de l'eczéma, etc.

« Le visage est à la femme ce que la fleur est à la plante, ce que la rose est au rosier. Or que diriez-vous d'un fleuriste qui en présence d'une mauvaise rose pour en obtenir une plus belle au lieu de la cultiver et améliorer le rosier s'armerait d'une palette et badigeonnerait cette même rose de couleurs postiches ? Vous le traiteriez de fou, de trompeur, de fraudeur. Les femmes n'agissent pourtant pas autrement quand pour obtenir un frais et joli visage, elles se livrent clandestiment aux opérations laborieuses du maquillage. Avec toute une gamme, combien riche et variée, de blanc, de noir, de rouge et de bleu, elles colorent leur visage se préoccupant avant tout de ce qui se voit ou si vous aimez mieux de leur façade.

Pour accomplir cette œuvre de vanité et de mensonge les femmes ont suscité tout un art à l'édification duquel ont contribué tous les arts et toutes les sciences. C'est ainsi que la chimie leur livre ses poudres et ses peintures, bases de tous leurs fards. La physique leur prête ses piles et son électrolyse, auxquelles la chirurgie adapte habilement ses scarificateurs les plus fins et ses stylets les plus mignons pour extirper de leurs lèvres un duvet trop insolent ou effacer des taches importunes. Tant de combinaisons ingénieuses n'aboutissent à supprimer une tache, une ride, qu'au bout de trois ou quatre mois de soins assidus et de deux heures par jour de douloureux traitements.

De sottes indiscrétions nous ont même révélé que certaines coquettes du temps présent ne répugnent pas à plaquer sur leur figure, durant des nuits entières, des tranches de bœuf crues et saignantes. Aucune eau de beauté, aucune eau de Jouvence, n'égale paraît-il, cette recette-là. Pauvres maris ! Combien plus facilement que « la plus petite ride », de pareils masques doivent servir de fosse même au plus grand amour.

Toutes considérations morales mises à part, je ne vous étonnerai sans doute point en vous assurant que les femmes dépensent fort mal, et en pure perte, tant d'efforts d'énergie, d'endurance et de patience obstinée. Construite sur une base chancelante, leur éphémère façade se fane, se ride, s'écaille et s'effrite aussitôt. Le replâtrage, voire même l'émaillage, puisqu'il existe, est toutoujours à refaire. C'est un perpétuel recommencement, un vrai supplice qu'il n'est pas exagéré de comparer à celui de Sisyphe, car, comme son rocher, leur éclat emprunté, leur beauté artificielle retombe et leur échappe constamment.

Laissez-moi donc vous rappeler à ce propos que : « Rien n'est beau que le vrai et que le naturel, et que rien aussi n'est plus durable ». N'imitez donc pas le mauvais fleuriste et, pour obtenir de jolies fleurs, cultivez la plante, soignez votre rosier.

— En vertu de la loi de subordination des organes, de même que la fleur reflète le bon ou le mauvais état de la plante, de même le visage est le miroir fidèle de l'état de santé ou de souffrance de notre organisme. Mais de tous les organes de la vie végétative, il en est qui semblent posséder à cet effet une influence prépondérante. Ce sont les organes de la digestion. Le moindre trouble de leur fonction retentit sur le visage. Une digestion un peu pénible, une constipation passagère, le congestionne, le plaque de rougeurs, dont l'apparition répétée et de plus en plus prolongée, aboutit très souvent à la couperose si redoutée de nos élégantes. La dyspepsie favorisant le développement de la séborrhée, les boutons acnéiques, les taches, les eczémas, paraissent et s'installent. Enfin toutes les dermatoses éclosent et s'aggravent sur un mauvais terrain gastro-intestinal. Et toutes ces souffrances tirent les traits, les rident, les bistrent, les jaunissent, les stigmatisant d'un sénile cachet.

Si donc vous êtes jalouses de votre teint « lis et roses », soyez autant jalouses de votre estomac.

— Il serait trop long d'énumérer les grandes causes de dyspepsie gastro-intestinale, mauvaise alimentation, excès, privations, tout autant de chapitres d'ailleurs connus de tous. Mais il est une de ces causes qui mérite d'attirer particulièrement votre attention, et cette cause, c'est le corset ; non pas le vieux corset d'antan dont il serait oiseux de vous parler encore mais même le corset actuel, le corset droit. »

Tout ce que je viens de rapporter concernant l'influence du corset sur l'estomac ne me permet pas encore de donner des conclusions sur l'action que le corset peut avoir sur le tube digestif en général ; mais je crois avoir assez examiné comment le corset se comporte dans ses rapports avec l'estomac pour dire maintenant quelle est, au total, son influence sur ce viscère.

Ici encore, c'est l'abus qu'ont fait du corset certaines femmes qu'il faut incriminer, c'est le corset mal fait, et mal posé qu'il faut accuser des désordres gastriques observés.

Que le corset trop serré, et de forme défectueuse gêne considérablement la digestion, qu'il favorise la déformation de l'estomac, qu'il soit pour ce viscère un facteur important de dislocation, je l'accorde, et je crois ces faits exacts, je les ai plusieurs fois observés moi-même à des degrés divers, mais que faut-il en conclure, sinon que le port d'un mauvais corset est dangereux et que sa constriction exagérée est très dangereuse, pas plus. L'usage modéré ne doit pas être incriminé, et je ne saurais proscrire pour toutes les femmes l'emploi intelligent d'un vêtement utile, parce qu'il plaît à un certain nombre de jeunes filles ou de jeunes femmes d'en faire un emploi déraisonnable, car ne manquent-elles pas de raison ces pauvres jeunes filles qui, ainsi que le raconte le Dr A. Mathieu, se retiennent de manger soit pour conserver cette finesse de taille qui fait l'envie de leurs amies, soit parce qu'étant trop serrées elles éprouvent après le repas un malaise plus ou moins considérable d'autant mieux qu'elles ont souvent, à un degré plus ou moins marqué, de la dyspepsie flatulente.

Rien d'étonnant dès lors à ce que les médecins de tous les temps se soient appliqués à signaler les dangers que fait courir l'abus du corset. Les femmes admettent sans discussion, qu'on souffre pour être belle ; avoir gagné quelques centimètres de pourtour de taille les console trop facilement des troubles dyspeptiques qui gâtent leur jeunesse et compromettent leur maturité.

Le médecin qui envisage la question du corset sans passion ne songe pas à supprimer le corset, mais il voudrait que ce vêtement ne fût pas nuisible.

« L'habitude du corset trop serré est le résultat et d'une mauvaise éducation et d'une coquetterie mal comprise. Les jeunes filles, même celles qui en ont le moins besoin, considèrent le corset comme un vêtement dont il est indécent de se passer ; elles prennent l'habitude d'être soutenues par lui, tout le haut du corps reposant sur les hanches par son intermédiaire.

Elles placent bien à tort leur orgueil dans une taille aussi fine que possible : elles ont tendance à croire qu'une taille filiforme est le trait le plus achevé de la beauté féminine. Il ne serait pas mauvais de leur faire savoir qu'il n'y a guère que les jeunes filles et les jeunes femmes qui soient de cet avis. » (*Gazette des Hôpitaux*, septembre 1893).

CHAPITRE IX

L'estomac au niveau de la valvule pylorique se continue par l'intestin grêle continué lui-même au niveau de la valvule ilœo-cœcale par le gros intestin.

L'intestin grêle est un conduit musculo-membraneux qui a chez l'homme six à huit mètres de longueur ; quand il est vide, il est plus ou moins aplati, il prend au contraire une forme assez régulièrement cylindrique quand les aliments ou les gaz le distendent.

On a longtemps divisé l'intestin grêle en trois portions qui sont, en allant de l'estomac vers le gros intestin : le duodenum, le jejunum et l'iléon ; ces deux dernières portions sont réunies maintenant par beaucoup d'anatomistes sous le nom de jejuno-ilœon.

Ces différentes parties de l'intestin sont maintenues en place par divers organes : canal cholédoque, canaux excréteurs du pancréas, etc., et surtout par plusieurs replis du péritoine.

Malgré ces moyens de fixité, les nombreuses circonvolutions de l'intestin grêle qui remplissent la plus grande partie de l'abdomen inférieur peuvent accomplir sur place toute espèce de mouvements. « Cette grande mobilité est un des traits caractéristiques du jéjuno-iléon. Toujours en équilibre instable, il est pour ainsi dire flottant dans la cavité abdominale, se déplaçant à la moindre sollicitation et sous les influences les plus diverses : contraction de ses propres parois, contraction du diaphragme ou des muscles abdominaux, changement d'attitude du sujet, réplétion et déplétion alternatives des organes creux de l'abdomen, ampliation de l'utérus dans la grossesse, production d'une tumeur, etc. Le jejuno-ilœon devient ainsi le plus mobile de tous les viscères. »

Le gros intestin est le segment terminal du tube digestif. En haut, il fait suite à l'intestin grêle dont il est séparé par une valvule, la valvule ilœo-cœcale. En bas, il s'ouvre dans le milieu extérieur par un orifice muni d'un sphincter l'orifice anal.

Le gros intestin a, comme l'intestin grêle, la forme d'un conduit cylindroïde, mais il s'en distingue par sa longueur qui est beaucoup moindre, car il ne mesure que $1^m,40$ à $1^m,70$ de long, par son calibre qui est plus considérable, par sa situation qui est plus régulière et plus fixe.

Envisagé au point de vue topographique, le gros intestin occupe à son origine la fosse iliaque droite. De là, il se porte verticalement en haut dans le flanc droit. Arrivé au-dessous du foie, il se recourbe à angle droit (coude droit ou hépatique) et se porte transversalement de droite à gauche jusqu'à la rate. Là, il se recourbe de nouveau (coude gauche ou splénique) pour devenir descendant et gagner la fosse iliaque gauche qu'il parcourt obliquement de haut en bas et de dehors en dedans. Tour à tour ascendant, transversal, et descendant, le gros intestin décrit dans son ensemble un cercle à peu près complet dans lequel se trouve inscrite et comme encadrée, la masse flottante de l'intestin grêle.

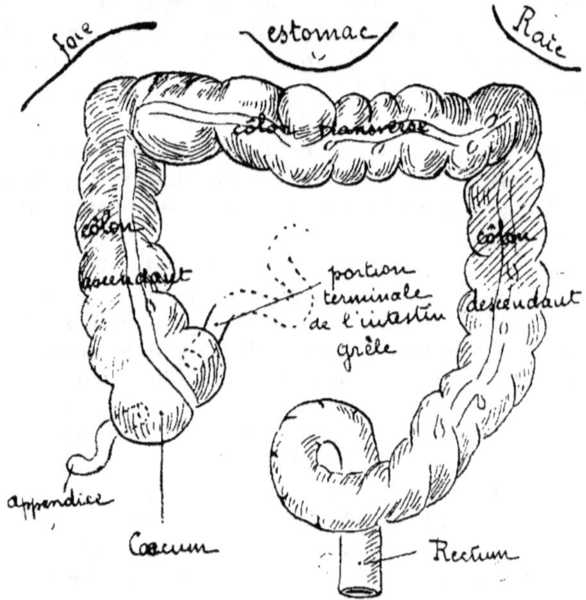

Fig. 81. — Le gros intestin (figure demi-schématique).

Le gros intestin se divise en trois parties : 1° une portion initiale très courte en forme de cul de sac, le cœcum ; 2° une portion moyenne remarquable par sa longueur et la multiplicité de ses courbures, le côlon (côlon ascendant, côlon transverse, côlon descendant) ; 3° une portion terminale presque droite, le rectum.

Le cœcum est la portion initiale du gros intestin, celle dans laquelle s'abouche l'intestin grêle. Cet abouchement réciproque ne se fait pas bout à bout comme celui du duodenum et du jejuno-ilœon. L'intestin grêle s'ouvre presque à angle droit sur la paroi latérale gauche du gros intestin et cet orifice rétréci par la valvule ilœo-cœcale est justement la limite supérieure du cœcum. Nous pouvons donc définir le cœcum, toute la portion du gros intestin qui est située au-dessous d'un plan transversal passant immédiatement au-dessus de la valvule ilœo-cœcale.

Le cœcum se trouve situé dans la fosse iliaque droite et c'est de lui que se détache le prolongement cylindrique dit appendice vermiculaire cœcal et dont l'inflammation constitue la maladie appelée appendicite.

C'est surtout par les différents replis faits à son niveau par le péritoine, que le gros intestin se trouve maintenu en place. Sa fixité n'est pas absolue, mais sa mobilité n'est pas aussi grande que celle de l'intestin grêle.

Quant aux rapports de l'intestin en général, la description anatomique que je viens de donner du tube intestinal comme aussi les descriptions que j'ai faites des autres viscères, les ont indiqués suffisamment pour qu'il soit inutile d'y revenir ; j'ajouterai seulement que chez la femme, le paquet intestinal vient appuyer sur la vessie, l'utérus, les trompes et les ovaires ; la connaissance de ces rapports, les seuls importants qui n'aient pas été indiqués précédemment, est des plus intéressantes, j'y reviendrai en parlant de l'influence du corset sur les organes génito-urinaires.

J'ai montré comment la constriction de la taille agissait sur l'estomac, que résulte-t-il de cette constriction pour l'intestin ?

L'influence de la constriction thoracique sur l'intestin écrivent les Drs Dieulafé et Herpin, se manifeste surtout par la chute de l'un ou l'autre segment de cette portion du tube digestif en particulier par les déplacements du côlon transverse et des angles coliques. Les cas de sténose relevés par Buy dans son importante étude sur le tube intestinal (*thèse* Toulouse 1901) sont nombreux ; on peut en trouver en tous les points du côlon transverse. Buy explique un certain nombre de cas de sténose par la constriction thoracique ; ce sont ceux où le rétrécissement siège au point où le côlon transverse est en rapport avec le bord costal, il leur applique la théorie donnée par Charpy pour expliquer les cas de biloculation gastrique liée à la contracture musculaire.

Nous croyons, continuent les auteurs précités, qu'il est possible d'expliquer par la constriction thoraco-abdominale un très grand nombre de cas de sténose, et ceux-ci peuvent se grouper en deux séries :

1° Ceux où l'agent constricteur a provoqué une pression directe sur le point rétréci ;

2° Ceux où, par refoulement d'une partie de la masse intestinale, une portion du gros intestin s'est trouvée comprimée.

Dans la première série de cas le rétrécissement siège nettement au point de la constriction et est provoqué dans un cas par le rebord costal; dans un autre cas, par l'agent constricteur lui-même, puisque la sténose est placée dans l'intervalle costo-iliaque. Le rétrécissement est nettement constitué par un refoulement des tuniques muqueuses et musculeuses formant une valvule à la manière de la valvule ilœo-cœcale, mais, dans la constitution de laquelle entre aussi la couche musculeuse longitudinale. Ce plissement des tuniques est maintenu, fixé par les couches péritonéale et sous-péritonale qui ne participent pas à l'invagination.

Dans la deuxième série d'observations ce sont les circonvolutions et flexuosités imposées à la masse intestinale par la compression qui provoquent l'apparition de points rétrécis au niveau des angles de coudure et nous voyons, en outre, le refoulement à gauche de l'intestin grêle et de son meso, donner lieu aux sténoses les plus accentuées sur le segment du gros intestin qui est soumis à leur pression.

A l'aide de moules reproduisant la configuration de l'estomac chez des femmes de divers âges, Ziemssen a bien mis en évidence la situation de plus en plus vicieuse que donne à cet organe la constriction exagérée et prolongée de la taille par l'abus du corset : le grand axe tend à devenir vertical, l'estomac prend une forme cylindroïde qui rappelle celle du gros intestin dilaté et la région pylorique s'abaisse de plus en plus dans l'abdomen. De cet abaissement résulte un obstacle au passage de la masse alimentaire du pylore dans le duodenum ; de là l'exagération du péristaltisme stomacal, qui devient douloureux quelques heures après le repas, de là la dilatation de l'estomac et l'entéroptose consécutive. Aussi, dans tous les cas d'atonie gastro-intestinale neurasthénique de la femme, faut-il conseiller à la malade d'éviter cette constriction de la taille et, dans les cas graves, lui faire comprendre la nécessité de supprimer le corset.

En paralysant la tonicité des muscles de l'abdomen, le corset a évidemment une grande importance pathogénique dans la production de l'entéroptose et des autres ptoses consécutives et aussi de la neurasthénie qui les accompagne souvent (Dr Butin).

Le corset, agent étiologique de la neurasthénie et de l'entéroptose, voilà, certes, qui mérite l'attention !

Qu'est-ce que la neurasthénie ?

Qu'est-ce que l'entéroptose ?

« La neurasthénie est une maladie beaucoup plus vieille que son nom qui lui a été donné en 1880 par Beard (de New-York) et l'on peut en retrouver des descriptions plus ou moins complètes ou tronquées dans les auteurs anciens (Hippocrate, Galien). Les symptômes de la neurasthénie sont extrêmement variés et les modes divers suivant lesquels ils se groupent pour constituer les formes cliniques de la maladie, sont également fort nombreux. Cependant, parmi eux, il en est quelques-uns dont la constance et l'importance prépondérantes sont manifestes : ce sont les stigmates neurasthéniques.

On peut en distinguer six : la céphalée, l'insomnie, l'état cérébral, l'asthénie neuro-musculaire, la rachialgie et la dyspepsie gastro-intestinale. »

Je ne donnerai certes pas une description de chacun de ces symptômes, ce serait sortir du cadre de cet ouvrage, je m'arrêterai seulement à parler de la dyspepsie gastro-intestinale.

Les troubles digestifs par atonie gastro-intestinale, manquent rarement chez les neurasthéniques ; mais ils se manifestent avec une intensité éminemment variable. suivant les cas, et à ce point de vue on décrit une forme légère et une forme grave (Dr Bouveret).

Chez certains malades, ils tiennent une place tellement prépondérante, que tous les autres accidents semblent en dériver. La forme légère est commune à presque tous les cas, même les plus bénins, dans lesquels il est rare de n'en pas retrouver quelque vestige. On constate dans cette forme un manque d'appétit plus ou moins prononcé ; une difficulté ou une lenteur de la digestion gastrique caractérisées par une sensation de poids, de barre au niveau de la région épigastrique, de brûlure, de tortillement au creux de l'estomac. A cela s'ajoute un certain degré de ballonnement, le ou la malade est obligé de déboutonner son pantalon, d'enlever ou de desserrer son corset après le repas. Ou bien la formation exagérée des gaz qui se produisent dans l'estomac donne lieu à des éructations plus ou moins abondantes.

Très souvent, cet état s'accompagne d'un certain degré de gêne de la respiration, de congestion de la face et de somnolence.

Du côté de l'intestin, dans la forme légère, on observe du ballonnement, quelques coliques, sensations de barre, de corde, des borborygmes, mais le phénomène le plus important dans cet ordre d'idées, est certainement la constipation, habituelle dans la majorité des cas (Dr Georges Guinon).

Dans la forme grave, les troubles digestifs dominent complètement la scène et les symptômes nerveux sont souvent relégués au second plan. Il y a des vomissements, de la diarrhée souvent ; le malade maigrit progressivement et dépérit parfois au point que le médecin peut penser à l'existence de quelque cancer de l'estomac ou de l'intestin.

Quelles sont les causes qui provoquent la neurasthénie ? Il y a des causes prédisposantes vraies et des agents provocateurs.

Il faut citer parmi les causes prédisposantes : l'hérédité, l'arthritisme ; et parmi les agents provocateurs : le surmenage, les excès génésiques, les intoxications, les maladies infectieuses, les chagrins, etc.

Mais comment expliquer par ces causes, l'apparition de la maladie ?

Plusieurs théories ont été mises en présence : la théorie gastrique (Bouchard), la théorie de l'entéroptose (Glénard), la théorie nerveuse (Beard, Charcot). Je reviendrai plus loin sur la discussion de ces théories, car il faut d'abord répondre à la seconde question :

Qu'est-ce que l'entéroptose ?

Je laisse la parole au Dr Frantz Glénard, de Lyon, qui a exposé à maintes reprises la théorie et les symptômes de cette maladie.

Le corset, imaginé tout d'abord pour dessiner la taille et maintenir dans une juste proportion les lignes ondoyantes du torse féminin, il lui est surtout demandé bientôt d'accentuer ces lignes et d'en affirmer la jeunesse.

Comme c'est un agent de constriction, on résistera difficilement à la tentation de pousser jusqu'à la limite où elle est supportable, au moins pendant quelques heures, cette constriction apparemment si peu nuisible.

Mais voilà le médecin qui intervient, il sait combien la compression est funeste aux organes, soit en diminuant leur volume, soit en modifiant leur forme, soit en les refoulant les uns contre les autres, soit en s'opposant au libre jeu que leur fonction nécessite ; il a observé quelles maladies provoque, quelles maladies entretient la constriction habituelle de ces organes et au nom de la conservation de la santé, il ne peut faire autrement que de proscrire le corset dont l'abus suit de si près l'usage.

Le foie et l'estomac sont déformés, allongés dans leur

sens vertical, étranglés au niveau de la taille ; l'intestin est comprimé et ces organes sont entravés dans l'expansion ou les mouvements nécessaires à leur jeu physiologique. C'est une cause permanente de troubles circulatoires, respiratoires, digestifs. Les vapeurs dont se plaignent si souvent les femmes et dont on parlait tant sous Louis XV, à une époque où les femmes devaient avoir la taille fine, n'ont pas d'autre cause. La pauvre femme ne peut manger à sa faim ou bien elle étouffe. Il lui serait impossible de remettre son corset si elle le quittait après un repas. La constriction qu'elle supporte à la condition de rester bien droite parce que la moindre inclinaison du buste l'augmente encore, à condition de peu manger, de ne pas marcher, surtout de ne pas monter trop vite, serait intolérable si le repos de la nuit ne permettait à la femme de s'y soustraire. Les conséquences sur la forme et le jeu des organes deviennent à la longue, irréparables.

Je n'insiste pas : les méfaits du corset ont été de tout temps signalés par les médecins et pourtant jamais les médecins n'ont été écoutés, non seulement ceux qui proscrivaient absolument le corset, mais ceux mêmes qui comme Bouvier, dont le remarquable rapport à l'Académie de Médecine en 1853 fait autorité en la matière, ont reconnu que le corset pouvait être utile à la parure et à la santé et se sont élevés seulement contre ses abus.

Si donc le médecin veut être écouté, ce n'est pas la suppression du corset qu'il doit exiger, ce sont les règles de sa construction et de son application qu'il doit poser. Que le médecin formule ces règles, que ces règles soient déduites d'une théorie vraie et facilement vérifiable, que la limite entre l'usage et l'abus soit désignée par des signes précis, que cette limite, s'il est possible, soit rendue difficile à franchir et le médecin sera écouté.

Or, c'est ce qui est arrivé. Une théorie nouvelle a été proposée. C'est la théorie connue sous le nom de l'entéroptose que j'ai proposée et désignée ainsi en 1885.

L'entéroptose est une maladie, et c'est la théorie de cette maladie qui permet d'expliquer et de prévenir, sans supprimer le corset, les méfaits causés par la constriction du corset.

Vous avez toutes, parmi vos relations ou vos amies, de pauvres jeunes femmes, constamment souffrantes, malades depuis plusieurs années, qui ont en vain changé cinq ou six fois de médecin, sans trouver encore celui qui les guérisse ; elles se plaignent de tout, ont été sans succès traitées, tantôt pour une maladie intérieure, tantôt pour une maladie d'estomac ou d'intestin, ou bien comme anémiques, comme rhumatisantes, ou enfin dont on dit, en désespoir de cause, qu'elles sont des névropathes, des neurasthéniques, et que le temps seul finira par les guérir ; vainement elles suivent des cures thermales ou hydrothérapiques, vont à la montagne ou à la mer, toujours elles sont malades. Elles se soumettent aux régimes les plus variés, ne peuvent se nourrir, maigrissent, suspendent toute relation mondaine, et passent la plus grande partie de leur vie au lit ou sur la chaise longue.

Il est évident que ces malades, qui ne guérissent pas et qui tout de même ne meurent pas, ne reçoivent pas le traitement qui convient à leur maladie ; il est donc évident que cette maladie n'est pas comprise. C'est à l'expliquer que je m'attachai par ma théorie de l'entéroptose.

Je remarquai tout d'abord que, sous toutes les variétés d'allure qu'elle revêt, il s'agit toujours de la même maladie; en effet, dans toutes les phases de cette maladie, on retrouve constamment les mêmes symptômes, par conséquent fondamentaux. Ce sont : la faiblesse, l'amaigrissement, l'insommie, la dyspepsie, avec sensation de tiraillement, de creux, de vide, de délabrement dans la région de l'estomac, enfin l'atonie opiniâtre de l'intestin.

Mon attention étant ainsi appelée sur les fonctions digestives, je notai que, chez ces malades, l'abdomen est distendu et que la masse intestinale est réduite de calibre ; cherchant encore, je trouvai, signe absolument imprévu, que leur rein était mobile, et constatai que cette mobilité du rein était méconnue chez elles parce qu'on ne pensait pas à la chercher et qu'on ne savait pas s'y prendre pour la trouver. Il en résulta que cette mobilité du rein, considérée comme très rare et se rencontrant tout au plus chez une femme sur cent, était au contraire très fréquente ; c'était à ce point qu'on la trouvait chez une femme sur cinq et que j'ai pu, en moins de vingt ans, en voir plus d'un millier de cas, alors que jusque-là le médecin le plus occupé n'en avait jamais vu plus de 10 ou 12 cas dans toute sa carrière. C'est cette constatation, vérifiée ensuite par tous les médecins, qui bientôt devait mettre à la mode la maladie du rein mobile.

La cause de la maladie était donc trouvée, c'était parce qu'on ne combattait pas la mobilité du rein que mes malades ne guérissaient pas, et je n'avais qu'à leur appliquer la ceinture usitée contre la maladie du rein mobile. Ma joie de médecin fut de courte durée. L'immobilisation du rein soulageait les malades, mais ne les guérissait pas et surtout ce qui était décevant, c'est que je trouvai des femmes atteintes de la même maladie et qui pourtant n'avaient pas de rein mobile !

Toutefois, un fait curieux, c'est que, chez ces femmes sans rein mobile, l'application d'une ceinture apportait tout de même du soulagement ; ce qui était plus curieux encore,

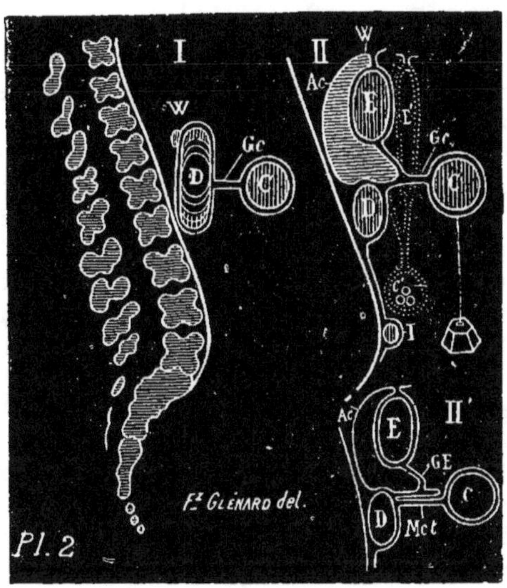

Fig. 82.

Schéma (profil) de la suspension du côlon transverse à l'estomac.

Cinq coupes antéro-postérieures suivant cinq plans verticaux successifs et parallèles dont le premier passe un peu à droite du pylore, le dernier au niveau de la grosse tubérosité de l'estomac. — E, estomac ; C, côlon ; D, duodénum ; I, iléon ; Ac, arrière-cavité de l'épiploon ; Gc, épiploon gastro-colique ; W, hiatus de Winslow.

I. Le plan passe au niveau du duodénum à sa naissance. — II. Au niveau de la portion prépylorique de la grande courbure, le poids montre que le *côlon* (c') *est suspendu à l'estomac* (E). — II' Mct, mésocôlon transverse (doctrine de Meckel. Müller) ; les 4 feuillets étant soudés en Mct, le résultat est le même. (F. Glénard. De l'entéroptose Lyon médical 1885).

c'est que cette même maladie, avec ou sans rein mobile, se rencontrait parfois chez l'homme et que, chez lui aussi, l'application d'une ceinture rendait service.

La maladie était donc due, en partie au moins, à une cause que l'on combattait en serrant le ventre à l'aide d'une ceinture, et cette cause n'était pas la mobilité du rein, n'était pas spéciale à la femme.

Il me fut donné de faire alors ces remarques que, plus

la ceinture est placée bas, plus elle soulage ; pareil soulagement était procuré même aux femmes que la moindre pression du corset faisait souffrir ; toutes caractérisaient la sensation de mieux-être constatée, en disant qu'elles se sentaient plus fortes, mieux soutenues, moins délabrées. Leur faiblesse si caractéristique n'était donc pas causée par l'anémie.

Enfin, un fait significatif me mit sur la voie. Si, au moment où la malade constate ce soulagement, on enlève brusquement la ceinture qui la rendait plus forte, elle dit éprouver une sensation de faiblesse générale, de délabrement à l'estomac comme si son ventre tombait, n'était plus soutenu comme s'il tirait sur l'estomac. Si l'on rapproche de ce fait l'observation que ces mêmes malades, lorsqu'elles souffrent, ne trouvent pas de meilleur soulagement que de s'étendre, l'hypothèse suivante devient vraisemblable : si elles souffrent, c'est que leurs organes abdominaux sont mal soutenus et ce défaut de soutien est d'autant plus marqué, que d'après les lois de la pesanteur, les organes s'abaissent davantage dans la station debout. Et précisément deux conditions anormales favorisent cette action de la pesanteur : l'intestin qui, à lui seul, remplit la plus grande partie de la cavité abdominale est plus lourd, puisque son calibre est réduit et que par conséquent l'intestin renferme moins d'air qu'à l'état normal : la cavité abdominale est devenue trop grande pour cet intestin réduit de calibre et son contenu se déplacera en masse vers les points les plus déclives. Cette hypothèse s'accordait d'ailleurs avec les sensations de creux, de vide, de tiraillement, de délabrement, dont se plaignent les malades. De telles sensations ne seraient donc peut-être pas des phénomènes purement nerveux comme on le croyait jusque-là, mais pourraient bien reconnaître une cause en quelque sorte mécanique.

Il ne restait donc plus qu'à vérifier si réellement le défaut de soutien des organes digestifs peut être une cause de maladie, dans quelles conditions les organes cessent d'être mal soutenus et quelles en sont les causes. Or, la doctrine de l'entéroptose apporta successivement les démonstrations suivantes.

Le défaut de soutien de l'intestin est une cause directe de troubles digestifs. En effet, l'intestin qui mesure de 5 à 6 mètres, dont la longueur est dix fois plus grande que le trajet entre son orifice d'entrée et de sortie, est relevé de distance en distance à la manière de baldaquin ou de guirlandes qui se recouvrent les uns les autres, tantôt de droite à gauche, tantôt de gauche à droite de l'abdomen. Si l'intestin est mal soutenu, il tirera sur les points par lesquels il est relevé, ces points se trouvent tous dans le même plan sur une ligne transversale, passant au milieu du corps, précisément dans cette région du corps où le malade souffre le plus ; de cette traction à ses points de suspension résulteront donc, pour l'intestin, autant d'obstacles au libre parcours des aliments ou de leurs résidus.

Le défaut de soutien de l'intestin, dès qu'il ne remplit plus suffisamment la cavité abdominale, peut être dû, soit

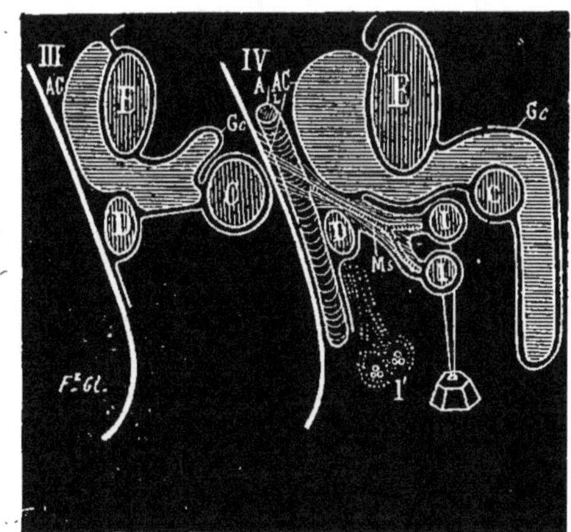

Fig. 83.

III. — De suite après la portion prépylorique de la grande courbure, l'épiploon Gc ne tombe pas encore plus bas que le côlon, mais forme déjà un repli qui ne permet plus à l'intestin de tirer sur l'estomac. — IV. Au niveau de l'orifice duodéno-jéjunal, l'épiploon forme un sac suspendu en avant du côlon et descendant plus bas. La mésentérique sup. (Ms), née de l'aorte (A) et les *ligaments* qui l'accompagnent et qui *suspendent l'Iléon* (I), *écrasent le duodénum* lorsque le poids les place en I'. (F. Glénard, de l'entéroptose. Lyon médical (1885).

à ce que le contenant est devenu trop grand, soit à ce que le contenu est devenu trop petit, ce qui se traduit par la diminution de tension de l'abdomen.

S'il est une cause spéciale à la femme qui permette d'attribuer certains cas de la maladie dont nous nous occupons à la distension primitive de l'abdomen suivie d'une trop brusque décompression, cette cause ne paraît pas la plus fréquente. Dans un grand nombre de cas, c'est la diminution du calibre de l'intestin, qui semble être la cause de la disproportion entre le contenant et le contenu. La diminution du calibre de l'intestin reconnaît deux causes : ou bien la chute brusque, sous l'influence d'un effort, d'un des points par lesquels l'intestin est soutenu, et en particulier du point intermédiaire au côlon ascendant et au côlon transverse, où le coude formé a les plus faibles moyens de fixation, dans ce cas la dislocation de l'intestin, par les troubles qui la suivent, devient une cause de réduction de calibre. Ou bien, et c'est l'étude de cette maladie chez l'homme qui nous l'apprend, la diminution de calibre de l'intestin a pour cause une affection du foie. En raison des intimes relations qui existent par les vaisseaux et les nerfs entre le foie et l'intestin, ces deux organes varient ensemble de volume avec la masse sanguine dont ils sont irrigués ; cette diminution de la masse sanguine est due au trouble pro-

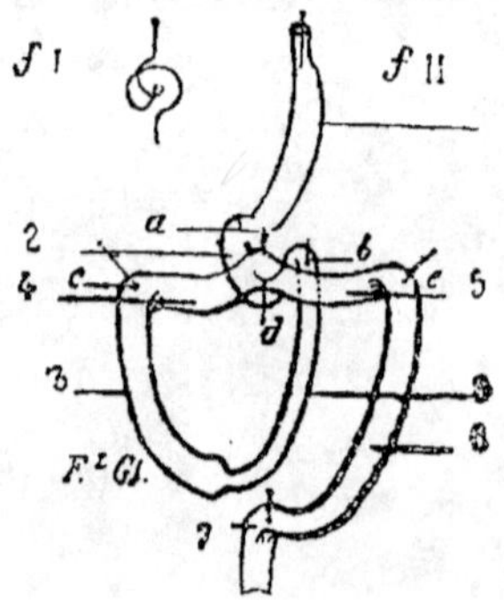

Fig. 84 — Schéma du mode de suspension de l'intestin.

I. Le trajet du tube digestif, représenté par deux points d'interrogation.

II. Le tube digestif décrit 6 anses : 1, anse gastrique ; 2, anse duodénale ; 3, anse iléo-colique ; 4, anse costo sous-pylorique ; 5, anse sous pylori-costale ; 6, anse côlo-sigmoïdale. — Il y a six angles de soutènement : *a*, gastro-duodénal ; *b*, duodéno-jejunal ; *c*, sous-costal droit ; *d*, sous-pilorique ; *e*, sous-costal gauche ; *f*, sigmoïdo-rectal. (F. Glénard, 1885.)

fond apporté à la nutrition par l'affection du foie. Quant à cette affection du foie, elle reconnaît une des causes habituelles aux maladies de cet organe.

Quelle que soit la cause de la réduction de volume de l'intestin, cette réduction de volume devient à son tour une cause de maladie, non seulement parce qu'un intestin décalibré fonctionne mal, non seulement parce qu'il tire sur ses points d'attache, et que les angles ainsi formés nuisent à la circulation intestinale ; mais aussi parce que l'intestin soutient mal les organes situés au-dessus de lui. Le petit intestin en effet soutient le gros intestin, le gros intestin soutient l'estomac, le foie, la rate, les reins. En outre, l'intestin abaissé exerce sur ces organes des tiraillements nuisibles à leurs fonctions, et, en les abaissant, les rend mobiles. Cette traction est particulièrement nuisible au foie qui est un des points d'attache de l'estomac, à l'estomac qui est un des points d'attache du baldaquin formé par le gros intestin, et au duodénum dont l'orifice de sortie est écrasé par le ligament qui supporte le petit intestin. Ainsi existe le cercle vicieux qui explique pourquoi la malade ne guérissait pas.

Les figures 82, 83, 84 montrent comment le gros intestin est dans un point de sa partie transverse soutenu par l'estomac et peut ainsi le tirer par en bas.

Telle est, dans ses grandes lignes, la doctrine de l'entéroptose ; c'est cette théorie qui a fait donner à la maladie elle-même le nom d'entéroptose ou encore, suivant l'usage, qui fait désigner une maladie par le nom du médecin qui l'a expliquée, le nom de « maladie de Glénard » sous lequel la décrivent tous les auteurs (1).

L'entéroptose est donc une maladie d'allure névropathique ou dyspeptique, caractérisée par la chute, l'abaissement, la « ptose » de l'intestin et comme conséquence, par la ptose des autres organes abdominaux : rein, estomac, foie, rate ; comme la ptose de ces organes s'accompagne toujours de leur mobilité anormale, les maladies qu'on décrivait jadis comme autant de maladies différentes, telles que le rein mobile, le foie mobile, la rate mobile, rentrent donc aujourd'hui dans le cadre de l'entéroptose ; il en est de même pour un grand nombre de cas classés jadis sous le nom de dilatation de l'estomac et qui sont dûs à ce que l'estomac est atonique et abaissé du fait de l'entéroptose.

Les figures permettent le parallèle entre l'état normal et l'entéroptose (Glénard).

Quels sont les moyens de guérir et de prévenir l'entéroptose ? J'en parlerai au chapitre consacré à l'étude des *desiderata* que doit réaliser un bon corset ; il faut, avant d'arriver à cette partie de mon travail, examiner tout ce qui est reproché au corset et discuter si ces reproches sont fondés ou non. J'ai agi de cette manière pour les poumons, le foie, etc., je vais user du même procédé pour l'intestin.

J'examine donc si vraiment le port du corset peut provoquer la neurasthénie et l'entéroptose. Des nombreuses théories, mises en avant pour tâcher d'expliquer la subor-

(1) On lira avec intérêt sur cette question l'analyse faite par F. Helme dans la *Revue de Médecine et de Chirurgie* 1906 du travail du Dr Glénard : *Phrénoptose et Cardioptose.*

dination des symptômes dans la neurasthénie, trois, ai-je écrit déjà, restent en regard : la théorie gastrique (Bouchard), la théorie de l'entéroptose (Glénard), la théorie nerveuse (Beard, Charcot).

D'après la première, tous les troubles seraient subordonnés à la dilatation et à la stase gastrique et à l'auto-intoxication qui en résulte. D'après la seconde, tout dépendrait d'un changement dans la situation des viscères abdominaux : intestin, rate, foie, reins, etc. La troisième est celle qui nous paraît la plus rationnelle, étant donné qu'elle explique facilement tous les symptômes grâce à la présence d'une lésion dynamique primordiale du système nerveux cérébro-spinal. Ce n'est pas à dire pour cela que l'auto-intoxication et la viciation de la nutrition résultant des troubles gastro-intestinaux, que le relâchement des organes abdominaux atoniques ne jouent aucun rôle, tant s'en faut ; mais pour démontrer l'autre manière de voir, il faudrait prouver, dans tous les cas, la préexistence des troubles gastriques ou de l'entéroptose ce qui n'est nullement acquis. Et d'ailleurs, comment expliquer alors ces cas bien démontrés dans lesquels à la suite d'une émotion, d'un traumatisme, évoluent simultanément les troubles nerveux et dyspeptiques.

Enfin, en dernière analyse, les résultats de la thérapeutique dans les cas curables sont là pour montrer l'insuffisance du traitement exclusivement gastrique et de la ceinture de Glénard. Au contraire, là où la guérison est possible, le traitement nerveux réussit admirablement (Dr Georges Guinon).

Ainsi donc — c'est l'avis auquel je me range — on ne saurait attribuer d'une façon exclusive la neurasthénie à une cause unique ; le fonctionnement de l'estomac, la situation des viscères abdominaux, l'état nerveux peuvent concourir, dans des proportions diverses et variables, à engendrer la neurasthénie ; le corset ne saurait donc être le coupable unique.

Mais, s'il est coupable, en quoi l'est-il ? Il l'est en intervenant comme agent producteur possible de l'entéroptose, ce qui ne veut pas dire qu'il soit le seul agent producteur de l'entéroptose.

« La première remarque qui frappe, dit M. Glénard, dans l'étude de l'entéroptose, c'est l'extrême fréquence de cette maladie chez les femmes. Sur trois femmes qui se plaignent de dyspepsie ou de névropathie une est atteinte d'entéroptose. En outre, cette maladie est beaucoup plus fréquente chez les femmes que chez les hommes ; sur cinq malades atteints d'entéroptose, il y a quatre femmes et seulement un homme. Cette grande fréquence chez la femme, cette différence de proportions suivant les sexes, que j'avais indiquées, ont été trouvées les mêmes par tous les auteurs qui les ont vérifiées, aussi bien en Amérique qu'en Allemagne, en Suisse qu'en Belgique, en Russie ou en Angleterre.

Quelles sont donc les causes, plus spéciales à la femme, et si fréquentes chez elle, qui la prédisposent à la maladie par l'abaissement de l'intestin ? Il en est deux, la grossesse et le corset. En réalité, il n'en est qu'une, le corset. La grossesse peut bien être fréquemment invoquée

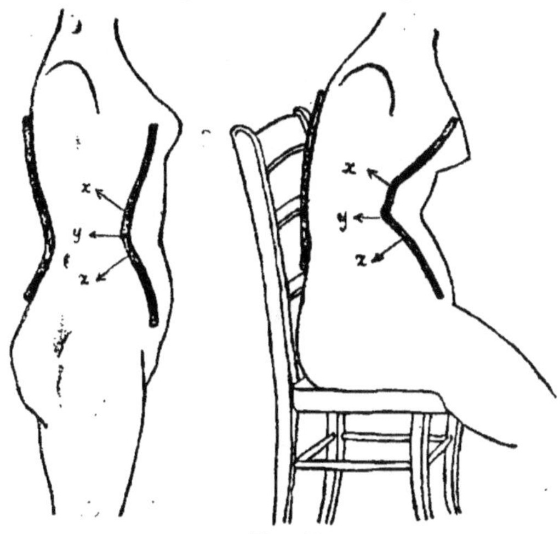

Fig. 85

Direction des lignes de la pression exercée par le corset dans la station debout et dans la station assise (d'après M. Auvard).

comme une cause déterminante d'entéroptose, soit par la décompression brusque de l'abdomen qui lui succède, soit par la maladie du foie dont elle est si souvent le point de départ ; mais comme la grossesse est un acte normal physiologique, il est vraisemblable que les troubles consécutifs doivent avoir pour cause prédisposante l'abus antérieur du corset ou sa reprise ultérieure trop précoce.

Le corset, en effet, qui étrangle la taille, agit sur les organes abdominaux et en particulier sur l'intestin dans le même sens que la maladie entéroptose.

Il ne peut comprimer la taille qu'à la condition de déplacer les organes situés à ce niveau et ces organes ne peuvent être déplacés qu'en étant refoulés en bas dans l'abdomen.

Il ne peut guère les déplacer en haut à cause de la cloison formée par le diaphragme. Alors, la masse intestinale refoulée tirera sur ses points de suspension et par leur intermédiaire tirera sur l'estomac, sur le foie ; ces organes déjà compromis par l'action constrictive qui les allonge comme à la filière et leur impose une forme semblable à celle qu'ils ont dans l'entéroptose, réagiront à leur tour sur l'intestin ; l'intestin dont la fonction est entravée par les déviations angulaires au niveau de ses points de suspension, cessera de remplir son rôle normal d'absorption et surtout son rôle d'expulsion. Que la moindre cause de perturbation survienne, la nutrition sera profondément troublée, et c'est la maladie entéroptose qui, finalement, s'installera dans l'organisme ainsi prédisposé, avec la diminution de calibre de l'intestin, la décompression de l'abdomen et l'atonie générale qui la caractérisent.

Les figures précédentes montrent bien, par la comparaison avec l'état normal, la nature des désordres produits par la constriction du corset et la frappante analogie de ces désordres avec les désordres caractéristiques de l'entéroptose.

C'est ainsi qu'on peut s'expliquer la grande fréquence de l'entéroptose chez la femme et sa bien plus grande fréquence chez la femme que chez l'homme.

Quel enseignement tirer de ce rapide parallèle entre les méfaits du corset et la maladie entéroptose ? Une première conclusion est imposée : Le corset est nuisible quand il refoule dans le bas-ventre la masse intestinale : Il serre trop haut.

Cette aptitude est en outre dangereuse parce que le champ de refoulement de l'intestin étant libre au-dessous de la zone de constriction, le corset pourra être serré et d'autant plus serré que ce champ sera plus libre. Aussi, les femmes qui se serrent beaucoup sont celles qui ont les corsets les plus courts.

Une deuxième conclusion est la suivante : Le corset est nuisible parce que sa constriction s'exerce sur une zone trop étroite. Il ne serre que la taille.

Enfin, la physiologie nous apprend que, pendant le travail digestif, les organes subissent des changements de volume, des changements de place en rapport avec leurs fonctions : le foie, l'estomac, augmentent de volume et se portent en avant, l'intestin redresse ses courbes et se porte en haut : il en résulte qu'une ampliation de l'épigastre doit être possible au moment de la digestion. C'est bien ce que la nature a voulu en échancrant la base de la cage thoracique au niveau de l'épigastre.

En outre, dans le mouvement de flexion du tronc en avant, c'est surtout au niveau de l'épigastre que s'accroît le diamètre antéro-postérieur de l'abdomen aux dépens de son diamètre vertical ; or, le corset qui étrangle cette région dans un anneau inextensible, nuit également et à l'exercice régulier des fonctions digestives et à la mise en œuvre de certains mouvements ; le foie et l'estomac se développent trop peu et trop haut, immobilisant le diaphragme, gênant la respiration et les mouvements du cœur, faisant refluer le sang à la tête ; l'intestin se développe trop peu et trop bas, tous ces organes finissent par devenir atones. La femme ne peut se baisser parce que la flexion du torse en avant augmente encore la constriction du corset, ainsi que le montre la figure 85, toute grâce dans les mouvements de la taille lui est interdite.

La troisième conclusion est non moins formelle : Le corset est nuisible parce qu'il ne se prête pas aux variations physiologiques de volume de l'abdomen. Il est trop rigide.

Ces trois conclusions si nettement déduites, ces trois causes de danger du corset sont connues depuis longtemps. Mais pourquoi ces causes sont-elles dangereuses pour la santé, voilà ce que nous apprend l'étude de l'entéroptose : « Ce n'est pas tant parce qu'il comprime l'estomac ou le foie ou les autres organes que le corset est nuisible, ainsi que l'admettent les anciennes théories, c'est parce qu'il refoule en bas la masse intestinale. »

Ainsi, d'après cette explication, le corset serait la cause de l'entéroptose, et l'entéroptose causant la neurasthénie, il en résulte que le port du corset engendre la neurasthénie.

J'ai indiqué plus haut que la neurasthénie relevait de plusieurs facteurs pathologiques. Sans nier le rôle que l'entéroptose pouvait jouer dans sa production et dans son existence, je répète qu'il n'y a pas lieu d'établir toujours et uniquement un rapport de cause à effet entre la neurasthénie et l'entéroptose.

Même si l'entéroptose était toujours la cause de la neurasthénie, il resterait à démontrer que l'entéroptose est toujours due à l'emploi du corset avant d'affirmer que le port du corset engendre la neurasthénie.

Or, est-il vrai que le corset soit la cause, je ne dis pas unique, mais principale de l'entéroptose ? Cela semble découler des explications très claires du Dr Glénard ; qu'il me soit toutefois permis de ne pas les accepter, sinon comme très exactes, du moins comme très absolues.

Tout d'abord, je ne saurais faire jouer à la grossesse

un rôle aussi peu important dans la production de l'entéroptose que celui qui lui est attribué par le Dr Glénard. De ce que la grossesse est un acte normal et physiologique, il ne s'en suit pas, et je le montrerai au chapitre suivant, qu'elle ne laisse pas et même normalement des traces profondes sur l'organisme féminin, et qu'elle n'est pas l'agent principal de distension de la sangle abdominale formée par les muscles grands droits, lesquels s'étendent verticalement de la pointe du sternum à la région pubienne des os du bassin et constituent la grande résistance aux constantes poussées des viscères et du produit de la conception. Le Pr Hayem, dans ses *Leçons de thérapeutique*, t. IV, estime les conclusions du Dr Glénard comme trop généralisées et il ne veut les admettre, en ce qui concerne l'estomac, que, pour certains cas de constipation ancienne et de chutes ventrales consécutives à la grossesse.

A la grossesse, il faut encore joindre les affections médicales ou chirurgicales qui, distendant la paroi abdominale, peuvent provoquer par elles seules l'entéroptose.

Pour expliquer par le port du corset la production de toutes les entéroptoses, il faudrait n'avoir jamais constaté de chute de viscères chez des femmes n'ayant jamais porté de corset, encore n'y aurait-il là, contre le corset, qu'une forte présomption.

Ce qu'il faut admettre, c'est l'influence d'un « abus antérieur du corset ou sa reprise ultérieure trop précoce » vis-à-vis non seulement de la grossesse, mais aussi des maladies qui peuvent atteindre le paquet intestinal. Ce qu'il faut admettre, c'est l'action adjuvante d'un corset mal fait, trop serré, action adjuvante qui sera d'autant plus nette et d'autant plus dangereuse pour l'intestin, que celui-ci sera prédisposé davantage à l'abaissement, à la ptose.

Et j'insiste, encore faudra-t-il que ce corset mal fait et trop serré soit mal placé, et malgré ce qu'en dit le Dr Glénard, je pense que si le corset est placé assez bas, les organes pourront être déplacés vers le haut, refoulant le diaphragme et gênant, comme je l'ai exposé, la fonction respiratoire en gênant l'expansion pulmonaire ; certes le corset est plus souvent placé de façon à refouler l'intestin vers le bas, mais ce refoulement n'a pas lieu toujours, quelle que soit la femme et quel que soit le corset.

C'est au Dr Bouvéret, qui estime, lui aussi, que le corset peut agir comme cause secondaire et encore seulement quand la femme le serre trop, que j'emprunterai la conclusion de ce chapitre : « Il est certain que l'affection de Glénard est beaucoup plus commune chez la femme que chez l'homme ; c'est que chez la femme, à deux des causes de la neurasthénie elle-même, la dilatation et l'amaigrissement, s'ajoutent deux autres causes extrinsèques plus communes encore et surtout bien plus efficaces, à savoir l'extrême distension de la paroi abdominale par les grossesses répétées et la constriction de la taille par l'abus d'un corset trop étroit et trop serré ».

Et non seulement le Dr Bouveret ne fait intervenir le corset comme cause secondaire que chez les femmes dont « le corset avait pendant de longues années comprimé et déformé la taille », mais il pense que l'entéroptose au lieu de causer la neurasthénie est précédée par elle. L'entéroptose serait le résultat précoce ou tardif de l'atonie gastro-intestinale qui procède elle-même de l'épuisement nerveux au même titre que tous les autres symptômes de cet état morbide.

La ptose, en effet, écrit de son côté M. Burlureaux dans son livre si intéressant : *La lutte pour la santé*, la ptose n'est pas tout chez les ptosiques. Car enfin, pourquoi les malades ont-elles de la ptose ? C'est parce qu'elles étaient déjà déséquilibrées antérieurement, c'est parce que la sangle que forment les muscles du ventre n'avait pas la tonicité normale. Si on avait soigné la future ptosique en temps utile, alors qu'elle n'avait que des troubles vagues du système nerveux, de l'estomac, de l'intestin, elle ne serait pas devenue ptosique, elle n'aurait pas eu besoin de ceinture, elle aurait pu avoir des grossesses multiples sans avoir de ptose. De sorte que la ceinture, comme un moyen thérapeutique d'attente. Ce qu'il faut, cet instrument si merveilleux, ne doit être considéré que c'est régénérer la malade et lui permettre de se passer de ceinture, ce à quoi on parvient quand la déchéance n'est pas trop avancée.

Ce n'est donc pas faire preuve de trop d'indulgence vis-à-vis du corset que de conclure que s'il peut, mal fait et mal mis, jouer un rôle indéniable dans la production de l'entéroptose, il ne crée pas seul toute l'entéroptose.

Toutefois cette question de l'entéroptose ne saurait être complète si je ne parlais du retentissement que cette maladie peut avoir sur la respiration. Au chapitre II étudiant l'influence du corset sur l'appareil respiratoire j'ai dit que je reviendrais sur cette étude à propos des viscères abdominaux car c'est maintenant seulement que le lecteur pourra saisir toute l'importance des considérations exposées par M. Glénard, dans un article intitulé : *Mou-*

vements diaphragmatiques des viscères abdominaux et publié en décembre 1905, dans la *Revue des maladies de la nutrition*.

La physiologie de la respiration nous a appris qu'il y avait deux types de respiration : la respiration thoracique, la respiration abdominale. Ces deux types se combinent suivant une loi et un mécanisme que l'auteur traduit par les propositions suivantes :

Les types abdominal et thoracique de la respiration se suppléent dans l'inspiration calme, se succèdent dans l'inspiration forcée.

L'exécution du mouvement inspiratoire d'un des deux types de respiration exige la mise en œuvre du mouvement expiratoire de l'autre type.

La physiologie du diaphragme nous enseigne que ce muscle est l'organe, le rouage grâce auxquels ces types respiratoires peuvent se combiner, se suppléer, se succéder ; il doit cette remarquable propriété à sa nature musculeuse, à ses insertions au pourtour du thorax, à sa forme en dôme, mais surtout à son aptitude d'agir tantôt comme un levier, tantôt comme un piston (Fig. 44).

Le diaphragme agit comme un levier « mouvement de sonnette » dans la respiration thoracique, comme un piston dans la respiration abdominale.

Or, cette transformation, cette double adaptation est due tout entière au degré de résistance que présentent les viscères abdominaux à l'abaissement du diaphragme pendant le mouvement d'inspiration ; que la masse abdominale résiste, elle forme le point d'appui d'un levier, dont la puissance a son application à la colonne vertébrale (piliers) dont la résistance se trouve à la base du thorax ; le mouvement de levier, exécuté par le diaphragme, soulève et, par le fait de la disposition des côtes, élargit la cavité thoracique ; que la masse abdominale, au contraire, se dérobe sous la pression du diaphragme contracté, c'est le dôme qui s'abaisse, c'est le mouvement du piston qui s'exécute ; ce mouvement de piston abaisse les viscères et la capacité du thorax gagne en hauteur ce que perd la cavité abdominale. C'est cet abaissement des viscères qui, lorsqu'il est exagéré, cesse d'être physiologique pour devenir pathologique et constitue alors ce qu'on appelle l'organe mobile, la ptose. Alors les conditions de fonctionnement du diaphragme se trouvent complètement modifiées par la modification de son point d'appui.

Lorsque les viscères abdominaux sont ptosés, la première conséquence qui en résulte pour le diaphragme est l'abaissement de son point d'appui. Pour trouver ce point d'appui, le diaphragme doit donc s'abaisser, c'est ce qui arrive dans l'entéroptose.

Mais si le diaphragme s'abaisse le champ de ses excursions respiratoires se trouve d'autant réduit. Par quelle compensation obvier à cette lacune ? En substituant le type de respiration thoracique au type de respiration abdominale. Mais la respiration thoracique exige dans le cas d'entéroptose une intervention de la volonté d'autant plus nécessaire, que chez le ptosique fait défaut l'action du levier du diaphragme, indispensable au soulèvement et à l'élargissement inspiratoires de la base du thorax.

L'intervention de la volonté qui nécessite un travail supplémentaire et par conséquent une perte, est évitée par la nature grâce à un autre moyen de compensation. Chez les ptosiques, la base du thorax se rétrécit, par la suppression même de la poussée excentrique des organes contenus dans la coupole diaphragmatique, cette poussée est supprimée, tant par la diminution du volume des viscères que par la diminution de la tension abdominale. En effet c'est chez les ptosiques que l'on trouve l'angle xiphoïdien le plus réduit, le rebord costal le moins proéminent.

Le rétrécissement de la base thoracique s'accompagne nécessairement, et cela du fait de la disposition anatomique des côtes, de son abaissement. Or comme la coupole diaphragmatique s'insère par sa base à la base du thorax et que d'ailleurs le sommet de la coupole ne peut s'abaisser au delà d'une limite permise par ses organes de suspension susdiaphragmatique et en particulier le médiastin, il en résulte que la flèche de la coupole diaphragmatique se trouve augmentée et que par conséquent se trouve accru le champ d'excursion du diaphragme dans le rôle de piston qui désormais se substitue à son rôle de levier ; ce rôle de piston se trouve encore accru, suivant Kerth, par le changement d'incidence des fibres costales du diaphragme.

N'est-ce pas ainsi qu'on doit expliquer ce soulagement si remarquable qu'éprouvent les femmes ptosiques, lorsque, dans les premières phases de la maladie, elles étreignent la base du thorax avec un corset ?

Le corset augmente la flèche de la coupole diaphragmatique non seulement parce qu'il abaisse et rétrécit la base de la cage thoracique, mais encore parce qu'il refoule de bas en haut, les organes contenus dans la coupole.

Krauss démontre en effet, à l'aide de radiographies prises sur une même femme sans corset, puis avec un corset que la constriction de la taille agit de la façon suivante sur le diaphragme : « Le diaphragme, dit-il est fortement refoulé en haut, le degré de refoulement n'est pas partout également grand, on voit à la radioscopie dorsale, que les dômes sont surélevés de plus de la hauteur d'un espace intercostal, et les parties costales de presque la hauteur de deux espaces ; dans une vue de profil, la partie du diaphragme qui s'étend des piliers au bord postérieur du centre tendineux est relevé de la hauteur de près de trois vertèbres. Dans la partie sternale, la poussée du diaphragme en haut est encore plus marquée. »

Naturellement, le foie et le cœur subissent les mêmes déplacements que le diaphragme. Cela confirme bien pour le foie, l'assertion émise que dans certains cas le corset relève le foie au lieu de l'abaisser. L'estomac, lui, est redressé et tiré, le côlon transversal est abaissé.

Le corset crée donc manifestement une condition prédisposante à l'entéroptose par l'action infra-propulsive qu'il exerce sur la masse intestinale et par la prédominance qu'il nécessite du mouvement de piston sur le mouvement de levier dans le jeu du diaphragme ; mais au début de la maladie, il soulage parce qu'il accroît la profondeur de la coupole thoracique et rend plus facilement réalisables les conditions préalables de tout effort.

Plus tard, la maladie étant plus avancée, l'entéroptosique ne pourra plus supporter son corset à cause de la ptose et de l'hyperesthésie du foie et c'est alors que la sangle hypogastrique viendra soulager une malade qui aurait pu éviter ses souffrances en usant à temps et intelligemment d'un bon corset soutenant l'abdomen.

De ceci Krauss conclue qu'il faut proscrire sans aucun ménagement le corset chez la femme normale. Ma conclusion sera celle de Glénard, à savoir que le médecin devant éviter de donner naïvement une prescription qui ne serait pas suivie, il était mieux de chercher à réformer le corset. De cette réforme je parlerai plus loin après avoir étudié l'influence du corset sur les organes génitaux.

CHAPITRE X

L'influence du corset sur les organes génitaux de la femme est variable suivant le modèle de ce vêtement, mais elle est certaine. L'étude que je viens de faire de l'action du corset sur les viscères de la cavité abdominale et la description que je vais donner de l'appareil génital, vont me permettre d'établir sans difficulté comment et combien le corset peut agir sur les organes génitaux féminins.

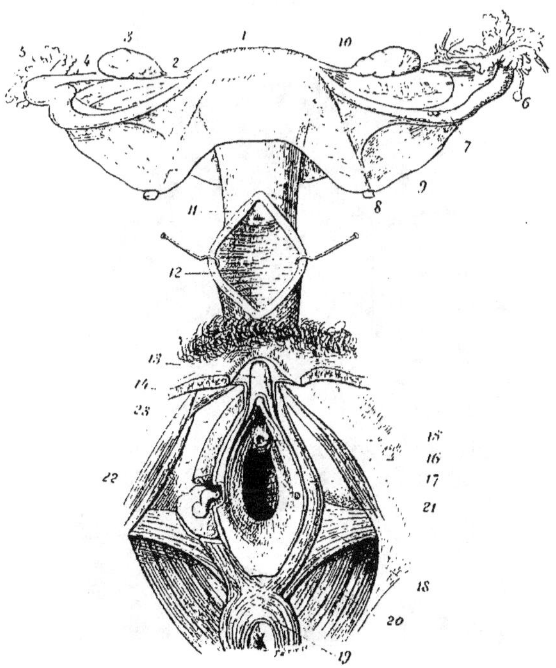

Fig. 86. — Organes génitaux de la femme (d'après Debierre).
1. Utérus. — 2. Ligament utéro-ovarien. — 3. Ovaire. — 7. Trompe de Fallope. — 8. Ligament rond de l'utérus. — 9. Ligament large. — 11. Museau de tanche. — 12 Cavité du vagin. — 14. Clitoris. — 15. Meat urinaire.

Ainsi que je l'ai écrit ailleurs, la maternité est, pour la femme, la plus grande et la plus noble fonction ; c'est avec raison que les physiologistes, les médecins, ont pu dire, d'une façon à la fois juste et laconique, mais dépouillant toute sentimentalité : « La femme n'est qu'une matrice, la femme n'est qu'un utérus » (Peter), « la femme n'est pas un cerveau, elle n'est qu'un sexe », et c'est pourquoi il est particulièrement intéressant de rechercher si le corset gêne ou non le bon fonctionnement de l'utérus et de ses annexes.

L'appareil génital féminin comprend deux groupes d'organes, les uns externes, les autres internes.

Les organes génitaux externes féminins comprennent les grandes lèvres au nombre de deux recouvrant les petites lèvres ou nymphes également au nombre de deux ; le clitoris organe érectile embrassé par la branche supérieure de bifurcation des petites lèvres qui constituent le

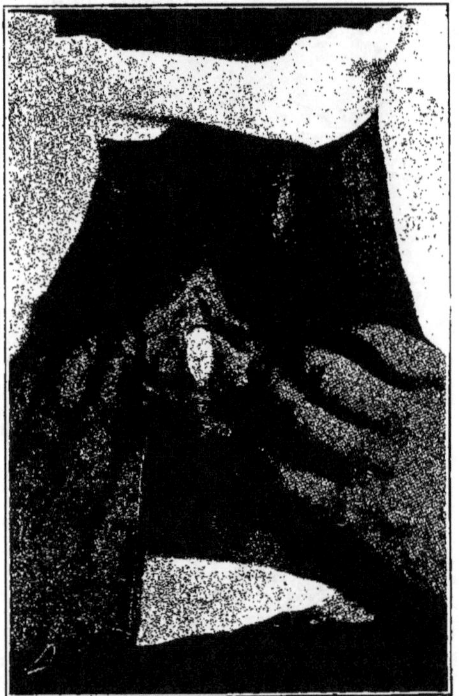

Fig. 87 — Virgo intacta.

capuchon du clitoris ; le meat urinaire situé un peu au-dessous du clitoris ; les glandes vulvo-vaginales ou de Bartholin. L'ensemble de ces organes auquel il faut ajouter le pénis ou mont de Vénus et le vestibule constitue la vulve, fermée chez les vierges par la membrane hymen.

De la vulve à l'utérus s'étend le conduit musculo-membraneux appelé vagin.

De la partie inférieure de la vulve jusqu'à l'anus s'étend la cloison recto-vaginale ou pont ano-vulvaire qui constitue pour les accoucheurs le périnée, c'est-à-dire un ensemble de muscles et d'aponévroses qui ferment par en bas le bassin et soutiennent les organes qu'il renferme.

Les organes génitaux internes de la femme sont l'utérus, les ovaires, les trompes.

L'utérus vulgairement appelé matrice, est décrit comme il suit par Testut : c'est un organe creux, à parois épaisses et contractiles, destiné à servir de réceptacle à

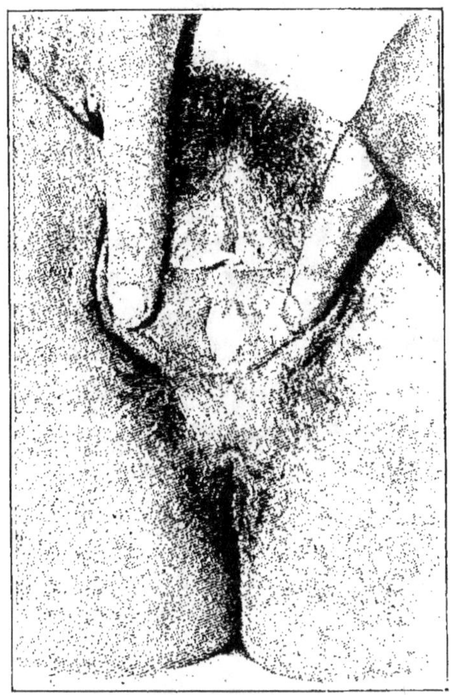

Fig. 88. — Femme nullipare.

l'ovule après la fécondation. Il le reçoit au sortir de la trompe, le retient dans sa cavité pendant toute la durée de son évolution et, quand il est arrivé à sa maturité, contribue, par ses contractions, à l'expulser au dehors. L'utérus devient ainsi l'organe de la gestation et de la parturition.

L'utérus est placé entre le réservoir urinaire et le segment terminal du tube digestif. Il est maintenu dans cette situation par divers ligaments, dont deux latéraux, droit et gauche, sont les ligaments larges qui renferment dans leurs replis les trompes et les ovaires.

Les trompes utérines, trompes de Fallope ou oviductes, sont deux conduits, l'un droit, l'autre gauche, qui s'étendent de l'extrémité externe de l'ovaire à l'angle supérieur de l'utérus. Ils ont pour fonction de conduire jusqu'à la cavité utérine l'ovule recueilli à la surface de la trompe. Les trompes sont très mobiles, elles se déplacent suivant l'état de plénitude ou de vacuité de la vessie ou des anses intestinales, et, dans la grossesse, elles suivent le mouvement d'ascension du fond de l'utérus.

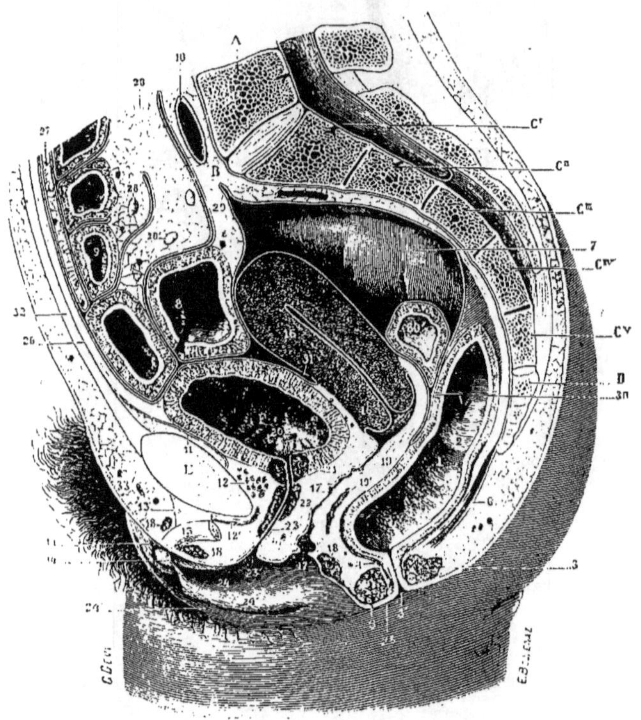

Fig. 89. — Coupe vertico-médiane de la partie inférieure du bassin d'après Testut.

1. Rectum. — 15. Corps de l'utérus. — 17. Vagin avec son orifice. — 24'. Petite lèvre. — 24''. Grande lèvre. — F. La vessie.

Les ovaires, au nombre de deux, sont des corps d'apparence glandulaire, situés dans la cavité du bassin, en avant du rectum, en arrière des ligaments larges, dans le feuillet postérieur desquels ils se retrouvent à droite et à gauche de l'utérus.

Comme les trompes, les ovaires sont très mobiles. En effet, n'adhérant au ligament large que par une faible partie de ses bords, l'ovaire peut osciller autour de ce ligament comme un volet sur sa charnière ; d'autre part, l'ovaire suit l'utérus dans les déplacements nombreux que lui impriment les changements de volume de l'intestin et de la vessie.

Ces déplacements de l'utérus rendent très difficile à résoudre la question de savoir quelle est la position normale de la matrice.

Si les auteurs sont à peu près d'accord pour admettre que la partie inférieure de l'utérus ou col fait un angle ouvert en avant avec l'axe de la partie supérieure ou corps utérin, ils ne sont plus d'accord pour fixer la position de l'utérus dans la cavité du bassin.

Le professeur Testut, ayant examiné de nombreuses coupes de cadavres congelés, formule ainsi le résultat

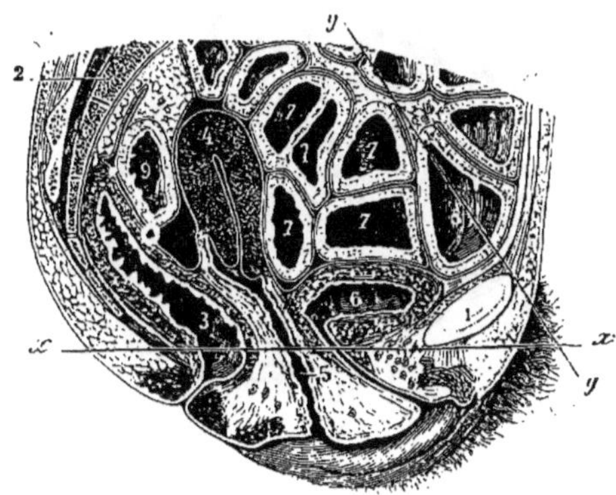

Fig. 90. — Coupe vertico-médiane d'un sujet congelé ; l'utérus fortement repoussé en arrière par des anses intestinales remplies de matières fécales est en rétroversion (Testut).

de ses recherches : lorsque le sujet est debout, le rectum à peu près vide, la vessie modérément distendue, que la masse intestinale n'exerce sur lui aucune influence, l'axe total de l'utérus (corps et col) est une ligne continue et légèrement arquée dont la concavité regarde la face antérieure de l'organe : le corps de l'utérus est donc un peu incliné sur le col, c'est une antécourbure.

Cet axe répond à l'axe de l'excavation pelvienne, sa concavité par conséquent, regarde la symphyse pubienne, c'est-à-dire la partie médiane antérieure du bassin où se soudent les os iliaques, tandis que le fond de l'utérus se dirige en haut et en avant du côté de l'ombilic.

(1) Sur les figures 90 et 91, les chiffres 3 indiquent le rectum, 4 l'utérus, 6 la vessie, 7, 7, 7, les anses intestinales remplies de matières fécales.

La reproduction des coupes de sujets congelés faites par Testut permet de se rendre compte combien les viscères voisins de l'utérus peuvent agir sur sa position. Si l'état de plénitude ou de vacuité de l'intestin et de la vessie influence si nettement la matrice, on comprendra facilement que cette influence s'augmentera des pressions qui s'exerceront sur le paquet intestinal sus-jacent aux organes génitaux internes. C'est pourquoi la compression exercée par un corset serré peut être dangereuse pour l'utérus, et le danger devient plus grand quand cet utérus est gravide.

Mais avant de pouvoir faire la part qui revient au corset dans la compression de l'appareil génital en général

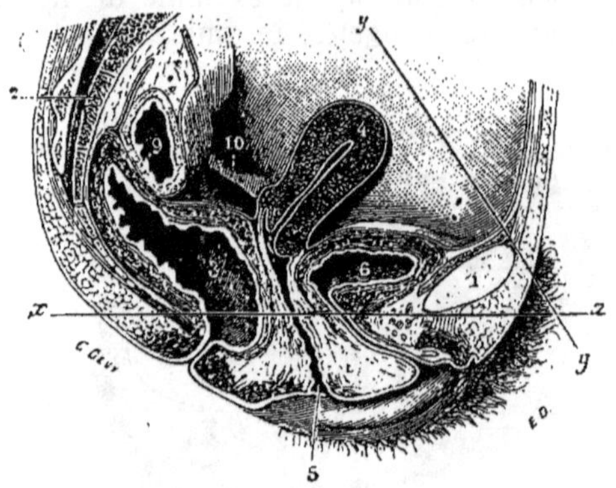

Fig. 91.

Le même corps de femme après décongélation dans un bain d'alcool. Les intestins étant remontés à la surface du liquide et n'influençant plus l'utérus, celui-ci a pris de lui-même sa position normale (Testut).

et de l'utérus gravide en particulier, il est nécessaire de savoir quelle est sur la femme l'influence d'une grossesse évoluant normalement.

Cette étude préliminaire aura en outre l'avantage, en fixant la part qui revient à la grossesse dans la production de l'entéroptose, d'établir que j'ai eu raison de soutenir dans les chapitres précédents que même normale la grossesse laisse des traces profondes sur l'organisme féminin, qu'elle est l'agent principal de distension de la sangle abdominale et la cause très fréquente de l'entéroptose.

C'est à Aubeau que je veux laisser le soin de prouver la véracité de ces affirmations, et pour cela je citerai une partie d'une importante étude des *Stigmates de la maternité* qu'il a publiée en janvier 1902 dans la Clinique générale de chirurgie et avec l'autorisation de l'auteur j'en reproduis quelques figures (fig. 87, 88 et 92 à 107).

Un certain nombre de femmes, dit Aubeau, supportent sans aventures les épreuves de la maternité. Quelques-unes même en sortent paradoxalement plus fortes et mieux portantes. Mais ces maternités heureuses ou bienfaisantes sont tellement rares qu'on ne peut les indiquer qu'à titre d'exception.

Presque toujours la maternité (fécondation, conception, grossesse, accouchement, lactation), apporte dans l'organisme de la femme des modifications, plus ou moins profondes, durables ou même indélébiles, d'ordre à la fois mécanique et trophique, d'autant plus accentuées que les parturitions se répètent, et déterminent à la longue des troubles assez sérieux pour entraîner une véritable déchéance vitale, un état pathologique, des infirmités dont l'ensemble constitue les stigmates de la maternité, stigmates glorieux mais combien pitoyables !

Ils consistent en : distensions forcées, chutes et déplacements permanents d'organes (ectasies, ptoses, ectopies) avec toutes leurs conséquences pour la perturbation fonctionnelle et la perte de la santé.

Hâtons-nous de dire que tous ces désordres sont réparables ou remédiables, mais la condition première est de ne pas les méconnaître.

Il n'est donc pas inutile de préciser et de vulgariser le tableau d'ensemble des misères de la femme mère ; non point pour la décourager de la maternité, mais pour lui faire savoir au contraire qu'à ses maux si graves en apparence, il est des remèdes très simples et très efficaces.

On peut définir la femme « un utérus servi par des organes ». La vie génitale joue, en effet, le principal rôle dans l'organisme de la femme. Aussi, est-ce bien dans l'utérus et autour de l'utérus qu'il faut chercher les causes habituelles de ses souffrances.

Anatomiquement, l'utérus appartient, par son corps et ses annexes, à la cavité pelvi-abdominale ; par son col et par le canal vagino-vulvaire qui lui fait suite, au plancher du bassin.

Chez la vierge et la nullipare, les viscères abdominaux, contenus par les parois antéro-latérales, s'étagent au-dessus de l'utérus et de ses annexes, du bassin au diaphragme, comme des coussins à air superposés et se soutenant l'un l'autre. La masse de l'intestin grêle, fixée en arrière par le mésentère, et les colons fixés par leurs mésos, soutiennent, en vertu de l'élasticité des gaz qu'ils renferment : l'estomac, le foie, la rate et les reins, ces organes étant d'ailleurs maintenus faiblement par des pédicules, des connexions organiques, vasculaires, nerveuses, cellulaires ou adipeuses et par des replis épiploïques ou par le péritoine pariétal.

C'est principalement de l'antagonisme qui existe entre les viscères et les parois que résulte l'équilibre abdominal.

La paroi abdominale antéro-latérale « sangle contractile, jouissant d'une certaine élasticité et fixée au squelette, en haut, en bas et en arrière par des insertions multiples, exerce sur les viscères renfermés dans la cavité abdominale une pression continue ». (RICHET, *Anat. méd. chir.*)

Sur la ligne médiane de la paroi abdominale entre les muscles droits, les fibres aponévrotiques émanées des feuillets fibreux qui font suite aux muscles obliques et transverses de l'abdomen s'entrecroisent pour former un raphé fibreux constituant la ligne blanche ; il existe, dans la paroi, des anneaux fibreux naturels (ombilical, inguinal, crural) constituant des points faibles.

Par suite de différentes causes : dénutrition, amaigrissement, tumeurs abdominales, on peut observer chez les vierges et les nullipares un amaigrissement, un relâchement des parois abdominales favorables aux hernies et au déplacement d'organes.

L'usage antiphysiologique du corset et des cordons de taille trop serrés suffit pour déterminer chez la femme, en dehors de toute autre cause, des déformations et des déplacements d'organes : dislocation verticale de l'estomac, biloculation du même organe, abaissement du foie et par son intermédiaire, abaissement du rein droit.

Ces accidents s'observent aussi bien chez les vierges et les nullipares que chez les femmes mères, mais plus rarement.

D'une façon générale chez ces femmes les viscères sont en équilibre et la paroi abdominale est une sangle ferme, tendue, élastique.

Chez les vierges et les nullipares, l'utérus ne subit dans ses dimensions, sa position, ses rapports que de faibles variations provoquées, par les alternatives de réplétion et de déplétion vasculaires de la menstruation, ces changements légers et passagers n'ont aucun retentissement important et durable sur l'abdomen ou sur le plancher périnéal.

D'autre part, certains auteurs admettent avec Becquet

que la congestion menstruelle se répercute sur le rein et que cet organe se congestionnant à chaque époque s'hypertrophie, tend à sortir de sa loge et à s'abaisser. Tout rentre dans l'ordre après les premières règles, mais le phénomène se reproduisant, les moyens de contention du rein se relâchent et n'entravent plus la tendance à une mobilité anormale.

De même que la résistance de la sangle abdominale est le plus sûr moyen de contention des viscères abdominaux, le principal moyen de fixité de l'utérus est le plancher périnéal.

Les ligaments larges, les ligaments ronds et même les ligaments utéro-sacrés ne peuvent être considérés comme des moyens de fixité proprements dits parce que étant souples, lâches, plus ou moins flottants, ils laissent à l'utérus une mobilité proportionnelle à leur souplesse, à leur laxité, à leur ondulation, c'est-à-dire très grande.

Ils ne deviennent fixateurs que dans les cas où leur structure a subi du fait de l'inflammation ou de quelque néoplasie, une induration, une rigidité, une inextensibilité pathologiques.

Le plancher du bassin, véritable soutien de l'utérus (et par suite des viscères abdominaux) est traversée en avant par le canal vaginal. Sa partie résistante, située entre le vagin et le rectum est constituée par des muscles et des aponévroses qui s'insèrent sur les parois osseuses du bassin et auxquels il convient d'ajouter un pannicule adipeux abondant.

La région périnéale considérée extérieurement, présente, en avant, l'orifice vulvaire, en arrière, le plancher solide qui s'étend de la fourchette à l'anus.

Chez la vierge et chez la nullipare, le canal vaginal est virtuel en ce sens que ses parois sont accolées. L'orifice vulvaire est fermé par l'hymen ou ses débris. Ventre sanglé, vulve fermée sont des caractéristiques de la vierge et de la nullipare. Chez elles, l'utérus et ses annexes sont solidement soutenus par le plancher périnéal.

On a bien observé le prolapsus de l'utérus chez des filles vierges, mais c'est là encore un fait exceptionnel.

En résumé, l'équilibre des organes pelvi-abdominaux est assuré, essentiellement, par la résistance de la sangle abdominale et du plancher périnéal ; accessoirement, par les pannicules adipeux et des moyens de contention individuellement propres aux divers organes : mésentère, mésos, épiploon, péritoine pariétal, ligaments, pédicules, connexions : organiques, vasculaires, nerveuses et celluleuses ; ces moyens accessoires étant par eux-mêmes insuffisants.

A partir du moment où l'ovule fécondé se greffe dans l'utérus, commencent à évoluer, dans les organes génitaux, leurs annexes (y compris les mamelles) et les régions qui les entourent, des phénomènes que l'on trouve décrits en détail dans les traités de tocologie (grossesse et accouchement) et que nous ne ferons qu'indiquer en insistant toutefois sur les troubles mécaniques qui nous intéressent plus particulièrement.

Fig. 92. — Grossesse au 9e mois.

(*a*) *Utérus et annexes.* — La conception et la grossesse provoquent un afflux sanguin considérable du côté de l'utérus, de ses annexes : immédiats (trompes et ovaires), médiats (appareils ligamenteux, vulve et vagin) ou éloignés (mamelles), ainsi que du côté de certains organes particuliers tels que le cœur, le corps thyroïde et les reins.

Il se développe même de nouveaux vaisseaux et cette suractivité circulatoire s'accentue du premier au dernier jour de la grossesse.

Tous les organes que nous venons d'énumérer deviennent turgides, augmentent de poids et de volume, s'étendent dans tous les sens, abandonnant leur situation première, refoulant et comprimant les organes voisins pour se faire de la place.

A l'hypertrophie vasculaire s'ajoutent, dans l'utérus, l'hypertrophie et la prolifération des éléments musculaires (hypertrophie vraie).

A mesure que le fœtus s'accroît, l'utérus se développe et s'élève dans la cavité abdominale dont il refoule le contenu et dont il ne tarde pas à distendre les parois.

Les chiffres suivants donneront une idée synthétique des modifications subies par l'utérus.

Le poids de l'utérus s'élève de 33 grammes à un kilogramme.

La cavité utérine, à la fin de la grossesse, s'est accrue de cinq cent dix-neuf fois son volume normal.

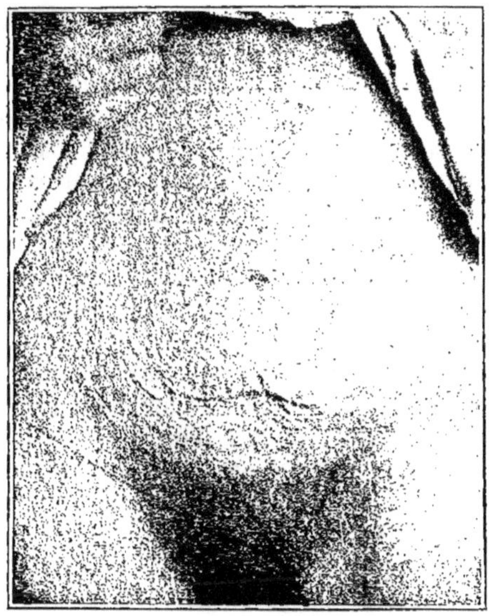

Fig. 93. — Légère dislocation de la sangle. Vergetures.

Inutile d'insister sur la distension et le relâchement de l'appareil ligamenteux.

(b) *Vagin et vulve.* — Les veines des organes génitaux n'ont pas de valvules, ce qui favorise singulièrement les stèses. Les parois du vagin ainsi que la vulve se congestionnent au point de prendre la teinte ardoisée caractéristique. Il n'est pas rare d'y constater des dilatations variqueuses.

La muqueuse vaginale, œdématiée, ramollie, relâchée, tend à prolaber.

Les lèvres subissent des modifications analogues et s'hypertrophient.

(c) *Membres inférieurs et anus.* — La circulation en

retour est entravée ; il en résulte encore des stases, des ectasies veineuses qui peuvent persister (varices et hémorrhoïdes).

(d) *Cœur.* — La suractivité fonctionnelle du cœur occasionne généralement l'hypertrophie du ventricule gauche.

(e) *Corps thyroïde.* — Il peut devenir le siège d'une hypertrophie persistante.

(f) *Rein.* — La congestion et l'hypertrophie des reins est de règle.

(g) *Mamelles.* — Inutile s'insister sur le développement des mamelles et sur la pigmentation de l'aréole, pas plus que sur les autres pigmentations de la peau (ligne brune abdominale, masque de la grossesse).

(h) *Parois abdominales.* — Il est autrement important de s'arrêter aux modifications éprouvées par les parois abdominales. Nous avons vu qu'à l'état normal ces parois constituent une véritable sangle. On peut la comparer aux tissus élastiques dont la trame serait constituée par des fibres textiles inextensibles auxquelles s'entremêleraient des fils de caoutchouc extensibles et rétractiles. Si on exerce sur un tel tissu, une traction modérée, il s'allonge, tout en continuant à faire pression sur le corps qu'il enveloppe et revient sensiblement à sa longueur première lorsque la traction cesse ; mais si l'on exerce une traction exagérée les fils de caoutchouc se brisent ou perdent leur élasticité. Le tissu surdistendu reste avachi et ne peut plus revenir sur lui-même.

Dans la sangle abdominale, les aponévroses et la ligne blanche représentent la trame inextensible, et les muscles le tissu élastique. Or dans la grossesse, « la distension est portée à un degré tel que les parties fibreuses qui entrent dans leur composition et ne jouissent d'aucune élasticité se laissent distendre et même déchirer, d'où résulte une prédisposition malheureuse aux hernies et même aux éventrations ». (Richet. *loc. cit.*). Ces distensions et ces déchirures s'observent particulièrement du côté de la ligne blanche qui offre chez les femmes ayant eu plusieurs enfants « une largeur quelquefois très considérable, même en l'absence de rupture des fibres aponévrotiques et uniquement par le fait d'une distension des tissus albuginés qui la composent et qui *une fois distendus ne sont plus susceptibles de revenir sur eux-mêmes* ». (Id.) D'ailleurs, les ruptures ne sont pas rares et entraînent la formation d'anneaux artificiels, propices à la production des hernies à côté des anneaux naturels : ombilical, inguinal, crural, dont la distension est fréquente.

« Quant aux couches musculaires, elles ne subissent qu'un amincissement momentané et reprennent leur élasticité et épaisseur normales dès que la cause qui avait déterminé la distension a cessé d'agir ». (Id.).

Il importe d'ajouter, néanmoins, que le simple fait de

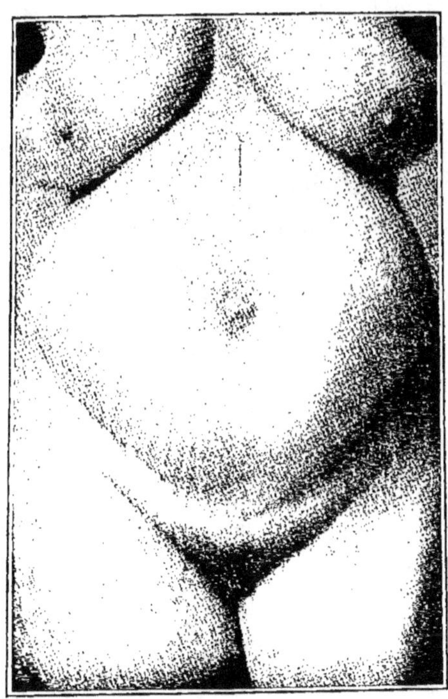

Fig. 94. — Dislocation légère de la sangle abdominale chez une primipare

la surdistension et de la déchirure des lames aponévrotiques qui maintiennent les muscles et du raphé de la ligne blanche, résultant de leur entrecroisement, entraîne nécessairement une diminution considérable de la puissance contractile des muscles. Il se passe, du côté des parois abdominales, quelque chose d'analogue à ce qu'on observe du côté des membres dans le cas des hernies musculaires. D'autre part, quand les grossesses se répètent, les muscles eux-mêmes restent amincis et quand la dénutrition survient il se fait une véritable atrophie musculaire.

Ajoutons que la surdistension, a simultanément retenti d'une part sur la peau et d'autre part sur le péritoine qui a dû suivre les mouvements d'extension de l'utérus et de distension de la paroi abdominale, en glissant, en abandonnant plus ou moins ses rapports normaux et en se relâchant, se distendant lui-même.

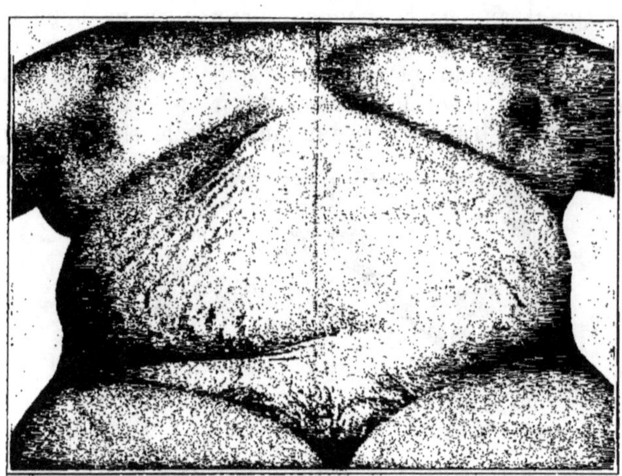

Fig. 95. — Dislocation de la sangle et vergétures avec commencement d'éventration.

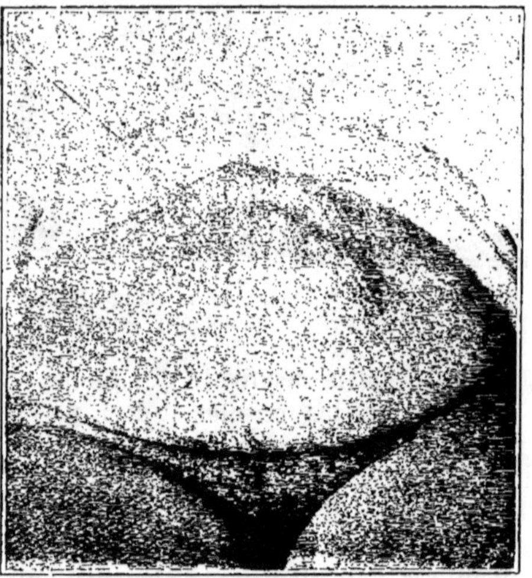

Fig. 96. — Eventration.

En résumé : *la grossesse entraîne la dislocation de la sangle abdominale.*

Le travail de l'accouchement aboutit à l'expulsion du fœtus à travers le col de l'utérus et le canal vagino-vulvaire, au prix d'une distension forcée qui peut aller jusqu'à la déchirure plus ou moins étendue et plus ou moins complète, des orifices du canal musculo-aponévrotique.

Dislocation et affaissement de la sangle abdominale par la grossesse ; dislocation et effondrement du plancher périnéal par l'accouchement ; il n'est pas nécessaire de s'étendre davantage sur la pathogénie des infirmités de la femme-mère.

L'équilibre pelvi-abdominal est rompu, les organes n'étant plus contenus et soutenus, tombent et restent déplacés.

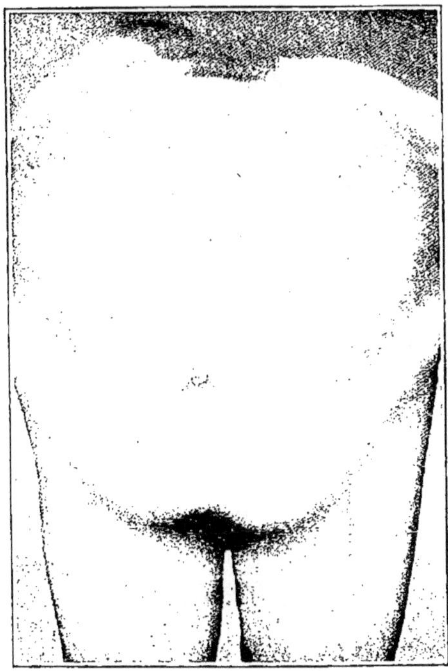

Fig. 97. — Eventration et hernie ombilicale (face).

Ainsi se trouve réalisé l'état d'octasies, de ptoses et d'ectopies dont nous parlions plus haut.

Entrons dans les détails symptomatologiques en étudiant, successivement, l'état des viscères abdominaux et l'état des organes génitaux.

(*a*) *Abdomen*. — Chez les femmes primipares et chez celles qui n'ont eu qu'un petit nombre de grossesses, lorsqu'il existe de l'embonpoint et que la dislocation de la sangle abdominale est peu accentuée, la peau de la paroi peut conserver l'apparence physiologique.

Le tissu adipeux comble et masque l'amincissement, l'atrophie, la faiblesse et le relâchement réels des autres tissus.

Chez les multipares, surtout lorsqu'elles sont amaigries, la peau, réduite à une frêle membrane, est sèche, flasque, ridée et craquelée de vergetures, sur les flancs, dans la région hypogastrique et quelquefois sur les cuisses.

A l'état de repos, dans le décubitus horizontal, le ventre peut être *rétracté en bateau.* La paroi abdominale déprimée Elle déborde dans tous les sens comme l'enveloppe d'une

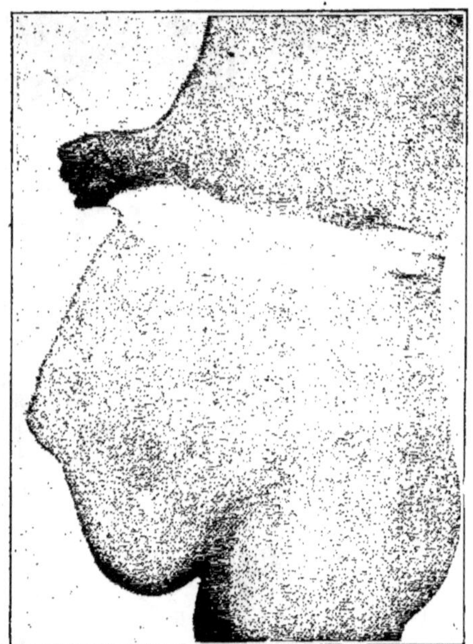

Fig. 98. — Eventration et hernie ombilicale (profil).

poche vide ou plus grande que son contenu. Si on la saisit à pleines mains, sur la ligne médiane, on la soulève sans résistance en un énorme pli qui donne la mesure du relâchement et de l'atonie dont elle est le siège.

Dans la station verticale et au repos, le ventre déformé fait, dans la région hypogastrique, une saillie plus ou moins considérable et retombe en replis étagés plus ou moins bas sur le pubis et sur les cuisses à la manière d'un tablier (fig. 100, 101, 102, 103, 104, 105). La déformation est à son comble lorsqu'il existe des hernies : ventrales, ombilicales, inguinales, ou d'autres régions, et surtout lorsque, la ligne blanche étant rompue et l'écartement des muscles droits porté au maximum, le paquet intestinal vient faire, sous la peau, une saillie de telle importance qu'on peut dire qu'il y a *éventration*.

Au moment de l'effort, surtout lorsque la malade fait un mouvement pour passer de la position couchée à la position assise, le ventre prend l'aspect trilobé, décrit par Malgaigne, sous le nom de *ventre à triple saillie*.

(*b*) *Viscères abdominaux*. — La dislocation de la sangle abdominale, par la grossesse et surtout par les grossesses répétées, est le facteur le plus important de la rupture de l'équilibre viscéral.

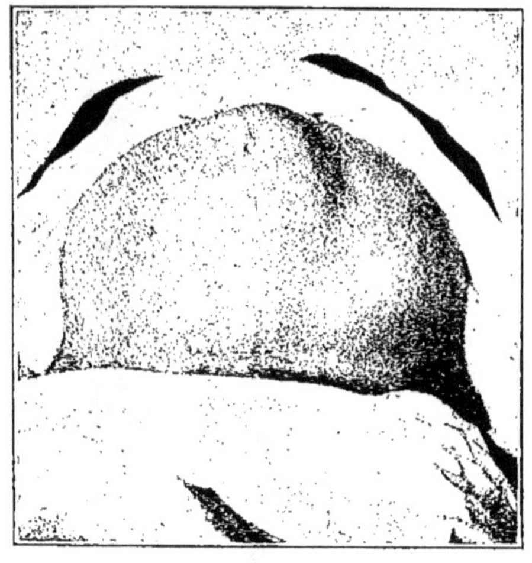

Fig. 99.
Ventre trilobé (ventre à triple saillie de Malgaigne).

Nous verrons, à propos des désordres produits par l'accouchement, du côté des organes génitaux, que l'effondrement du plancher périnéal entraîne généralement le prolapsus de l'utérus, et que cette défaillance de la sangle périnéale s'ajoute à la défaillance de la sangle abdominale pour favoriser les chutes et les déplacements permanents d'organes. D'autres causes accessoires mais très efficientes encore, peuvent concourir au même but : tel, l'*amaigrissement* entraînant la fonte de l'atmosphère adipo-celluleux et des pannicules adipeux qui servent normalement à combler les vides, à rembourrer les espaces et par conséquent à fixer et à soutenir les organes (atmosphère adipo-celluleuse des reins par exemple) : telle la *dénutrition* entraînant l'atrophie et l'atonie des ligaments, des aponévroses et des muscles ; les *troubles de la cir-*

culation, occasionnant les stases, les ectasies vasculaires, l'œdème, l'infiltration, la tuméfaction et le relâchement de tissus ; tel l'*usage antiphysiologique du corset et des cordons de taille*, qui, chez les femmes-mères, joue un rôle d'autant plus pernicieux que la sangle abdominale et la sangle périnéale ne peuvent plus lutter contre la pression que ces liens exercent de *haut en bas* sur les organes.

On comprend facilement que les désordres viscéraux

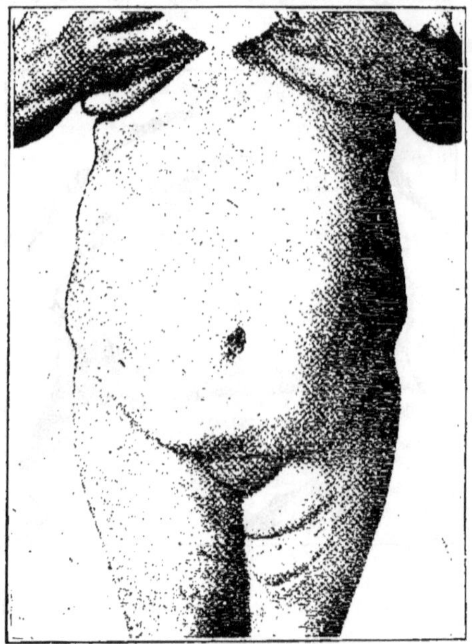

Fig. 100. — Ventre en tablier.

seront d'autant plus accentués et d'autant plus graves que les causes que nous venons d'énumérer seront elles-mêmes plus développées et qu'elles concourront en plus grand nombre au but terminal.

Il n'est pas rare d'observer, chez la même femme, la réunion de toutes les causes et le maximum de tous les désordres.

Considérée dans son ensemble, la perte de l'équilibre viscéral aboutit à la chute de la masse intestinale en bas et en avant.

La pile de *coussins à air* superposés, dont nous avons parlé, s'écroule, laissant en quelque sorte suspendus, dans le vide, les organes qu'elle soutenait, comme l'estomac, le foie, la rate, ou qu'elle contribuait à contenir, comme les reins. Ces organes suivent le mouvement et s'abaissent à leur tour.

Ils s'abaissent, naturellement, avec une facilité d'autant plus grande que leurs moyens de contention propres sont eux-mêmes plus relâchés. C'est ce qui arrive en particulier lorsque le corset a déterminé antérieurement la dislocation verticale de l'estomac, l'abaissement du foie et, par son intermédiaire, du rein, ou lorsque, par

Fig. 101. — Ventre en tablier.

d'autres causes, il existait déjà de la dislocation de l'estomac ou de l'abaissement des reins.

Ces chutes d'organes sont connues sous le nom de *ptose ;* abaissement de l'intestin ; entéroptose ; abaissement de l'estomac : gastroptose ; abaissement du foie : hépatoptose ; abaissement du rein : néphroptose ; abaissement de la rate ; splénoptose. On peut observer plusieurs ptoses chez la même malade.

(c) *Organes génitaux.* — Voyons maintenant les résultats de l'accouchement et de l'effondrement du plancher périnéal.

Chez la femme-mère, même en l'absence de toute déchirure, par suite de l'excessive distension du conduit vulvo-vaginal, au moment de l'expulsion du fœtus, la vulve reste plus ou moins béante (*vulva hians*) par opposition à la vulve fermée (*vulva connivens*) des vierges et nullipares. Le sphincter a été forcé, la muqueuse du vagin s'est relâchée et a perdu sa tonicité. Elle n'a aucune tendance à la réaction. Cette muqueuse fait hernie à l'orifice vulvaire soit en arrière, soit en avant dans toute la périphérie (*descensus vaginæ*).

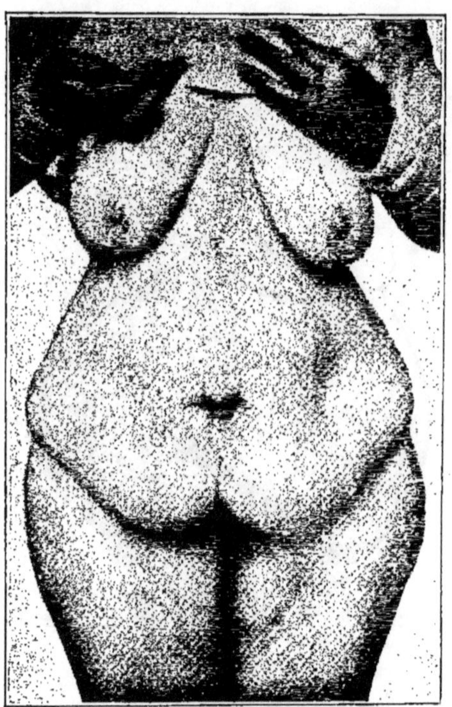

Fig. 102. — Ventre en tablier, relâchement excessif de la sangle abdominale

Plus ordinairement, il existe une déchirure du repli cutanéo-muqueux qui limite en arrière l'orifice de la vulve. (Déchirure de la fourchette n'atteignant pas les sphincters).

Le prolapsus vaginal s'en trouve facilité.

La déchirure peut s'étendre au périnée. On trouve en moyenne des déchirures du périnée chez 15 pour 1000 des femmes-mères.

Ces déchirures sont plus ou moins étendues et plus ou moins profondes.

La béance vulvaire et les déchirures du périnée, limitées au sphincter de l'anus, se compliquent généralement de prolapsus : de l'urèthre (*urèthrocèle*, DUPLAY), de la vessie (*cystocèle*), du rectum (*rectocèle*), isolés ou associés.

En résumé : la muqueuse est relâchée et atone ; les muscles sont forcés, atrophiés ou déchirés ; les aponé-

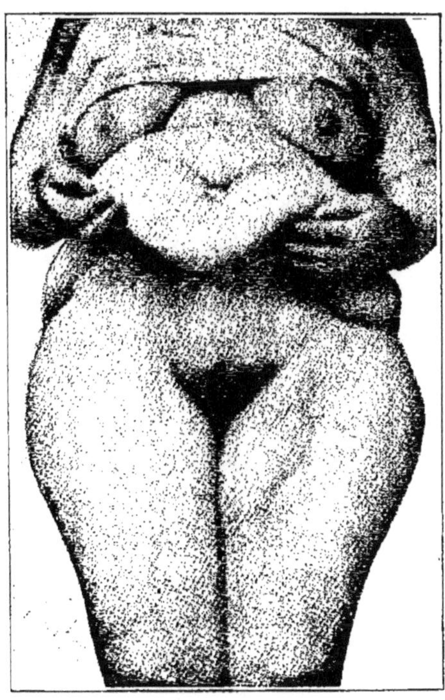

Fig. 103. — La même que précédemment (paroi soulevée)

vroses sont éraillées ou rompues ; le périnée est effondré. Les organes pelviens ne sont plus soutenus ; la vessie et le rectum sont prolabés. L'utérus lui-même est déplacé, parfois abaissé.

L'abaissement est constitué toutes les fois que le col est à moins de six centimètres de la vulve. On considère, pour l'abaissement, trois degrés qui d'ordinaire se succèdent progressivement, à savoir :

1° L'abaissement : le col est encore dans le vagin ; 2° la descente ou procidence, le museau de tanche se présente à la vulve ; 3° la chute ou précipitation : le col et quelquefois le corps ont franchi la vulve, l'organe pend plus ou moins entre les cuisses à la manière d'un battant de cloche. Le vagin s'est retourné en doigt de gant.

Telles sont les conséquences mécaniques de la grossesse et de l'accouchement ; on peut résumer en quelques mots leur enchaînement :

Grossesse : dislocation de la sangle abdominale, ptoses viscérales et plus ordinairement entéroptose et néphroptose droite.

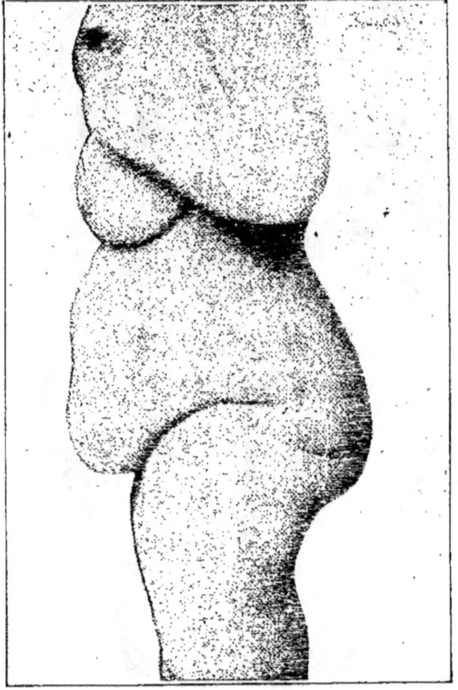

Fig. 104. — La même femme de profil.

Accouchement : effondrement du plancher périnéal prolapsus génital, ordinairement accompagné de prolapsus vésical et rectal.

Nous ne parlons pas des complications provoquées par les infections aiguës ou chroniques, soit par les maladies constitutionnelles soit par des prédispositions nerveuses ou de certaines complications locales.

Il est facile de concevoir le retentissement de ces troubles mécaniques sur les fonctions des organes déplacés et par suite sur l'état général. Ce retentissement est, toutes choses égales d'ailleurs, proportionnel à l'étendue, à la multiplicité et à la gravité des troubles.

Il y a, évidemment, toute une gamme ascendante de souffrances, depuis les malaises tellement légers qu'ils passent à peu près inaperçus et ne sont, en tout cas, généralement pas rattachés à leur véritable cause, jusqu'à la déchéance vitale la plus profonde et la perte en apparence irréparable de la santé.

Il faut tenir compte de la résistance individuelle et de l'état constitutionnel. Mais le principal rôle doit être attribué, d'une part, au nombre des grossesses, d'autre

Fig. 105. — La même femme de profil, paroi soulevé.

part, au volume atteint par l'utérus gravide. Nous voyons des femmes conserver leur sangle abdominale intacte après plusieurs grossesses conduites à terme.

Une de nos malades, mère de trois enfants, est bien remarquable à cet égard. Elle a conservé un ventre de vierge, mais il faut dire que ses enfants étaient tout petits à leur naissance. D'ailleurs, le périnée n'a pas été respecté, et elle a un prolapsus génital fort accentué.

En regard de ce cas, nous signalerons une autre de nos malades qui, à la suite d'une seule grossesse, mais d'une grossesse gémellaire, a eu une dislocation complète de la sangle abdominale.

Pour conclure, il n'est pas rare de voir certaines femmes terrassées par leur première couche et d'autres supporter, sans grands dommages, plusieurs parturitions. Mais, *d'une façon générale, on peut dire que la très grande généralité des femmes-mères présentent à un degré quelconque des troubles attribuables à la maternité.*

Dans les cas légers, si l'on pose à la malade la question: « D'où souffrez-vous ? » Elle répond : « Je ne souffre de nulle part, mais j'ai perdu mes forces. Je m'en vais ».

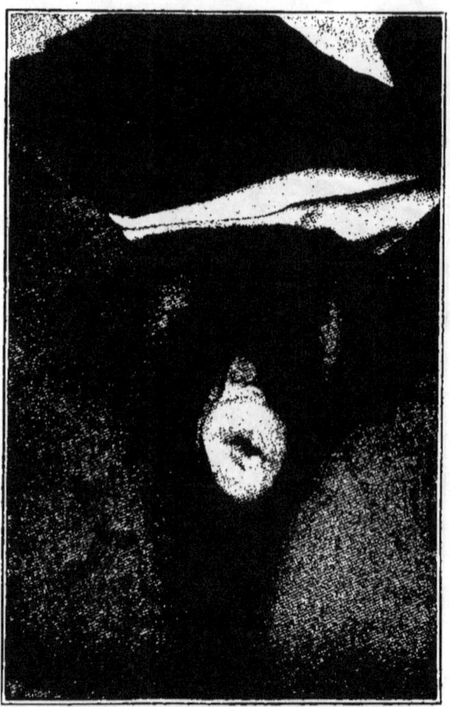

Fig. 106. — Chute de l'utérus.

Ou bien : « Je souffre de partout sans pouvoir préciser en quel point je souffre ».

Si, alors, on procède à un examen méthodique, on trouve isolés ou associés, les désordres mécaniques que nous avons décrits, on observe les symptômes de l'épuisement nerveux, de la *neurasthénie :* maux de tête, insomnie, dépression cérébrale, vertige, asthénie neuro-musculaire avec atonie gastro-intestinale, etc.

La neurasthénie n'est que la conséquence, la totalisation, si l'on veut, des troubles apportés dans le fonctionnement des principaux viscères par les ectasies, les ptoses et les ectopies produites par la maternité.

L'on constate que la plupart des malades deviennent d'une impressionnabilité morbide excessive, que leur sensibilité est exaltée, que leur motilité est au contraire affaiblie et cet affaiblissement prend une place capitale dans les plaintes des malades. Leur lassitude, l'anéantissement de leurs forces en arrivent à un tel degré qu'elles deviennent incapables du moindre effort. Elles sont de suite courbaturées. On comprendra facilement cet anéantissement des forces si l'on pense que dans tout

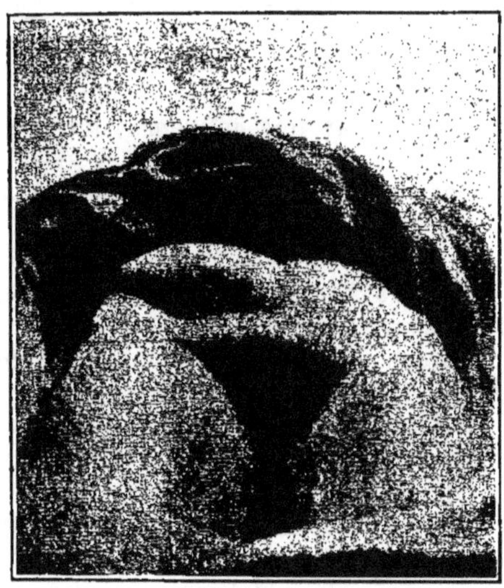

Fig. 106 bis. — Relâchement de la sangle abdominale (néphroptose droite).

effort, le point d'appui se fait sur le thorax et sur l'abdomen. L'effort commence, en effet, par une profonde inspiration qui dilate le thorax et refoule le diaphragme, les sphincters eux-mêmes sont plus ou moins relâchés, Les viscères abdominaux, en état de ptose, n'offrent aucune résistance et se laissent refouler en quelque sorte indéfiniment par le diaphragme qui ne rencontre en définitive que le vide.

Pour le moindre travail musculaire, la malade s'épuise en vain et sent tout défaillir en elle. Quelle que soit l'ampleur de l'inspiration initiale, la fixation du thorax est impossible ; l'inspiration étant toujours insuffisante, la malade est de suite à bout de souffle.

On observe en outre que les fonctions digestives sont profondément troublées, qu'il existe de la dyspepsie flatulente avec constipation opiniâtre et quelquefois avec des alternatives de constipation et de diarrhée (débâcle).

L'appétit peut être conservé, il est souvent perverti.

A tous ces symptômes morbides peuvent s'ajouter les palpitations nerveuses dues au ralentissement des troubles digestifs (dilatation de l'estomac, ballonnement), sur le diaphragme et sur le cœur, ainsi que des troubles du système urinaire et des troubles fonctionnels génitaux.

L'intéressant article d'Aubeau ne prouve pas seulement le rôle très important que joue la grossesse dans l'étiologie de l'entéroptose ainsi que je l'avais avancé en étudiant l'influence du corset sur l'intestin, il permet encore de comprendre de quelle façon le corset peut par sa constriction, agir comme cause adjuvante des ptoses viscérales, comment il peut avoir une influence nuisible sur les organes génitaux et comment sa constriction est d'autant plus dangereuse, qu'elle est produite quand l'utérus est gravide.

« Dans les temps mêmes où l'on faisait le plus grand abus des corsets à baleines, on pensait pourtant qu'ils pouvaient entraver la marche régulière de la grossesse et provoquer l'avortement du fœtus, aussi dès le XVIIIe siècle avait-on fait des corsets qui ne devaient servir que pour les femmes enceintes et d'autres pour les femmes nouvellement accouchées ».

Ambroise Paré avait déjà parlé de « ces choses qui compriment le ventre de la mère comme font les buscs et choses semblables qui empêchent que l'enfant ne peut prendre croissance naturelle de sorte que les mères avortent ».

Bouvier qui en maints passages de son œuvre a souvent pris la défense du corset en condamne l'usage pendant la gestation. Il est prudent, dit-il, pendant la grossesse de supprimer le corset ou tout au moins de le réduire à sa plus simple expression. On prend des précautions analogues à la suite des couches et pendant la lactation.

Le docteur Cazeaux range aussi parmi les causes d'avortement la compression que certaines femmes exercent sur le bas-ventre au moyen du corset.

Le Dr Penard dans son *Guide pratique de l'accouchement* dit qu'un corset trop serré embrassant tout le ventre gêne nécessairement le libre développement de l'utérus et « à un moment donné cet organe se révolte contre cette pression, entre en contraction prématurée, décolle l'œuf et l'expulse ».

Le Dr Charpentier, ainsi que Tarnier rangent le corset parmi les causes qui entravent la marche régulière d'une grossesse. Dareste et Cruveilhier l'accusent de provoquer l'hydramnios.

Dans le *Traité d'obstétrique* de MM. Ribemont et Lepage, on lit : la conformation du bassin, la compression exercée par le corset sur le paquet intestinal sont autant de causes qui modifient la situation de l'utérus pendant les deux premiers mois de la gestation.

C'est surtout chez les filles mères que l'abus du corset est la cause de fréquents avortements, des accouchements prématurés ou de la venue de produits non viables ou de nouveaux-nés chétifs.

Gerdy n'a-t-il pas cité l'observation d'une actrice de l'Odéon qui afin de pouvoir dissimuler son état se faisait serrer à l'excès. Un soir avant d'entrer en scène elle se fit sangler avec tant de violence qu'elle mourut.

« L'avortement par constriction du corset est une éventualité bien connue et il n'est pas une jeune fille mise à mal qui n'en fasse l'essai dès les premiers indices de la grossesse, dès le premier coup de talon ».

La statistique démontre que les enfants légitimes de 0 à 1 an meurent moins que les illégitimes ; après le premier mois la mortalité des illégitimes décroît à la ville où avec plus de lumière on pardonne à la fille-mère et où on lui vient en aide, tandis qu'elle continue à la campagne où l'on est intolérant, où l'on repousse la prétendue coupable.

Ces pauvres êtres dans l'état social actuel doivent non seulement supporter toutes les charges physiques, tous les malaises auxquels la grossesse les expose mais encore l'opinion les persécute, les condamne sans s'occuper de la culpabilité commune ou souvent de celle beaucoup plus grave du père de l'enfant. Il n'y a rien d'étonnant que ces filles-mères cachent leur grossesse ; les unes sans idées criminelles se serrent le plus possible, les autres cherchent tous les moyens pour faire avorter « le fruit illégitimement conçu » (Dr Tylicka).

Une observation rapportée par Delisle dans son travail *Sur l'emploi des corsets* montre que quoique l'abus du corset par la femme enceinte puisse lui permettre d'aller près du terme, néanmoins elle s'expose aux complications post-puerpérales très graves et l'enfant meurt peu de temps après.

Je crois intéressant de rapporter cette observation : une fille de 22 ans parvenue à terme sans que les personnes chez qui elle était en service s'en fussent aperques tant elle avait eu soin de serrer l'abdomen avec un corset fortement baleiné et muni d'un busc en acier extrêmement résistant et de plus d'une ceinture également très serré et très large, arriva à l'hôpital, elle se plaignait de douleurs tellement fortes qu'on la fit monter de suite dans les salles : parvenue en haut de l'escalier, quelques liens de son corset se brisèrent et son ventre devint subitement volumineux et à peine avait-elle fait quelques pas que son enfant tomba sur le parquet. Le cordon était rompu près de l'ombilic. La femme succomba de péritonite le 7e jour.

Cette action funeste du corset sur la femme arrivée au terme de sa gestation se fait sentir aussi, bien qu'à un degré moindre, chez la femme enceinte aux premiers mois de sa grossesse.

Au commencement de celle-ci, l'usage et d'autant plus l'abus du corset augmentent les symptômes d'incertitude (vomissements, troubles digestifs, etc) ; la compression exagérée sur l'abdomen commence déjà dans les premiers mois de la gestation à s'opposer mécaniquement au développement normal de l'utérus (Charpentier, Ribemont-Dessaigne).

Plus la grossesse avance plus augmentent les dangers d'un corset même peu serré.

Au 5e mois de la gestation, dit Mme Tylicka, l'utérus refoule l'intestin par en haut et atteint l'ombilic dans l'état de liberté de l'obdomen, mais la malencontreuse pression du corset sur la partie supérieure de l'abdomen ne sera-t-elle pas là pour l'arrêter ? Surtout lorsque cette compression est consciencieusement exagérée ; on verra alors se produire ce qui se passe lorsque l'utérus a perdu sa faculté de distension, c'est l'avortement. Peut-être, au milieu des troubles graves de la respiration et de la circulation, la grossesse atteindra une époque plus avancée et si la femme n'a pas l'intelligence de supprimer la gêne dans ses vêtements l'utérus se contractera prématurément et par le décollement de l'œuf elle va faire l'accouchement prématuré donnant à l'humanité l'enfant non viable ou toujours chétif. Si les filles-mères font abus du corset étant victimes de l'état social actuel, les femmes mariées n'ont pas toujours assez de sens pour renoncer tout à fait à ce gênant instrument pendant la grossesse, bien que leur taille augmente chaque jour, malgré qu'elles soient contentes d'être bientôt mères. En France cette coutume est très développée ; dans les cliniques, dans la rue, partout nous rencontrons des femmes enceintes armées de leur corset ; même à la campagne, près d'Etampes, nous avons vu une femme qui jusqu'au dernier jour de sa grossesse porta le corset, travaillant avec aux champs et trayant ses vaches ; elle accoucha d'un garçon très petit et peu musclé (Dr Tylicka).

Je ne crois pas qu'il y ait lieu de rien ajouter à toutes ces opinions que je viens de rapporter et qui sont à mon avis aussi concordantes que justes. On peut les résumer en ces mots : l'usage du corset est très dangereux pour la femme enceinte.

Est-ce à dire que la femme ne doit plus porter de corset à partir du jour où elle a des raisons de se croire enceinte ? Non certainement d'une façon absolue ; mais, si l'on considère que la femme est, de tous les mammifères,

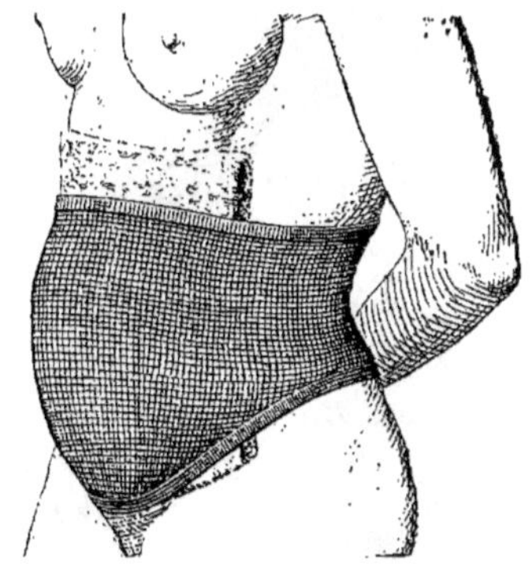

Fig. 107. — Ceinture abdominale, par Lacroix

celui chez lequel, par suite de la station bipède — station acquise pour certains — les descentes, les ptoses d'organes sont les plus fréquentes, et si l'on pense aussi que l'on ne peut, surtout à la première grossesse, affirmer que telle femme est plus encline qu'une autre à une fausse couche, il faut user de beaucoup de prudence au début de la grossesse, alors que les connexions de l'œuf avec l'utérus sont peu solides, il faut éviter toutes les causes d'accouchement prématuré, d'avortement, au nombre desquelles on doit compter la constriction de la taille par un corset serré, et porter un corset qui ne puisse blesser en aucun point et en aucune manière la femme qui le porte.

Avec l'évolution de la grossesse, les précautions deviendront de plus en plus attentives, et l'emploi d'un corset spécial sera bientôt nécessaire pour soutenir et renforcer la paroi abdominale, soumise à une très importante pression.

Il existe de nombreux modèles de ces corsets spéciaux, dits de grossesse, et j'en ai reproduit différents types dans le *Tome I* de cet ouvrage. Le corset de grossesse peut être disposé pour soutenir à la fois les seins et l'abdomen ; certains appareils, au contraire, sont divisés en deux parties : l'une, soutien thoracique ; l'autre, soutien abdominal.

Dans les cas graves, où un corset abdominal spécial ne suffit pas à soutenir le ventre, il faut recourir à des appareils plus encombrants, tels que les bandages herniaires,

Fig. 107 bis. — Ceinture pelvienne (brevetée) par A. Claverie

les grandes ceintures à plaque compressive en cuir moulé, la ceinture abdominale pour éventration, etc.

Ce n'est pas seulement pendant le cours de la grossesse, mais encore après la délivrance, et surtout lorsqu'il s'agit d'une multipare, qu'il y a lieu d'éviter l'usage maladroit du corset ; « pendant et après la grossesse et surtout après des grossesses répétées, les organes génitaux sont encore dans un état de turgescence physiologique et l'usage et surtout l'abus du corset peut provoquer le prolapsus ou la bascule de l'utérus, changer ses rapports et déterminer une antéversion ou une rétroversion, cause mécanique de stérilité de la femme. »

Ce que j'ai dit antérieurement de l'influence du corset sur les viscères abdominaux explique comment, après l'accouchement, ces viscères privés brusquement de leur soutien et ne trouvant devant eux qu'une paroi relâchée peuvent se ptoser ; il y a donc lieu, après la grossesse, tant pour l'utérus délivré de son produit que pour les autres viscères, de soutenir l'abdomen à sa région inférieure et de ne pas le comprimer au niveau de la taille.

« Après l'accouchement il faut, surtout pendant les premières semaines, maintenir la paroi abdominale à l'aide

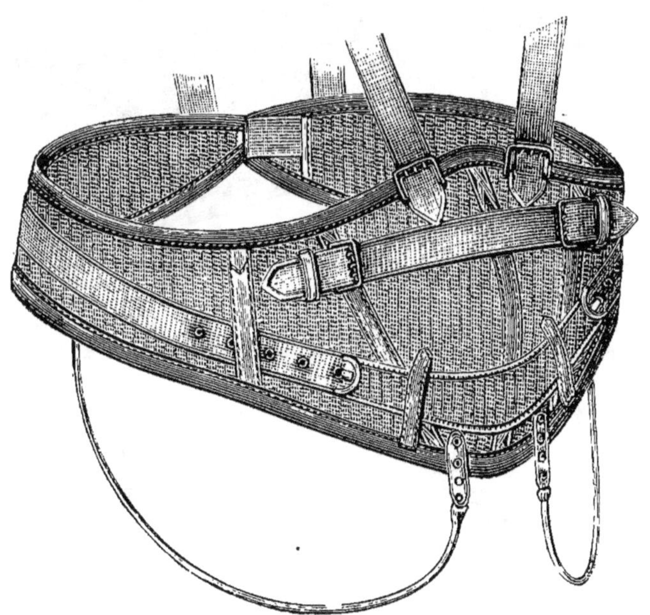

Fig. 108. — Ceinture abdominale pour éventration complète. Appareil Claverie

de vêtements serrés, jusqu'à ce qu'elle ait pleinement retrouvé son élasticité ».

La gurita des Indiennes, ou ceinture, faite de deux bandes de toile rectangulaires cousues l'une à l'autre par leur milieu, maintient fort bien l'abdomen des accouchées. La bande intérieure est fortement serrée autour du corps, tandis que la bande extérieure découpée en cinq ou six lanières dont le serrage est indépendant et réglable à volonté vient compléter la compression de la première bande.

Quant à l'action du corset sur la matrice en dehors de

l'état de grossesse, je ne la crois dangereuse que lorsque le paquet viscéral est fortement comprimé, que lorsqu'il y a vraiment abus dans la constriction ou port d'un cor-

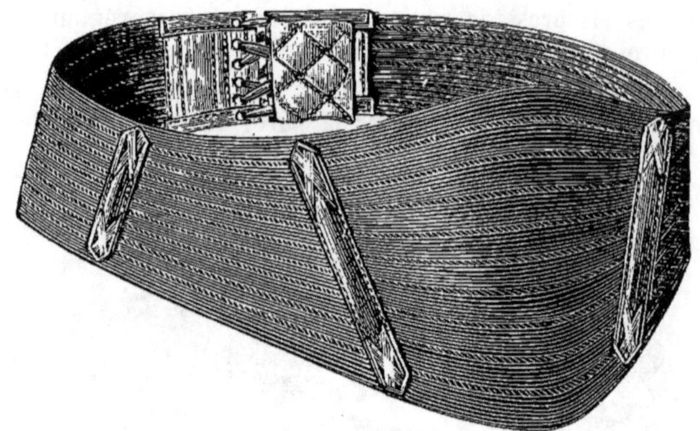

Fig. 109. — Ceinture abdominale, par Claverie

set vraiment défectueux. La constriction sera plus dangereuse à l'époque des règles, et on peut alors admettre que le corset puisse gêner la menstruation et provoquer

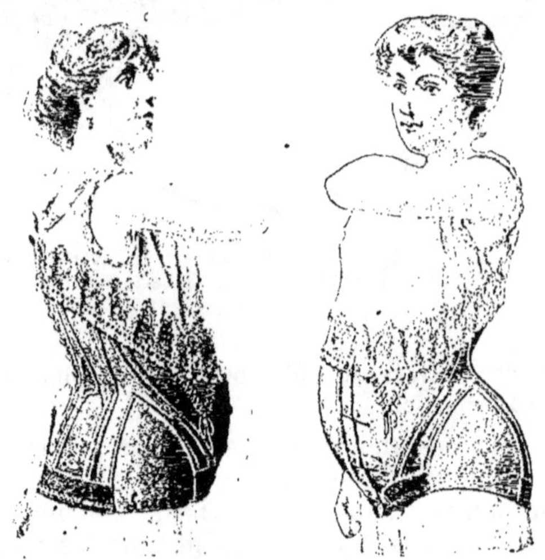

Fig. 110. — Corset-ceinture du Dr Olivier, par Lacroix

de la dysménorrhée, l'utérus étant congestionné et plus sensible ; encore ne s'agit-il là que de cas tout particuliers.

CHAPITRE XI

D'une façon générale l'étude que je viens de faire dans les chapitres précédents de l'action du corset sur les viscères visait plus spécialement l'influence de ce vêtement sur les organes de la femme ; avant de pousser plus loin mes recherches et d'examiner si la femme doit ou non porter un corset, de rechercher pourquoi la femme veut

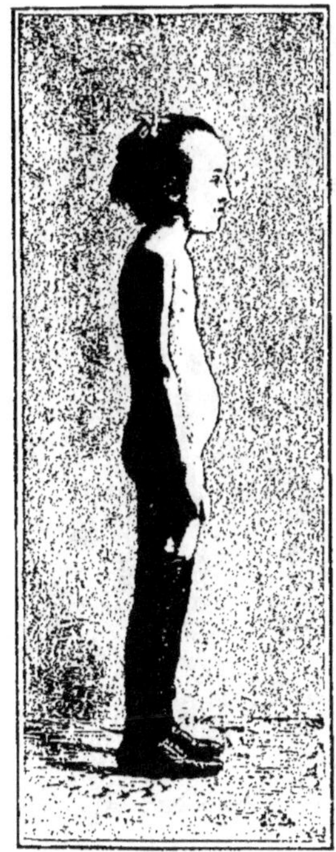

Fig. 111. — Enfant de 9 ans

porter un corset, de déterminer les règles suivant lesquelles la femme doit faire exécuter un corset, de préciser comment la femme doit placer son corset, je veux dire quelques mots de ce vêtement chez la fillette et chez la jeune fille ce qui me permettra en même temps d'aborder l'étude de l'influence du corset sur les muscles.

Il y a lieu en effet d'indiquer quel doit être le corset suivant l'âge de la personne qui le revêt.

Pour le nouveau-né, lorsque devenu plus grand, on renonce à l'emmailloter, le costume de l'enfant, du moins d'après les usages de notre pays comprend parmi les diverses pièces qui le composent un corset fréquemment désigné sous le nom de brassière. Il est constitué par une bande d'étoffe forte et piquée, dont les extrémités sont réunies par un laçage; des épaulettes fixent le corset, au bord inférieur duquel des cordons et des boutons permettent de fixer les bas et la culotte. Cette brassière, bien qu'elle puisse être employée comme une protection contre le froid, doit surtout être considérée comme un moyen de soutien des autres parties du costume.

Fig. 112. — Enfant de neuf ans avec un corset abdominal type Gachs-Sarraute

N'est-il pas inutile d'ajouter que non seulement ce corset ne doit jamais être serré, mais que même il ne doit pas être ajusté au plus près ; rien chez le nouveau-né et à quelque degré que ce soit, ne doit apporter une entrave à la libre circulation du sang et à la libre exécution des mouvements ; je l'ai du reste démontré dans diverses communications tant à la Société Française d'Hygiène, qu'à la Société d'Hygiène de l'Enfance.

Chez l'enfant, pour laisser toute latitude au développement du squelette, au fonctionnement des viscères thoraciques et abdominaux et pour prévenir les attitudes vicieuses du tronc ,il y a intérêt à dégager la partie supérieure du corps de tout vêtement rigide à forme déterminée, quelle que soit cette forme. L'enfant se développera d'autant plus facilement que son action musculaire sera plus énergique, ses mouvements plus fréquents et plus variés. Il faut donc pour favoriser la variété, et l'amplitude des mouvements, débarrasser le haut du thorax de toute entrave. (Dr Gaches-Sarraute).

Fig. 113. — Enfant de neuf ans avec une brassière ordinaire.

« Il ne semble pas que cette opinion ait prévalu jusqu'à ce jour, et bien des fillettes se tenant mal, ayant les omoplates saillantes, le buste incurvé, manquant en un mot d'énergie et de force, sont munies de corsets dits de maintien. Ces corsets emboîtant la région dorsale tout entière sont complétés par des bretelles qui entourent l'articulation scapulo-humérale dans le dessein de l'attirer en arrière. En avant, ils sont formés d'une surface placée sur le haut du thorax. L'ensemble du système tend à immobiliser le buste pour le redresser. Le moyen me semble illogique, au moins dans tous les cas où il n'existe point de lésions anatomiques. J'estime en principe qu'il est de beaucoup préférable de favoriser la liberté complète des mouvements, c'est ce qu'on cherche d'ailleurs par la pratique des exercices de gymnastique. L'enfant se tient mal parce que ses épaules sont lourdes à porter, parce que l'effort qu'il doit faire pour se redresser le fatigue ; ses muscles n'ont pas l'énergie nécessaire pour le maintenir, sa nutrition suffit à peine à son développement et il se laisse tomber en avant. Ce corset de maintien qui embrasse son dos et ses épaules, l'empêche de se redresser et ne fait qu'augmenter le poids dont il est chargé. Les bretelles tirent l'articulation en arrière, mais la colonne vertébrale ne se redresse pas sous leur effort, elle prend une position spéciale, absolument anormale, et qui persiste même après l'enlèvement de l'appareil. En un mot *le corset dépassant une certaine hauteur surtout lorsqu'il est muni de bretelles, ne soutient pas la colonne vertébrale, il pèse sur elle* ; et si les attitudes vicieuses sont plus fréquentes chez les fillettes que chez les garçons, c'est à ce dispositif mal entendu qu'il faut l'attribuer ».

Il ne faut pas aux jeunes gens de vêtements compresseurs ; chez les jeunes filles, le corset est l'agent de toutes les déviations, parce qu'il détruit l'équilibre musculaire d'une colonne vertébrale particulièrement mobile chez la femme, et riche en substance cartilagineuse, donc relativement molle ; de plus, le bassin, de douze à dix-huit ans, gagne 3 centimètres en largeur, s'il n'est pas comprimé : et cependant toutes les jeunes filles portent des corsets. (Dr Ch. Maréchal).

Mme Gaches-Sarraute, à l'amabilité de laquelle je dois les fig. 111, 112, 113, 114 et 115 affirme, d'autre part, que pour favoriser le redressement et le maintien du buste chez l'enfant, il faut fournir un appui seulement aux vertèbres lombaires. Sous l'influence de cet appui même très léger, combiné avec une pression s'appliquant très bas, en avant, le haut du corps se redresse immédiatement, le thorax bombe, les épaules s'effacent, l'enfant se trouve allégé de tout le poids de son buste.

J'ai eu maintes fois, ajoute-t-elle, l'occasion de réaliser cette expérience sur des fillettes se présentant dans les conditions décrites, je faisais couper les bretelles et descendre le corset vers le bassin ; aussitôt, la nature reprenant ses droits, le buste se plaçait dans l'extension. C'est ainsi que j'ai pu réunir un certain nombre d'observations dans lesquelles le corset abdominal a certainement favorisé le développement général des enfants et corrigé très rapidement leurs mauvaises attitudes.

J'ai voulu mettre ces résultats en évidence à l'aide de données précises. Sur des sujets successivement revêtus d'un corset thoracique, puis d'un corset abdominal j'ai pris des mensurations, en avant, de la base du sternum jusqu'à terre et en arrière de la septième vertèbre cervicale jusqu'à terre, et toujours dans le second cas, je

Fig. 111. — Fillette de douze ans avec une brassière

constatai une augmentation de 4 centimètres au moins à la région antérieure du corps. C'est-à-dire que si avec leur corset thoracique ou leur corset de maintien des jeunes sujets mesuraient par exemple 1 m. 54 en avant et 1 m. 58 en arrière, en faisant descendre l'appareil sur le bassin, en dégageant les épaules et la cage thoracique, la différence se présentait en sens inverse, je trouvais 1 m. 58 en avant et 1 m. 54 en arrière. Ces chiffres sont pris au hasard, mais les différences constatées atteignent les proportions indiquées. Dans le sens horizontal les mensurations donnent des indications concordantes : sous l'influence du dégagement complet du buste, les dimensions de la région thoracique antérieure augmentent aux dépens de la région dorsale qui s'efface. Il est donc certain que le corset bien fait, placé au-dessous de la ligne de flexion ou d'extension générale du corps, favorise l'amplitude des mouvements et permet aux fillettes de se développer aussi vigoureusement que les garçons de même âge.

J'ai, pour ma part, fait souvent des observations analogues, que de fois j'ai vu des corsets à épaulettes mis aux jeunes filles pour les rendre droites et que de fois même j'ai vu à ces corsets s'ajouter des systèmes plus ou moins compliqués dits redresseurs.

Bien plus souvent encore, j'ai, en faisant dévêtir de jeunes clientes, constaté que le bord supérieur de leurs corsets atteignait en arrière le niveau de l'épine de l'omoplate. Et toujours la mère de répondre à mes interrogations que ce corset, monumental pour la fillette ou la jeune fille qui le portait, était ainsi fait volontairement dans le but de repousser la saillie des omoplates et d'éviter le dos rond. J'ajoute que presque toujours le bord inférieur de ces mêmes corsets était situé au-dessus de la crête iliaque des os du bassin.

Dans ce cas, et quand je m'adresse à une maman qui est de bonne foi et veut bien accepter un conseil — car combien souvent un malade vient demander au médecin un avis avec l'intention bien ferme de ne suivre cet avis que s'il lui est agréable — quand donc, dis-je, j'ai à faire à une cliente qui ne demande qu'à être convaincue, je fais avec un crayon un trait sur la partie supérieure du corset, indiquant que tout ce qui est au-dessus de ce trait doit être supprimé, je fais en outre délacer le corset et porter à deux ou trois œillets plus bas le niveau des points où les cordons se tirent pour rapprocher les deux pièces du corset ; puis celui-ci étant descendu sur le bassin, j'indique qu'il faut ajouter à la partie inférieure du corset, une bande qui le rallonge, et à cette bande alors seront fixées les jarretelles.

Quand je revois ma jeune patiente avec son corset ainsi modifié, avec son corset mal fait antérieurement et ultérieurement retouché à peu près, soit par la corsetière soit par la mère elle-même, bien qu'il s'agisse alors d'un corset qui n'ait pas été fait sur mesure et d'après des données fixées à l'avance, et qui par conséquent ne saurait aller aussi bien qu'un corset court et abdominal fait spécialement pour le sujet à qui il était destiné, malgré cela, dis-je, le résultat est immédiat et démonstratif. L'enfant se tient plus facilement droite. Avec quelques mois d'exercices physiques, on a tôt fait de ramener dans la rectitude ce dos légèrement voûté, d'élargir ce thorax rétréci,

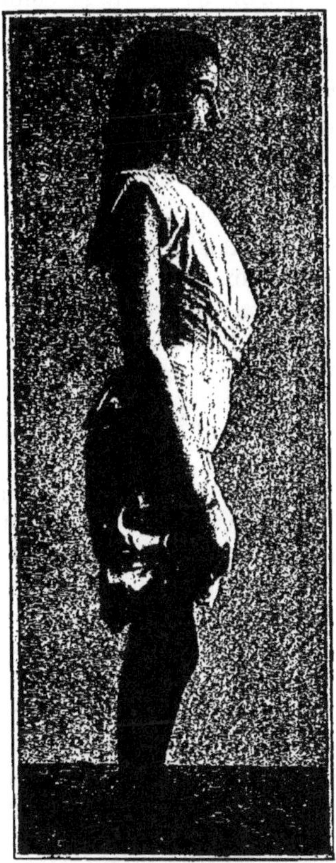

Fig. 115. — La même avec le corset Gaches-Sarraute

en un mot de modifier et d'embellir la partie supérieure du tronc qui ne demandait pour prospérer que d'être laissée libre de toute entrave.

Et il m'apparaît qu'une autre démonstration de ces phénomènes observées chez les jeunes filles portant un corset trop haut et trop serré, puis libérées de leur prison, peut être donnée par un autre exemple. J'estime, ai-je écrit plus haut, que le meilleur redresseur de la colonne vertébrale, ce sont les muscles, j'ajoute que tout muscle qui est comprimé et gêné dans son fonctionnement travaille mal.

Dans une série d'articles que j'ai publiés il y a une douzaine d'années sur la physiologie musculaire du cycliste, j'ai étudié la question du dos rond et j'ai refuté l'argument le plus souvent élevé contre le cyclisme, à savoir que cet exercice sportif déformait la colonne vertébrale et faisait des bossus.

Or, lorsqu'un squelette sain offre aux muscles un point d'appui solide, l'attitude du cycliste courbé momentanément sur sa machine excite la contraction des muscles du dos ; rien ne vient empêcher le travail de ceux-ci ils réagissent vigoureusement et redressent fortement l'épine dorsale quand le cycliste est debout.

A cette occasion, je citais même un mot de mon maître le Dr. J. Lucas-Championnière : Voyez un tel (et il nommait Medinger un des grands champions cyclistes de l'époque) est-il, quand il emballe, coureur plus penché sur son guidon ; mais le poteau est passé, l'homme se relève, descend de machine et les épaules sont parfaitement effacées, le dos admirablement droit, car sa musculature est parfaite. De même chez les fillettes et chez les jeunes filles, provoquez par l'exercice modéré et bien compris le travail de leurs membres, n'apportez en outre aucune entrave à la contraction musculaire et vous verrez le buste de vos enfants se développer d'une façon rationnelle qui sera bien autrement l'expression du beau qu'une poitrine étriquée, qu'un thorax rétréci.

Les plus grands dangers viennent en premier lieu de ce que souvent on fait porter aux jeunes filles un corset beaucoup trop tôt et plus tard beaucoup trop serré.

C'est un non sens ; ce n'est pas au moment où les organes prennent leur essor, qu'on doit les comprimer outre mesure et prêter la main à la chlorose en provoquant des troubles dyspeptiques (Dr Chapotot) et en enfermant le poumon dans une loge trop étroite pour que la capacité respiratoire soit normale. Et il faut ajouter encore, et j'y insiste, que non seulement le corset peut être très dangereux pour la santé des jeunes filles mais encore qu'il peut les empêcher d'atteindre une beauté de formes et une aisance de mouvements qu'une femme doit ambitionner.

Si on examine un buste nu normal, écrit Mme le Dr Gaches Sarraute, on constate qu'il est formé de deux cavités osseuses, cage thoracique et bassin reliées entre elles par la colonne vertébrale en arrière. Ces deux cavités ne sont pas fixes l'une par rapport à l'autre, elles peuvent s'éloigner ou se rapprocher en avant et sur les côtés, en raison de la flexibilité de la colonne vertébrale.

La position qui correspond à la situation normale de cet axe à l'état de repos est une position d'équlibre inégalement éloignée des positions extrêmes, c'est-à-dire que

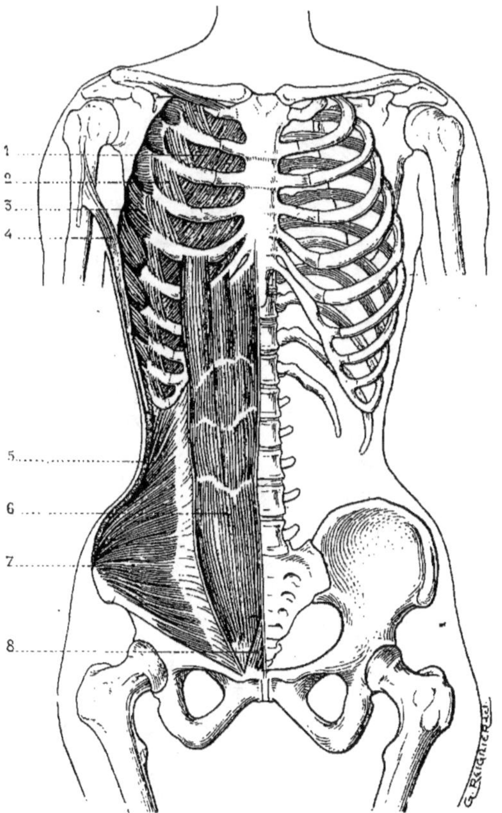

Fig. 116. — Muscles de la face antérieure du tronc

le mouvement de flexion est très étendu, tandis que le mouvement d'extension ou de redressement est variable suivant les sujets, mais toujours beaucoup plus limité La souplesse qui résulte de cette mobilité correspond à des besoins physiologiques et constitue de plus un élément de beauté très apprécié.

Les muscles unissant ces deux cavités s'étendent de l'une à l'autre en affectant en avant une direction verticale et parallèle, « muscles droits » ; sur les côtés, ils suivent les inflexions osseuses, sont dirigés obliquement et s'entre croisent entre eux. Il en résulte que la paroi antérieure du buste, peut être considérée comme une ligne droite, tandis que les parois latérales présentent une ligne sinueuse avec une dépression très marquée au dessus des crêtes iliaques, chez la femme. Enfin la paroi posté-

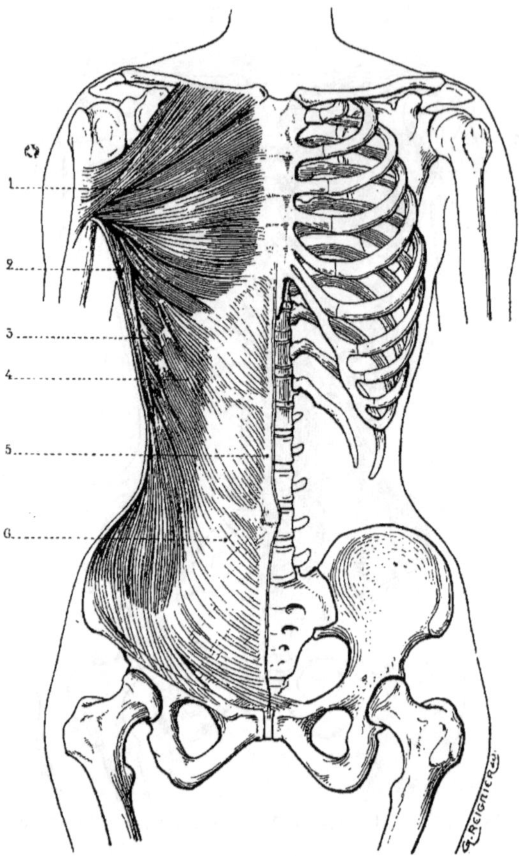

Fig. 117. — Mucles de la face postérieure du tronc

rieure, à peu près verticale dans les deux tiers de son étendue, forme, au niveau de la région lombaire, un angle ouvert en dehors.

Examinons en détail cette action du corset sur les muscles. 1° En avant : si on applique sur ce buste le corset que portent les femmes actuellement on constate tout d'abord que la paroi antérieure du corps, forcée de suivre la forme de ce vêtement, se rapproche de la colonne vertébrale à mesure qu'on descend du sternum à la taille, puis s'écarte de nouveau en formant un angle obtus ouvert en avant.

Le corset, dès qu'il est appliqué, produit donc la déformation de cette région ; de plus en substituant à la ligne droite une ligne brisée, en vertu du théorème géométrique qui veut que la ligne droite pour se rendre d'un point à un autre soit le plus court chemin, il détermine l'incurvation du buste en avant. Il se passe là le même fait que celui de l'arc qu'on viendrait à tendre et dont les extrémités se rapprocheraient. L'action du corset à ce niveau est complexe d'ailleurs, car il a également pour effet de gêner le redressement du corps.

Les mouvements d'extension du buste sont rendus possibles par l'extensibilité des muscles droits qui permettent à celui-ci de suivre les mouvements de la colonne vertébrale. Si les muscles ne possédaient pas d'élasticité, l'écartement entre les deux cavités osseuses serait fixe, le renversement en arrière ne pourrait s'effectuer.

Lorsque le corset est appliqué, la compression transversale qu'il exerce au niveau de l'épigastre fixe toute la portion des muscles située au dessous de la taille et diminue leur contractilité. L'action des muscles droits se trouve donc réduite à la partie comprise entre la taille et le sternum c'est-à-dire de moitié.

Or, toute cette portion est comprimée concentriquement par le corset.

La portion de ces muscles située au dessous de la taille devient passive et subit les fluctuations que lui impriment les viscères, on peut conclure de ce fait que l'action tout entière des muscles droits est annihilée.

Si donc la femme corsetée veut se redresser elle ne pourra le faire qu'à la condition que son buste suive tout entier le mouvement. Cette expérience est facile à réaliser. Examinons une femme ayant les bras en l'air, une femme qui se peigne avec ou sans corset.

Lorsqu'elle n'a pas de corset vous verrez que le bassin reste fixe et fournit un point d'appui au thorax qui se redresse sous l'action intégrale de la colonne vertébrale et des muscles dorso-lombaires : avec le corset au contraire, pour obtenir le même redressement, il faut mobiliser le bassin lui-même qui suit alors les mouvements du thorax.

Le mouvement d'extension du buste, au lieu d'être dû au mouvement d'extension de la portion de la colonne vertébrale située entre les fausses côtes et le sacrum est effectué par l'extension de l'articulation coxo-fémorale. La colonne vertébrale reste rigide, elle n'y participe pas.

Donc le seul fait de changer la forme de la paroi antérieure du corps a pour résultat apparent d'incurver le buste, d'en gêner le redressement, de l'immobiliser et de favoriser la propulsion en avant de la masse intestinale ;

2° En arrière : le corset est généralement formé en

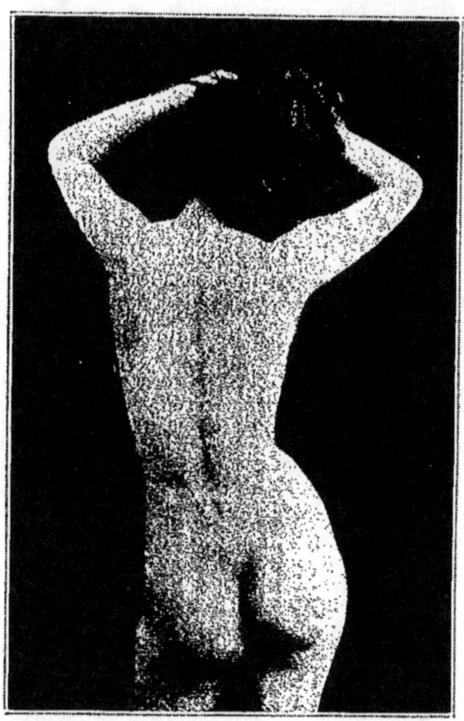

Fig. 118. — Dos d'une Parisienne aplati par l'usage d'un corset trop serré.

arrière par une surface plane, très étendue de haut en bas, destinée à appuyer sur la partie postérieure du thorax pour en diminuer autant que possible la largeur, et atténuer la saillie des omoplates.

Le rétrécissement du thorax n'est pas difficile à obtenir, il n'y a qu'à le comprimer, mais pour obtenir l'effacement ce n'est pas par ce moyen qu'on y peut parvenir. En comprimant les muscles on les atrophie et comme ils ont pour fonction le redressement de la colonne vertébrale et l'accolement de l'omoplate sur le thorax, s'ils sont gênés, c'est-à-dire paralysés artificiellement, les saillies osseuses s'accentuent. Cette loi est connue en physiologie. L'action du corset en arrière s'ajoute donc à l'action précédente. En diminuant l'action des muscles dorsaux, il gêne le redressement du buste. La partie postérieure du dos s'allonge en s'incurvant au détriment de la paroi antérieure qui se raccourcit. Cet allongement se produit en opposition avec ce qui se passe en avant, par l'agrandissement de l'angle sacro-lombaire ;

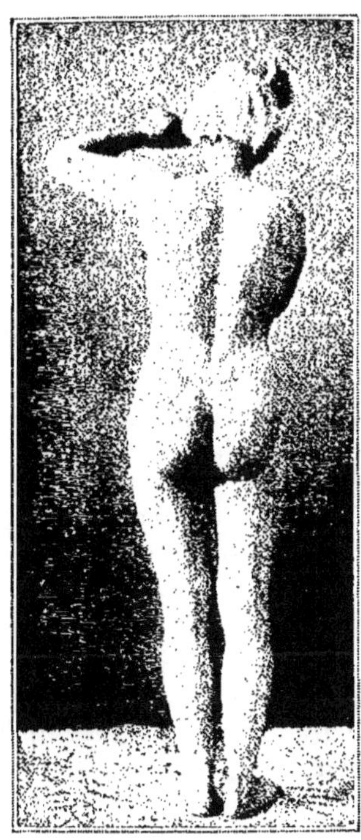

Fig. 119. — Dos d'une jeune fille de Scheveningen. Configuration normale des fossettes lombaires (Dr Stratz).

3° Sur les côtés : à l'état normal, la cage thoracique sur les côtés, se rapproche facilement de la hanche sous l'influence des mouvements de latéralité de la colonne vertébrale. Avec le corset ce rapprochement est impossible.

Les deux cavités osseuses sont maintenues à une distance fixe l'une de l'autre par les armatures rigides et verticales qui composent le corset. Celui-ci prend un point d'appui sur les côtés et sur les crêtes iliaques et s'étend de l'une à l'autre à la façon d'une attelle qui les fixerait des deux côtés.

Cette disposition qui n'est pas en rapport avec la forme du corps humain, diminue la flexion latérale en même temps que la dépression naturelle qui existe à ce niveau. La taille se trouve donc épaissie artificiellement et c'est pour en retrouver la finesse qu'on cintre le corset en avant et on le cintre à tel point que les femmes peuvent bien l'agrafer en haut et en bas mais éprouvent de la difficulté à l'attacher à l'épigastre, alors même qu'il n'est pas serré, si la combinaison du lacet en arrière ne permet pas un écartement considérable. Si le corset était fixé dans les dimensions qu'il doit conserver une fois ajusté sur le corps il serait impossible de le faire tenir dans sa partie médiane. Le résultat n'est donc pas le même au point de vue physiologique.

Toutes ces actions combinées ont donc pour effet de lier le thorax au bassin dans tous les mouvements que la partie supérieure du corps doit exécuter. Cela donne à la femme une attitude spéciale qu'on caractérise en disant qu'elle se meut tout d'une pièce.

Tout comme les muscles de l'abdomen, dit le Dr Stratz, les muscles du dos sont gênés dans leur développement et leur action par l'abus du corset.

Si les femmes habituées au corset restent quelque temps sans le porter, elles se sentent vite fatiguées et se plaignent de douleurs dans le dos. Leur dos est creux, aplati, sans relief par suite du peu de saillie des muscles (fig. 118).

L'influence du corset est d'autant plus pernicieuse qu'il est plus serré, qu'il monte plus haut et qu'on a commencé plus tôt à le porter.

Il est facile de comprendre que pendant la croissance, lorsque la charpente du corps est encore délicate et flexible, une pression relativement faible suffit à influer sur sa forme. De même le travail des muscles du dos est entravé plus fortement et sur une plus grande étendue par un corset montant haut que par un corset court, prenant seulement la taille comme le ferait une large ceinture. Enfin il est de toute évidence que plus le corset est serré plus la compression qui en résulte est violente.

La peau avec son pannicule adipeux, donne au modelé extérieur du dos son expression définitive, au niveau des reins elle adhère toujours intimement à la charpente osseuse, mais surtout dans la région des épines postérieures, où se forment, quand la couche adipeuse est suffisamment développée les fossettes lombaires qu'on aperçoit distinctement dans l'éclairage latérale et qui sont un signe de belle conformation féminine.

Chez une femme bien conformée, la distance entre les

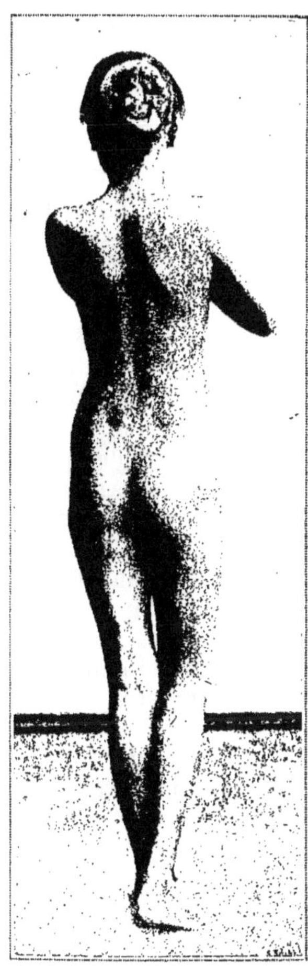

Fig. 120. — Dos d'une jeune javanaise remarquable par la correction de son modelé (Dr Stratz).

fossettes lombaires ne doit pas être inférieure à 10 cent (largeur du sacrum) ; leur forme ne doit pas être allongée mais ronde (courbure accentuée de l'os iliaque) ; enfin les lignes qui les relient à l'extrémité supérieure de la rainure interfessière doivent former un angle droit (sacrum plus court que chez l'homme).

Muakidja la jeune javanaise de la fig. 120 a le dos exactement conformé de cette manière ; on peut être sûr que le corset n'a jamais exercé ici la moindre influence.

Sans doute le corset déforme moins sensiblement et surtout moins vite le dos que la poitrine ou le ventre, mais il exerce une influence funeste dont l'effet se fait lentement sentir et qui est particulièrement nuisible au développement du muscle grand-dorsal.

On en a un témoignage dans les maux de reins dont se plaignent les femmes habituées à porter le corset quand elles sont momentanément obligées de s'en passer.

On reconnaît extérieurement l'influence du corset au développement plus faible des flancs et à l'aplatissement du sillon médian du dos ; plus tard tout entier le dos devient plat, le relief des muscles s'efface complètement, les omoplates s'écartent et les reins se creusent.

La peau n'adhère pas seulement aux reins mais encore sur toute la longueur de la colonne vertébrale aux apophyses épineuses, de sorte qu'ici encore il peut exceptionnellement se former des fossettes plus profondes.

Plus cette adhérence de la peau est égale sur tous les points plus le sillon médian du dos se dessine nettement ; celui-ci dépend donc d'abord de l'adhérence régulière de la peau, puis du développement puissant des muscles, enfin de la convexité normale du thorax.

La fig. 119 montre un dos très beau d'une manière générale ; le sillon médian est remarquablement bien dessiné, les fossettes lombaires sont belles et nettement apparentes.

C'est en raison de ces considérations que les mères devront non seulement choisir avec une minutieuse attention le corset de leurs filles, mais devront encore en surveiller l'emploi judicieux et vérifier souvent si cette pièce du vêtement n'est pas trop serrée. Elles-mêmes devront donner l'exemple, ne pas trop se serrer et ne plus avoir de tendance à croire qu'une taille filiforme est le trait le plus achevé de la beauté féminine. Prêchant d'exemple elles auront l'autorité suffisante pour enseigner à leurs filles qu'elles auraient tort de mettre leur orgueil dans une taille aussi fine que possible. (Dr Butin).

« Quand la jeune fille approche de la puberté, elle devient la victime du corset surtout si la malheureuse n'a pas ce que l'on est convenu d'appeler : une jolie taille.

Plus tôt l'on commence à porter le corset, plus ses effets sont nuisibles, plus il constitue un obstacle à l'entier développement des formes.

Pas plus qu'on ne peut fixer d'une manière générale le moment du plein épanouissement, pas plus on ne peut dire d'une manière générale quel est l'âge où il faut adopter le corset.

Le corset est nuisible avant ce moment, il est recommandable au contraire pendant et après. Mais comme le plein épanouissement survient tantôt dès la quinzième année, tantôt seulement à la trentième ou plus tard encore, il n'est possible de donner une réponse sûre que dans chaque cas particulier.

En tout cas, on peut affirmer qu'il ne faut pas adopter le corset avant que les hanches aient atteint une largeur suffisante pour offrir un appui, sans qu'il soit nécessaire de serrer.

Aussi, Mesdames, ayez pitié de vos filles, je vous en prie, et empêchez-les de déformer leur corps de trop bonne heure. Elles auront le temps de le faire plus tard, mais vous n'aurez alors aucun reproche à vous adresser ». (Dr Stratz).

« Quand les jeunes filles connaîtront bien les méfaits du corset mal compris et trop serré, elles n'en abuseront plus ou tout au moins en abuseront moins. Elles n'en seront plus les premières victimes, elles cesseront d'être les martyres d'une coquetterie néfaste. Elles élèveront leurs enfants dans les mêmes idées. Mais, pour cela, il importe que l'éducation et l'instruction hygiéniques soient faites et que les éducatrices comprennent et mettent en pratique la parole de Fonssagrives : Elever une jeune fille, c'est former une mère. »

En laissant ces organes des jeunes filles se développer sans entraves on leur prépare d'heureuses maternités, n'oublions donc pas que les vierges sont des mères futures : *Virgines futuræ virorum matres.*

CHAPITRE XII

J'en ai dit assez pour qu'il me soit permis de poser cette question : La femme doit-elle porter un corset ? A ceci j'ai répondu par avance quand au cours de mon étude historique (1) j'écrivais : L'usage du corset est utile, l'abus du corset est dangereux et quand j'ai dans les chapitres précédents expliqué cette réponse par l'examen de l'influence du corset sur les viscères thoraciques et abdominaux de la femme. Cette étude toutefois ne suffit pas, il me faut développer encore cette réponse.

Dans ce but je vais formuler, en les résumant, certaines des conclusions que j'ai posées précédemment.

1° L'étude de l'influence du corset tant sur les organes pulmonaires que sur le fonctionnement de l'appareil respiratoire permet de conclure que le port d'un corset ne peut entraver sérieusement la fonction respiratoire que lorsque ce vêtement est serré ;

2° L'influence néfaste du corset sur les seins a été exagérée ou mal interprétée ;

3° La constriction produite par un corset mal fait, mal placé, et maladroitement serré peut déformer et abaisser le foie ;

4° La rate — surtout si un état pathologique la prédispose — peut être blessée par la constriction exagérée du *corset ;*

5° L'action néfaste du corset serré peut — s'exerçant indirectement et dans quelques cas exceptionnels en dehors de toute influence — abaisser le rein et abaisser particulièrement le rein droit en raison de son rapport avec le foie qui offre à l'action du corset plus de prise que la rate ;

6° C'est le corset mal fait, mal posé et mal employé, qu'il faut accuser des désordres gastriques observés ;

7° Dans les maladies qui peuvent atteindre le paquet intestinal, il faut admettre l'action adjuvante d'un corset mal fait, trop serré ; action adjuvante qui sera d'autant plus nette et d'autant plus dangereuse pour l'intestin que celui-ci sera prédisposé davantage à la ptose, c'est-à-dire à l'abaissement ;

8° Ce n'est pas seulement pendant le cours de la grossesse mais encore après la délivrance et surtout lorsqu'il s'agit d'une multipare qu'il y a lieu d'éviter l'usage mala-

(1) *Le Corset*, tome I. Etude historique.

droit du corset. Quant à l'action du corset sur la matrice en dehors de l'état de grossesse, elle n'est dangereuse que lorsque le paquet viscéral est fortement comprimé par la constriction abusive d'un corset vraiment défectueux.

Comme on le voit il ne s'agit dans ces conclusions que du danger qui peut résulter du port d'un corset ou serré ou mal fait. Chacun comprendra après ce que j'ai exposé précédemment, ce qu'il faut entendre par constriction abusive ; je n'insisterai donc pas, quant aux mots : « corset mal fait », il faut entendre par là un corset mal fait pour la personne qui le porte, un corset non fait pour la femme qui le revêt. En d'autres termes si le corset confectionné peut être employé pour protéger les chairs contre la constriction par les cordons ou par les ceintures des vêtements il sera toujours plus dangereux, à conditions égales, que le corset sur mesure lequel outre qu'il fera toujours la femme plus élégante, pourra causer moins de préjudice à sa santé.

Ces lignes, qui brièvement exposent bien ma pensée, sont-elles l'expression d'une opinion isolée et suis-je le seul à ne pas condamner sans appel le corset ? Non certes et puisque j'ai eu plusieurs fois l'occasion de citer les avis des détracteurs du corset qu'il me soit permis de reproduire quelques citations d'auteurs qui lui sont favorables.

Je dis quelques citations, car le vêtement féminin que j'étudie dans ce travail s'il a provoqué des apostrophes nombreuses et virulentes, a été chanté par un grand nombre en termes plus ou moins dithyrambiques.

Naturellement je ne ferai pas ici entrer en ligne les opinions de certains apologistes intéressés « parmi lesquels se trouvent quelques rares médecins et tous les industriels qui à l'exemple de M. Josse vantent leur orfèvrerie et protestent contre la comparaison de Percy assimilant une fabrique de corsets à une fabrique de poisons lents ».

Au premier rang des médecins qui firent l'éloge du corset figurent Platner et Le Brand. Ce dernier conseille même aux enfants l'usage des corps baleinés, à condition qu'ils puissent se changer de côté tous les jours « avec cette précaution, le corps ne se moulera pas sur le corps de l'enfant et n'en prendra pas la figure ; la baleine perdant le lendemain le mauvais pli qu'elle avait pris la veille » (?)

Le docteur Bouvier écrivait : Nous avons entendu naguère notre vénérable maître, M. le professeur Roux, s'écrier avec l'accent d'une conviction profonde, que *tous* les hommes devraient porter un suspensoir. Ne peut-on pas dire à aussi juste titre que toutes les femmes adultes, pour peu qu'elles aient un embonpoint anormal, devraient porter un corset, vrai suspensoir des glandes mammaires, non moins sensibles que les glandes spermatiques, non moins exposées à des secousses et à des tiraillement dangereux ?

Le docteur Lutaud reconnaît au corset de précieux avantages : C'est là un véritable soutien pour la femme qui constitue en quelque sorte comme le dossier d'une chaise ou d'un fauteuil contre lequel toute la partie supérieure du corps se repose. Le corset est un accessoire indispensable pour soutenir les jupes, les jupons, tous les vêtements inférieurs de la femme dont le poids total atteint sept, huit kilogs, davantage même, depuis que le juponnage a pris tant d'importance. Comment maintenir toute cette masse si l'on n'avait le corset ? Ce ne pourrait être que par des cordons qu'il faudrait forcément serrer beaucoup ce qui ne manquerait pas de blesser la taille.

Le docteur Guiraud, professeur à la Faculté de médecine de Toulouse, écrit en 1900 dans son *Manuel pratique d'hygiène* et faisant ses restrictions : C'est principalement le corset chez les femmes qui a été accusé de nombreux méfaits. Les reproches de toutes sortes qu'on lui a faits ont été peut-être un peu exagérés. Quelques-uns cependant paraissent mérités. Il est incontestable qu'il comprime l'estomac, abaisse le foie et il est peut-être la cause de certains troubles de la digestion. Il s'oppose à la libre dilatation de la partie inférieure de la cage thoracique. C'est en partie à son usage qu'est due la prédominance de la respiration costo-claviculaire chez la femme. Toutefois il ne faut pas aller trop loin : c'est l'abus des corsets trop serrés bien plus que l'usage qui doit être incriminé et un corset bien fait ne montant pas trop haut maintenant les organes sans les comprimer, soutenant les seins, tels que ceux que l'on porte actuellement a plutôt des avantages que des inconvénients.

M. Félix Regnault dit : Il n'est pas mauvais de se serrer l'abdomen. En dehors de l'utilité de cette pratique en temps de famine, en dehors même de l'usage thérapeutique de la ceinture hypogastrique, ne voyons-nous pas les hommes habitués aux exercices physiques se ceindre la taille de la ceinture de gymnastique ? Aussi, est-ce avec raison que M. Charles Blanc nous dit dans l'*Art de la parure et dans le vêtement* que les races agiles, les Basques, les Espagnols, les Corses et en général les peuples montagnards se ceignent les reins et n'en sont que plus propres à la marche et aux fatigues. Les Romains appelaient « *alte cinctus*, ceint haut » l'homme courageux à l'action et *discinctus*, l'indolent, l'énervé, le soldat sans cœur : « Méfiez-vous, disait Sylla en parlant de César, de ce jeune homme à la ceinture lâche ». En contractant le volume des viscères, la ceinture les rend plus faciles à porter. Elle est à l'homme ce que la sangle est au cheval. La ceinture hypogastrique semble donner un appui utile aux muscles abdominaux. C'est un usage général de serrer les muscles auxquels on veut donner le maximum de force ; ainsi les portefaix mettent à leur poignet un anneau de cuir, quelle que soit du reste l'explication qu'on veut donner à ce fait. En tant que ceinture serrant modérément le ventre, le corset est donc utile.

Pour quelques auteurs le corset a plus de qualités encore. Ainsi Mme de Genlis (1746-1830) dans son dictionnaire des *Etiquettes de la Cour* considère les corps baleinés comme des protecteurs tutélaires contre les affections des voies respiratoires, elle pense avec M. Andry (1758), l'auteur de l'*Ami des hommes* que le corset perfectionne l'espèce humaine : « On a beaucoup déclamé contre les corps, qui sont en effet très dangereux lorsqu'ils sont trop étroits, mais quand ils ne gênoient pas, ils élargissoient prodigieusement la poitrine et jetant les épaules en arrière. On a remarqué que, depuis qu'on n'en porte plus, les maladies de poitrine, sont infiniment plus communes parmi les femmes. Enfin les corps baleinés avaient un grand avantage, celui de préserver les enfants du danger de presque toutes les chutes ».

Mais plus près de nous voyez ce que dans son *Traité d'hygiène* le distingué Pr Proust a écrit : « Toute compression excessive en gênant la circulation capillaire produit sur les parties du corps où elle s'exerce des congestions dangereuses et des déformations souvent incurables. Il ne faut pas que la ceinture ou le corset portent jusqu'à l'exagération la finesse de la taille. Il y a une perversion de goût et disons-le un coupable attentat contre soi-même dans cette application de certaines femmes et même de certains hommes à réduire à un étranglement ridicule et choquant la partie moyenne du corps. La femme mince est loin d'être la femme svelte. Le corset trop serré, trop raidi par des lames de baleine détruit la gracieuse ondulation des lignes, rend la marche saccadée, et surtout en contrariant le libre jeu des organes respiratoires paraît être pour certains auteurs une cause de phtisie. »

Loin de nous cependant la pensée de faire au corset un procès trop sévère. Il est indispensable pour assurer le développement régulier des formes, maintenir les jeunes personnes dans l'habitude de se tenir droites et de ne pas s'abandonner à une liberté d'allure très nuisible à la beauté ».

Il me serait facile d'étendre ces citations et d'augmenter de quelques-uns encore les noms des auteurs qui ont défendu le corset et cela sans reproduire les anecdotes plus ou moins fantaisistes, faits divers plus ou moins inventés, qui font du corset un heureux défenseur de la vie humaine, une cuirasse protectrice contre les accidents.

Je ne discuterai pas non plus ce que les louanges ou les avis que je viens de rapporter peuvent avoir d'excessif ou d'erroné, il me suffit d'estimer qu'ils émanent de gens convaincus mais aussi passionnés pour défendre leur opinion que le sont les détracteurs du corset. Qu'ils soient pour ou contre, qu'ils s'appuient sur le goût ou sur la science, qu'ils émanent de corsetières ou de médecins, il n'en reste pas moins évident à mes yeux que l'on peut classer ceux qui ont pris position dans la lutte en trois catégories : les premiers qui rejettent l'emploi du corset; les seconds qui proclament l'utilité de son usage ; les autres enfin qui tolèrent le corset mais sous la réserve qu'il n'occasionnera aucune constriction.

Très nettement et très affirmativement je me range dans la première catégorie, celle de ceux qui à cette question : La femme doit-elle porter un corset répondent : non.

Non la femme ne doit pas porter un corset qui est une atteinte à sa santé et à la perfection de ses lignes.

Mais, dira le lecteur, pourquoi en différents endroits de cet ouvrage, pourquoi au commencement même de ce chapitre avoir écrit : L'usage du corset est utile, seul son abus est nuisible ? Il y a là de votre part contradiction.

Non, parce que la question : La femme doit-elle porter un corset, est toute autre et par conséquent comporte une toute autre réponse que la question suivante, la seule en réalité que l'on doive pratiquement poser : De nos jours, étant donnée la civilisation actuelle, une femme doit-elle porter un corset ?

A la première question, considérant la pureté des lignes d'un sujet féminin, vivant sous un ciel clément, promenant une belle nudité à peine voilée, soumis à aucune des fatigues créées par la vie sociale et évoluant seulement dans l'existence pour y promener sa beauté et y procréer dans les meilleures conditions possibles et avec les fatigues les moins grandes possibles ; à cette première question je réponds sans hésiter : Pas de corset, pas de corset !

Mais il s'agit dans la seconde question d'une toute autre femme ; celle que nous devons considérer maintenant est obligée par les mœurs actuelles à se vêtir de vêtements plus ou moins nombreux, plus ou moins compliqués, plus ou moins lourds ; elle évolue sous un ciel plus ou moins clément, sujet à des variations de température parfois brusques ; elle se livre quotidiennement sans considération de son état physiologique au surmenage d'une vie de plaisir ou de travail, et malgré tout cela cette femme reste femme et veut le rester le plus longtemps possible et pour cela elle veut garder sa beauté ou les apparences de sa jeunesse ; alors la question change et aussi la réponse et c'est pourquoi je dis : Pour une telle femme, oui l'usage du corset est utile, l'abus du corset est nuisible.

Dirais-je le contraire, refuserais-je avec intransigeance ce que certains appelleront une concession, que la femme ne m'écouterait pas; un raisonnement même logique, peut-être même parce que logique, ne saurait, en général, convaincre une femme, encore moins lorsqu'il s'agit de toilette et dans le cas du corset moins que dans tout autre.

Il s'agit là en effet pour la femme d'un moyen de garder sa beauté et elle est poussée dans ce désir de conserver la forme ou l'apparence de la jeunesse par un instinct plus puissant qu'elle-même, instinct qui est celui de tout son sexe, je vais le montrer.

Auparavant cherchons à définir ce qu'est la femme belle, comment et par quoi la femme cherche à plaire.

CHAPITRE XIII

Quel est le type de la beauté du corps féminin « poème que Dieu inspiré écrivit un jour dans le grand album de la nature ?...» (Heine).

Certes, je n'ai en vue ici que le type de la beauté féminine en tant que plastique et encore je ne veux parler que de la race blanche qu'on nomme aussi race caucasique, race aryenne, race indo-européenne, dont le berceau a été, dit-on, le plateau central de l'Asie.

Je n'entends même pas parler de la race noire ou chamitique « qui peuple l'Afrique, et qui présente quelques rameaux réalisant admirablement le type de la beauté sculpturale, abstraction faite de leur prognatisme et de l'expression peu intelligente de leur facies » encore moins puis-je m'arrêter à la conception du beau dans les différents pays. « Entre le namaquois et l'élève de l'Ecole des Beaux-Arts de Paris, il y a une multitude d'autres appréciateurs de la beauté humaine, parmi lesquels nous constatons une grande diversité de goûts ; les Orientaux recherchent la femme grasse, l'habitant du Céleste Empire trouve très agréable sa chinoise aux yeux bridés ; le Japonais admire sa petite et sémillante mousmé et l'Annamite se complait dans les charmes de sa kong-haï aux formes grèles, plates et indécises. Ainsi le Samoyède est séduit par les appas de la vierge hyperboréenne, au nez plat, au teint huileux, aux formes écrasées. Et nous-mêmes, Européens que nous sommes, nous qui nous proclamons la race supérieure sommes-nous des juges toujours impeccables et toujours conséquents ? Le sensuel préfère les formes opulentes, l'idéaliste en tient pour les contours vaporeux ». Ne cherchons donc pas à fixer un type de beau féminin universel, bornons-nous à chercher quel est, d'une façon générale, chez la femme, pour notre race le type de la beauté plastique.

Le type du beau féminin est celui qui se rapproche le plus par l'harmonie de ses proportions et les modulations de ses lignes, d'un type idéal dans lequel sont supprimées les imperfections inhérentes à chaque individu : un corps humain de proportions normales est nécessairement ce que nous connaissons de plus beau (F. Glénard).

Comment est-on arrivé à déterminer ces proportions normales qui nous permettent de juger de la perfection du corps ? C'est au Dr Stratz que je vais demander de répondre, aussi bien, vais-je, pour la rédaction d'une partie de ce chapitre, lui emprunter sous forme d'analyse ou de citation quelques-unes des pages qu'il a écrites sur *La beauté de la femme*, et c'est de ce livre qu'avec l'aimable autorisation de l'auteur j'ai extrait les fig. 118 à 120, 122 à 129 et 131 à 133.

L'Européen moderne ne connaît pour ainsi dire rien du corps féminin vivant. Il n'en voit que le visage et les mains ; dans les occasions solennelles, les bras et les épaules. Il ne voit dans sa vie qu'un seul ou tout au plus que quelques corps de femmes nues, et c'est presque toujours dans des circonstances telles que sa faculté de juger froidement et en toute indépendance ou bien lui fait complètement défaut ou du moins est fort troublée, car l'amour rend aveugle. Il peut à la vérité se former une opinion personnelle sur le visage et les mains ; les seules notions qu'il possède sur le reste du corps, il les doit au souvenir des reproductions artistiques qu'il en a vues ; les observations qu'il a pu faire sur le vivant ne comptent guère. Ainsi donc, l'idéal de beauté de l'Européen moderne repose en grande partie que sur des impressions qu'il n'a pas reçues directement de la réalité, mais seulement par l'intermédiaire de l'art. L'artiste et le médecin font exception à cet égard.

Nous autres Européens, nous condamnons sans même le connaître le nu dans la nature tandis que dans l'art nous en tenons la représentation pour licite et nous l'avons constamment sous les yeux. C'est pourquoi ignorant la nature, nous nous servons pour juger la beauté du corps féminin de critères empruntés à l'art. Et nous ne nous rendons pas compte que la conception de la femme est, elle aussi, soumise dans l'art à une certaine convention, à une tradition, et qu'on ne peut la transporter tout d'un bloc dans la réalité. Nous trouvons la Vénus de Milo belle comme elle est, mais, habillée à la mode actuelle, elle nous semblerait affreuse, car les vêtements qu'on porte aujourd'hui lui épaissiraient encore la taille. Vous admirez la Vénus de Milo et vous admirez une taille fine, mais une fois la femme mince déshabillée, vous serez obligés de conclure qu'elle doit être laide puisqu'elle ne ressemblera pas à la Vénus.

Et pourtant l'expérience vous donnera tort. Vous serez donc obligé de conclure autrement, et dans ce sens qu'on a beau connaître par cœur la Vénus de Milo, cela ne donne aucunement le droit de porter un jugement sur le corps d'une femme habillée.

Mais il y a plus : sans nous en douter nous soumettons

aux modes de l'Antique Grèce les jugements que nous portons sur les œuvres d'art moderne ou même sur le nu vivant.

Ne citons de ceci que deux exemples. Il n'y a à notre connaissance dans tout l'art classique que deux statues représentant un homme nu avec des moustaches : ce sont le Gaulois mourant et le Gaulois du groupe d'Arria et Pœtus. Partout ailleurs, ou bien les figures ont toute la barbe ou bien elles sont imberbes. Ce n'était ni chez les Grecs, ni chez les Romains, la mode de porter la moustache ; dans les statues en question, elle sert justement à caractériser le Barbare. Bien que parmi nous le port de la moustache soit fort ordinaire, on n'en trouve, pour ainsi dire, point d'exemples dans l'art, exception faite des portraits, naturellement.

Elle nous choque dans le nu ; elle fait que nous ne voyons plus simplement l'homme nu, mais l'homme déshabillé, pourquoi ? Parce que nous subissons la mode des anciens Grecs.

Prenons comme second exemple la représentation du nu féminin. On y supprime régulièrement tous les poils. Pourquoi ? Parce que la chose est laide en elle-même ? Non, sans doute, mais parce que chez les Grecs et chez les Romains, comme aujourd'hui encore chez les Orientaux, l'usage contraignait les femmes de s'épiler. Nous en avons un témoignage dans les célèbres passages de Martial et d'Ovide.

On en trouve une preuve de plus dans la cent troisième chanson de Bilitis, où l'on signale comme une particularité des prêtresses d'Astarté le fait suivant : « Elles ne s'épilent jamais afin que le sombre triangle de la déesse marque leur ventre comme un temple ».

Quoique la dépilation soit une mode disparue de notre civilisation depuis de longs siècles, l'art l'a conservée et l'a ainsi imposée à l'idéal de beauté de l'homme moderne.

Si l'on compare la Vénus du Vatican et la danseuse de Falguière, on verra jusqu'à quel point, non seulement l'individu isolé, mais « l'opinion publique » tout entière se laisse influencer par les apparences .

La statue de Vénus remplit les conditions que nous exigeons d'une figure féminine normale. Chez la danseuse voici ce que nous constatons : l'usage du corset a déterminé un rétrécissement artificiel de la taille, les seins sont mal placés, la position des genoux est défectueuse ; enfin l'articulation du pied est trop forte.

La conception de la beauté chez les modernes est donc

basée sur une connaissance de la tête, des mains et des bras, acquise par l'expérience quotidienne, et en ce qui concerne les autres parties du corps sur l'impression d'ensemble qu'a laissée la vue de reproductions artistiques.

Le public en général, n'est donc pas compétent pour juger la beauté féminine ; d'une part il est trompé par des reproductions infidèles, et d'autre part le corset, la chaussure, tous les vêtements en somme contribuent à lui créer des illusions ; l'idéal qu'il conçoit n'est donc nullement en rapport avec la réalité.

L'art grec puisait directement ses thèmes dans la vie. Ni rigueur du climat, ni défauts physiques, n'obligeaient les habitants de la Grèce antique à cacher sous des vêtements leurs formes admirables ; et ceci réalisait la première des conditions essentielles qui sont imposées à l'artiste créateur, à savoir qu'il étudie chaque jour le nu sous les aspects les plus divers.

L'artiste grec était ainsi capable de se former de la beauté une image idéale, et il disposait pour la réaliser d'un choix considérable des plus beaux modèles.

Mais le public lui aussi, c'est-à-dire toute l'humanité d'alors, voyait chaque jour le nu et le connaissait ; il se montrait donc bien plus exigeant à l'égard des œuvres d'art et il savait aussi mieux les apprécier que ne le fait notre public actuel auquel manque totalement la connaissance du corps humain.

Sur les ruines de l'Art classique s'éleva l'édifice de la Renaissance ; les vestiges de la grandeur passée furent une révélation pour cette nouvelle époque de floraison artistique. Mais pas une seule de ses œuvres n'a, nous ne dirons pas dépassé, mais même atteint la beauté classique, car la source à laquelle les Anciens puisaient, était tarie pour leurs successeurs : la vue journalière sous des formes multiples et l'éducation artistique de l'œil qui en était la conséquence.

Ce sont justement les plus grands maîtres des époques suivantes qui eurent le plus nettement conscience de ce désavantage; ils cherchèrent à le compenser en suppléant à l'imitation naïve des belles formes par l'étude de l'anatomie.

D'ailleurs si ces connaissances nouvelles ont eu l'avantage de permettre aux grands artistes d'éviter dans leurs œuvres certains défauts de leurs modèles, elles présentaient aussi le danger d'inciter ceux qui les possédaient à corriger trop souvent la nature sans qu'elle eût rien à y gagner. De grands maîtres eux-mêmes n'ont pas su éviter cet écueil.

S'ils cherchaient un refuge contre ce danger dans l'imitation servile de la nature, ils risquaient d'entacher leurs œuvres de grandes imperfections, car ils n'avaient pas tous la chance de trouver des modèles d'une incomparable beauté.

Mais le public, aussi bien que les artistes, avaient perdu l'habitude de contempler chaque jour le nu. Ainsi s'explique comment, de part et d'autre, on était devenu moins difficile, moins exigeant à l'égard de la beauté.

L'individualité tend dès lors à s'affirmer toujours davantage et le cas se présente que des mérites éclatants au point de vue de la conception, de l'exécution, empêchent des générations entières d'apercevoir certaines fautes commises volontairement ou involontairement par l'artiste.

Un exemple suffira pour montrer comment des connaisseurs eux-mêmes peuvent se laisser entraîner par le courant de l'opinion à des conceptions erronées.

Je choisis à cet effet la Vénus florentine d'Alexandre Botticelli, à laquelle les préraphaélistes ont donné l'éclatant témoignage d'une admiration sans bornes.

Voici cependant, continue le docteur Stratz, ce que je voudrais répondre à leurs tirades : « la figure de la Vénus de Botticelli est pleine d'un charme délicat et mélancolique qui produit une profonde impression ; mais si l'on examine la figure de plus près, on découvre dans le cou long et mince, dans les épaules tombantes, dans le thorax étroit et affaissé, dans les seins qui se trouvent par suite trop bas et trop rapprochés, le type bien caractérisé de la phtisique dont la beauté si triste inspire ici comme dans la réalité un vif sentiment de pitié. Et si nous réfléchissons que Simonetta Catanea est née en 1453 et qu'après s'être mariée en 1468 avec Marco Vespucci elle est morte de la phtisie dès 1476 à peine âgée de vingt-trois ans, il nous paraît bien vraisemblable qu'elle a servi de modèle pour la Vénus de Botticelli et que l'artiste, pour des raisons faciles à imaginer, n'a légèrement changé que les traits du visage : Botticelli a donc, sans le savoir, fait d'un type de belle phtisique son idéal. Ses héritiers et ses imitateurs ne s'en sont pas rendu compte et, séduits par son idéal, ils ont imprimé à des modèles parfaitement sains une partie des symptômes de la phtisie, créant ainsi des êtres hybrides, impossibles dans la réalité.

Burne Jones, l'un des plus grands préraphaélistes nous

en offre un exemple frappant. Dans ses études on voit des individus bien portants; dans ses tableaux ils sont tous devenus plus ou moins phtisiques ».

Cet unique exemple pourrait servir à montrer combien inextricablement la nature et l'art se mêlent dans les œuvres modernes. Pour rendre justice à un artiste, il faut étudier de très près, non seulement ses œuvres, mais aussi son époque et sa vie et il est fort rare que l'on

Fig. 121. — La Vénus de Botticelli

puisse accepter sans restriction son idéal de la beauté.

La mode en effet règne sur les beaux-arts comme elle règne sur la poésie et sur la littérature, c'est pourquoi l'on peut retrouver l'idéal de la beauté particulier à chaque époque dans ses productions littéraires et dans ses œuvres plastiques.

Parmi toutes les descriptions de la beauté féminine que nous offre la littérature, j'en recommanderai une surtout à l'attention de mes lecteurs. Si je choisis précisément celle-là, c'est d'abord parce qu'il existe à côté d'elle un portrait de l'original, et puis parce qu'on y trouve appliqué pour juger la beauté féminine un critère dont je vais avoir à entretenir le lecteur.

C'est la description que donne Nifo de la personne de Jeanne d'Aragon, dont on peut voir au Louvre le portrait peint par Raphaël ou plus vraisemblablement encore par Jules Romain. Houdon donne à côté du texte latin de Nifo l'excellente traduction française que voici :

« L'illustre Jeanne est pour nous la preuve que le beau n'existe que dans la nature, car cette princesse réunit en elle la beauté parfaite de l'âme et du corps. En effet pour ce qui est des qualités de l'esprit, elle possède la convenance des mœurs et la douceur (cette beauté de l'âme) qui sont les attributs des natures héroïques et elle les possède à un tel degré, qu'elle semble issue d'une souche divine plutôt que d'une souche humaine. Pour ce qui est du corps, la beauté de ses formes est si parfaite que Zeuxis qui dut, pour faire le portrait d'Hélène, emprunter leurs charmes divers aux plus belles filles de Crotone, eût pu se contenter de prendre Jeanne pour modèle, s'il lui eût été donné de la voir et d'en reconnaître l'excellence. Sa stature, de hauteur moyenne, est droite et élégante et possède cette grâce que donne seul l'assemblage de membres individuellement irréprochables. De complexion, elle n'est ni grasse, ni maigre, mais pleine de sève « succulenta » ; son teint n'est point pâle, mais blanc nuancé de rose ; ses longs cheveux ont les reflets de l'or ; ses oreilles sont petites et en proportion avec la grandeur de la bouche. Les sourcils bruns formés de soies courtes pas trop touffus dessinent un arc de cercle parfait. Les yeux bleus « cœsiïs » plus brillants que les plus brillantes étoiles, rayonnent de grâce et de gaieté sous leurs cils bruns convenablement espacés. Entre les deux sourcils descend perpendiculairement un nez de dimension moyenne et symétrique ; la petite vallée qui sépare le nez de la lèvre supérieure est d'une courbe divine ; la bouche plutôt petite entr'ouvre par un doux sourire deux lèvres un peu épanouies formées de miel et de corail et qui appellent les baisers plus que l'aimant n'attire et ne retient le fer. Les dents petites, polies comme l'ivoire, sont rangées avec symétrie, et son haleine a la saveur des plus doux parfums. Sa voix résonne comme celle non d'une mortelle mais d'une déesse. Le menton est divisé par une fossette, la rose et la neige colorent ses joues et son visage dont l'ovale se rapproche comme chez l'homme de la forme ronde.

Le col droit, allongé, blanc et plein s'élève avec grâce entre les épaules ; sur la poitrine large et dont les plans unis ne laissent apparaître aucun os, s'arrondissent deux seins égaux, d'une dimension convenable, qui exhalent le parfum des fruits de la Perse auxquels ils ressemblent.

Les mains potelées ont extérieurement la blancheur de la neige et à l'intérieur la teinte de l'ivoire, elles ont pour juste dimension la hauteur de la face ; les doigts pleins et ronds sont allongés et se terminent par un ongle fin convexe et d'une couleur suave. L'ensemble de la poitrine a la forme d'une poire renversée, mais un peu comprimée,

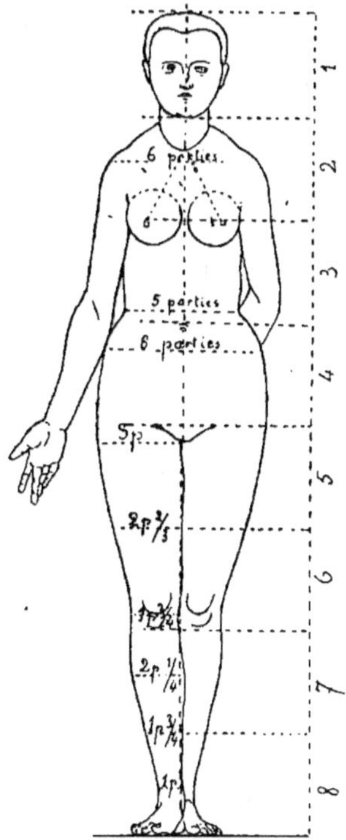

Fig. 122. — Proportions de la femme de huit têtes
Canon de la Renaissance.

dont le cône est étroit et rond à sa section inférieure et dont la base se rattache au col par des courbes et des méplats d'une ravissante proportion. Le ventre, les flancs et les charmes secrets sont dignes de la poitrine ; les hanches sont larges et arrondies ; la cuisse, la jambe et le bras sont pour la grosseur dans la juste proportion sesquialtère.

La largeur des épaules est également dans le rapport le plus parfait avec la dimension des autres parties du corps, les pieds de longueur moyenne se terminent par des doigts admirablement rangés ; enfin la beauté et l'harmonie de son corps sont telles qu'on peut sans faire injure à celles-ci, mettre Jeanne au rang des Immortelles... Si donc la convenance de ses mœurs, si sa grâce, si sa beauté sont si grandes, il en faut conclure, non seulement que le beau absolu existe dans la nature, mais de plus qu'il n'y a rien de beau que le corps humain ».

Le portrait de Jeanne d'Aragon au Louvre nous convainct mieux et plus vite de sa beauté que la description tant soit peu indiscrète de Nifo qui aurait eu fréquem-

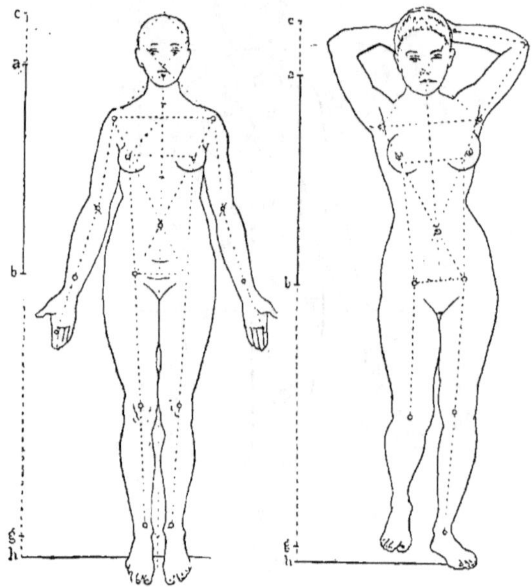

Fig. 123.
1 fig. normale féminine, d'après Richer. — 2. Javanaise de dix-huit ans environ

ment, en sa qualité de médecin, l'occasion de voir le corps de la princesse.

Ce qui est le plus intéressant, c'est que désirant nous convaincre de la beauté de Jeanne, il ne s'en est pas tenu à la description périphrasique des différentes parties de son corps, mais il a fait usage d'une mesure précise et sûre en indiquant les proportions des différentes parties.

Depuis les temps les plus reculés jusqu'à nos jours, un grand nombre d'hommes éminents se sont, comme Nifo, efforcés de découvrir la loi des proportions du corps humain. Les savantes recherches de Ch. Blanc ont démontré que les Egyptiens avaient choisi comme unité de mesure la longueur du doigt médius qui d'après eux était compris 19 fois dans la hauteur totale du corps.

Une figure construite exactement d'après ces règles s'appelle *canon*, l'unité de mesure qui la détermine s'appelle *module*.

Il paraît vraisemblable que le canon Egyptien a été en partie adopté par les Grecs, à côté de lui et depuis on compte nombre d'autres canons, où la longueur de la main, du pied, de la tête, servait de modules. Citons le canon de Polyclète, celui de Lysippe, celui de Vitruve ; les canons de Michel-Ange, d'Albert Durer, de Jean Cousin, etc.

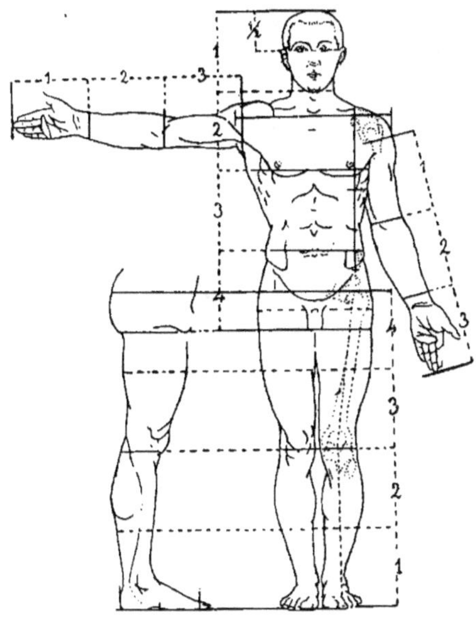

Fig. 124. — Canon de M. Paul Richer

Le premier travail scientifique sur les proportions a été fait par Quetelet qui a établi une moyenne des proportions d'après les mesures relevées sur trente jeunes gens.

Il inaugurait ainsi le procédé moderne que les anthropologistes ont perfectionné et qui consiste à fixer, en comparant un grand nombre de mensurations, une mesure normale moyenne de l'homme variant selon la race, l'âge et le sexe.

Sargent, en Amérique, a mesuré plus de deux mille jeunes gens et jeunes filles âgés de vingt ans et modelé d'après la moyenne de ces mesures, deux figures d'argile qui ont été exposées à Chicago.

Richer a construit de la même manière que Sargent un canon des proportions du corps humain, pour lequel il a pris comme type la longueur de la tête et d'après lequel il a modelé une statue.

Ce qui rend difficile la comparaison des résultats obtenus par les différents chercheurs, c'est que l'on ne s'est pas jusqu'ici servi d'une méthode unique, universellement reconnue. Toutefois, si l'on ne peut indiquer définitivement les proportions normales du corps humain, on a

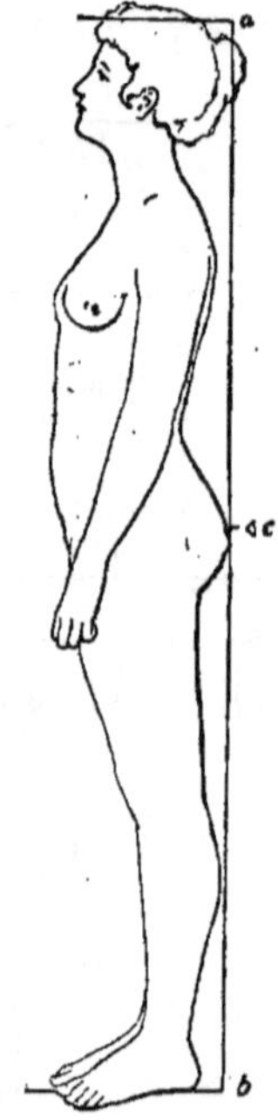

Fig. 125. — La tangente de Pasteur.

cependant la grande satisfaction de pouvoir considérer comme acquis que, malgré la différence des méthodes, les résultats des différentes observations sont dans l'essentiel identiques, et en outre que la forme idéale conçue par l'artiste, correspond exactement à la forme normale établie par le savant, c'est ainsi que la figure féminine normale, d'après Merkel, diffère à peine de quelques millimètres du canon de Schmidt et Fritsh dont le module est la longueur de la colonne vertébrale depuis la base du nez jusqu'au bord supérieur de la symphise pubienne, lorsque le corps est parfaitement droit.

Richer qui prend pour unité de mesure la longueur de

la tête est arrivé, malgré la différence des procédés, à peu près à la même figure normale que Fritsch, Merkel et Froriep.

Ces différents canons reportés sur des figures de sujets vivants, permettent de se rendre compte si leurs corps ont oui ou non des proportions normales.

Ainsi nous possédons une méthode scientifique qui nous

Fig. 126.
Jeune fille âgée de vingt-deux ans, originaire de Scheveningen

permet de fixer avec assez de précision les proportions normales du corps en général.

Pour être complets, signalons encore un procédé applicable à la détermination des proportions du corps vu de profil. C'est la tangente de Pasteur. D'après cette méthode préconisée par S. D. Pasteur, de Batavia, on mène une verticale tangente au contour postérieur en un point de la fesse. Quand les proportions sont absolument normales, ce point de contact partage la verticale ab en deux parties égales ac = cb d'où cette conclusion que le centre du corps est situé dans un plan horiontal qui, lorsque les proportions sont normales, coupe la fesse au point culminant de sa courbe.

Mais si la règle des proportions permet de trouver toute une série de corps dont elle établit l'infériorité en beauté ou même la laideur absolue, on se représente facilement d'autre part qu'un corps tout à fait bien proportionné puisse être laid cependant.

Fig. 127.
La même déshabillée n'ayant jamais porté de corset

Une figure, en effet, peut être quant à ses dimensions d'une structure irréprochable et présenter cependant une maigreur effrayante ou un embonpoint inesthétique.

Ces très intéressantes considérations du docteur Stratz sur la *Beauté de la Femme* m'ont donc amené de proche en proche à cette conclusion que le corps de la femme, fût-il en général normal, n'est pas pour cela forcément beau et j'ajoute que le corps de femme normal et beau fût-il fréquent, combien de causes s'unissent pour détruire cet aspect harmonieux.

Tantôt c'est l'alimentation défectueuse qui peut faire disparaître l'aspect esthétique d'un sujet soit en causant de l'amaigrissement, soit en provoquant de l'adipose (1).

Cette adipose peut être généralisée ou seulement atteindre quelques parties du corps ; c'est ainsi que Richer le premier a signalé chez les Européennes un défaut que j'ai observé bien souvent et qui consiste dans une accumulation anormale de graisse dans la région du bassin et du tiers supérieur de la cuisse ; en outre lorsque le corps maigrit, après être parvenu à un certain embonpoint, la peau ne peut recouvrer qu'en partie son élasticité première et aux endroits où celle-ci fait défaut, la peau est flasque et forme des rides, des plis.

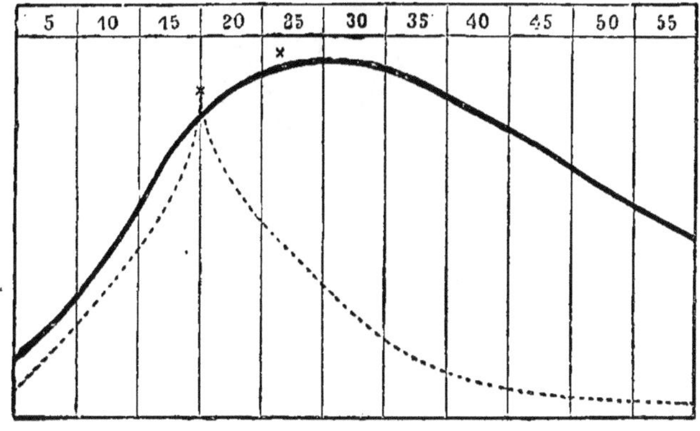

Fig. 128. — Courbe de la beauté ▬▬ Beauté du diable ------

Tantôt, c'est le genre de vie, qui en dépit d'une bonne alimentation, exerce une influence défavorable sur le développement harmonieux du corps, exagérant la saillie de certains muscles, la grosseur de certaines articulations, entravant certaines parties du squelette dans leur accroissement normal.

« L'âge — et il peut paraître paradoxal d'insister sur ce fait — exerce une influence sur les formes du corps, car personne n'ignore qu'une petite fille et une vieille femme ne ressemblent pas à une femme dans l'épanouissement de sa beauté ; ce que je voudrais faire ressortir ici, c'est que cet épanouissement n'apparaît point à un âge fixe, qu'il a lieu tantôt plus tôt, tantôt plus tard et que le facteur personnel joue ici un rôle considérable.

(1) Le modèle de profession représenté figures 119, 126, 127 est un type dont les mesures s'écartent fort peu de la normale ainsi qu'on peut le constater sur la fig. 130 par comparaison avec le canon de Fritsch.

Il y a dans la vie de chaque femme un moment où sa beauté est à son apogée. Ce point précis pourrait marquer le sommet d'une courbe dont l'enfance formerait la partie ascendante et la vieillesse la partie descendante.

Il existe un cas où cette courbe de la beauté peut monter rapidement pour redescendre soudain avec la même rapidité. Nous sommes alors en présence de ce qu'on appelle en français (car les autres langues n'ont point cette expression) la « beauté du diable ».

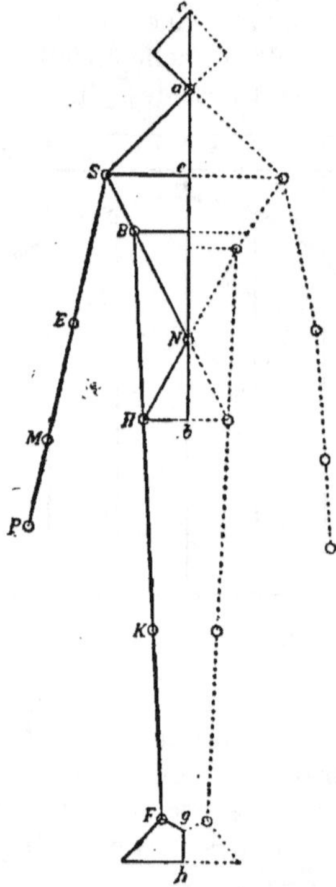

Fig. 129. — Canon de Fristch.

La race joue aussi un rôle dans la beauté du corps, c'est ainsi que « fait bien connu, on trouve chez les Juifs, par suite de l'oppression qui a pesé sur eux pendant des siècles, et malgré leur force de résistance, beaucoup plus d'individus physiquement mal constitués que chez aucun autre peuple du monde ».

Quand j'aurai encore cité l'influence sur le corps féminin du genre de vie, de l'éducation, de l'hérédité, des maladies, des vêtements, du corset, j'aurai indiqué combien de facteurs peuvent intervenir pour déformer une femme.

Or, c'est là où je veux atteindre, j'estime qu'à l'époque actuelle, dans les conditions de vie où se trouvent les individus qui font partie des grands peuples placés à la tête de la civilisation, les femmes normalement construites constituent une petite minorité (les théories de M. Paul Difloth ne veulent-elles pas établir que la beauté s'en va et que l'humanité est en marche vers une laideur infâme) et les formes de ces femmes ont rapidement à souffrir d'une ou de plusieurs des influences que je citais tout à l'heure.

Quant aux femmes dont le corps n'a pas les lignes de la beauté celles-là sont légion. Eh bien ! toutes femmes ayant été belles et femmes ne l'ayant pamais été, toutes veulent le paraître aussi longtemps qu'un artifice de toilette pourra les y aider, voilà pourquoi la femme gardera son corset.

Etre une beauté, ce n'est pas là le souci de la femme. Si peu y pourraient prétendre ! Ce que veut la femme c'est *paraître* belle ; c'est plaire. Reste à savoir comment la femme peut plaire, pourquoi la femme veut plaire.

CHAPITRE XIV

Chercher comment la femme s'y prend pour plaire à l'homme, c'est répondre à cette question : quelles femmes plaisent aux hommes.

C'est une question que s'est posée aussi M. Rafford Pyke, philosophe, sociologue et moraliste américain et à laquelle il a complaisamment répondu dans la Revue *The Cosmopolitan*. C'est avec grand intérêt que, en compagnie de M. Emile Faguet, je le suivrai dans le détail de sa réponse, je laisserai toutefois de côté l'étude de ce qui peut plaire aux hommes des qualités morales de la femme, cela sortirait tout à fait du plan de ce travail où je ne veux aborder que des questions d'hygiène, de médecine et de physiologie.

Auparavant, dit M. Faguet, se pose une question préjudicielle.

Peut-on se demander, d'une façon générale, quelles sont les femmes qui plaisent aux hommes et n'y a-t-il pas seulement des cas et point de loi, point de règle ? Ne faut-il pas dire que telle femme est destinée à plaire à tel homme et point du tout aux autres ? Ne faut-il pas dire que telle femme est destinée à déplaire à tel homme, sans pour autant devoir déplaire à tel autre ?

Notez que c'est la théorie de Schopenhauer au moins, laquelle a fait assez de bruit dans le monde, laquelle a conquis une certaine autorité et de laquelle je m'étonne que le très judicieux, très fin et quelquefois profond moraliste américain ne tienne pas compte et n'ait pas même l'air de se douter. Si, comme le croit Schopenhauer, chaque être humain, tant homme que femme, quand il ressent « les passions de l'amour », comme on disait au XVIIIe siècle, n'est qu'un être qui cherche à se compléter et à se compenser, la nature voulant la perpétuité et la non-dégradation de l'espèce et incitant cet être, sans qu'il s'en doute, à quérir dans un autre être les qualités qui lui manquent, les défauts mêmes qui lui manquent et en somme tout ce qu'il sent qui lui fait défaut ; s'il en est ainsi, il n'y a pas, il ne peut y avoir de « femmes plaisant aux hommes » mais telles femmes plaisant à tels hommes en raison des différences entre elles et eux, la femme de haute stature plaisant au nabot, la naine au géant, la spirituelle à l'imbécile, l'autoritaire au timide, la timide à l'impérieux, etc., et la question de M. Rafford Pyke ne peut même pas être posée.

Mais, me dira-t-on, encore qu'on accepte la théorie de Schopenhauer, qui est conforme au sens commun, aux observations les plus courantes et aux statistiques les plus sûres, encore qu'on accepte cette théorie, on peut, sans doute, précisément en observant les imperfections les plus communes chez les hommes, en déduire les séductions qui doivent être les plus communes chez les femmes, et tirer de là justement le type général de la « femme qui plaît aux hommes » ; et donc ce type peut se trouver, et donc la recherche de M. Rafford Pyke n'est pas vaine. Et si ce n'est pas la méthode qu'a suivie M. Rafford Pyke, cela ne fait rien. Nous examinerons, nous, les théories de M. Rafford Pyke, et nous les apprécierons d'abord en elles-mêmes et nous les contrôlerons ensuite, si cela nous fait plaisir, par la doctrine de Schopenhauer.

Cette marche me paraît assez rationnelle et me plaît assez. Prenons donc cette façon d'aller.

Or, M. Rafford Pyke, quelle que soit sa méthode, et peut-être n'en a-t-il pas d'autre que l'observation et cette statistique personnelle que chacun de nous dresse à son usage, arrive à ces décisions générales.

1° La femme qui plaît aux hommes, n'est pas la femme belle. La beauté n'a plus d'influence sur les hommes. La femme belle est admirée ; elle n'est pas aimée. Je serais assez de l'avis de M. Rafford Pyke sur ce point. Seulement je ferai remarquer que la statistique est excessivement difficile sur cette affaire, parce que le nombre des femmes belles est excessivement restreint. Les femmes jolies sont, Dieu merci, très nombreuses ; les femmes que l'on peut appeler belles sont des exceptions infiniment rares. Dès lors quelle statistique établir ? Voit-on beaucoup de femmes belles rester sans preneur ou sans adorateur ? On ne le peut pas, puisqu'il n'y a presque pas de femmes belles. Si l'on en rencontre une qui soit demeuré délaissée, ce peut être un pur hasard et l'on n'en peut rien conclure.

2° La femme qui plaît aux hommes, toujours d'après M. Rafford Pyke, est la femme gracieuse plutôt que la femme jolie.

Là-dessus je crois que tout le monde sera d'accord. La grâce du visage, de la physionomie et des mouvements est certainement l'attrait le plus fort et aussi le plus durable que la femme exerce sur l'homme. Et ici, M. Rafford Pyke, sans citer Schopenhauer, abonde dans le sens de la doctrine schopenhauerienne. Il fait remarquer que l'homme, éternellement gauche et disgracieux, aux mouvements rudes et lourds, adore dans sa partenaire cette grâce du corps que Diderot définissait ainsi : « Cette rigoureuse et précise conformité du mouvement du corps à la nature de l'action ».

C'est pour cela que la danse a été chez tous les peuples connus, comme l'introduction à l'amour. La danse déploie la grâce et la montre dans toute la perfection où elle puisse atteindre. La grâce a créé la danse comme son expression, comme son instrument, comme son cadre et, pour tout dire d'un mot, comme son organe même.

Cependant, si le commun des hommes a besoin de la danse pour apprécier la grâce, les connaisseurs ou simplement les hommes de sensations fines, n'ont besoin que de la marche et préfèrent même la marche à la danse comme expression de la grâce et comme manifestation de l'eurythmie personnelle.

« La marche d'une déesse sur les nuées », dit Saint-Simon, en parlant de la duchesse de Bourgogne. *Et vera incessu patuit dea*, dit Virgile en parlant de Vénus, ce qui veut dire : « et, par sa façon de marcher, elle se révéla déesse ». La marche, c'est la grâce qui se meut. « Je hais le mouvement qui déplace les lignes ! » a dit un poète. Soit, mais le mouvement qui arrange les lignes à chaque moment qu'il semble les déranger, c'est la grâce exquise et c'est la grâce suprême. La grâce immobile, c'est la statue harmonieuse ; la grâce en marche, c'est la vie harmonieuse.

3° La femme qui plaît, c'est la femme élégante, c'est-à-dire : la femme qui plaît, c'est la femme qui sait s'encadrer. C'est la femme qui s'habille bien, premier cadre, et pour bien s'habiller je n'ai pas besoin de dire qu'il faut savoir choisir les couleurs et les dessins d'ajustement conformes à sa personnalité et s'y adaptant naturellement. C'est la femme dont la chambre ou le salon, second cadre, sont décorés avec un goût personnel encore et tel que chambre ou salon semble être un accessoire et une dépendance de la personne elle-même : « Vous ne trouvez pas Mme X... élégante ? demandait-on à un homme de goût. — Mais... non ! — Pourquoi ? — Je ne saurais trop vous dire... Chez elle, elle a l'air d'être en visite. » Une femme qui chez elle n'est pas chez soi, eût-elle l'instinct de l'élégance dans l'ajustement, est peut-être « une élégante » ; mais elle n'est pas élégante.

Je n'ai pas besoin de dire, ajoute M. Faguet, que je suis ici, aussi tout à fait de l'avis de M. Rafford Pyke, puisque je m'aperçois que je suis en train de le compléter et d'ajouter des raisons à celles qu'il donne.

Et ici, aussi, j'estime que la doctrine de Schopenhauer confirme parfaitement celle de M. Rafford Pyke, car s'il est un être inélégant en son premier cadre, à savoir son ajustement et en son second cadre, à savoir son habitat, c'est certainement l'être masculin.

Depuis environ la fin du règne de Henri IV, les costumes masculins, en particulier, sont la honte de l'espèce humaine. Un tel être aura tout naturellement une inclination pour celui qui — quelquefois au moins — montre du goût dans le choix et la disposition de ses deux cadres. La femme élégante encore plus peut-être que la femme gracieuse, est certaine d'exercer un grand attrait sur le sexe qui compte infiniment peu de Pétrones.

J'applaudis à cette conclusion de M. Rafford Pyke et de M. Emile Faguet, l'homme recherche surtout la femme élégante parce que la femme élégante pouvant grâce à des artifices de sa toilette masquer les défauts de son corps donne à l'homme l'illusion de la beauté.

Il y a, en effet, bien peu de femmes qui peuvent montrer nues des formes impeccables, presque toutes ont besoin de mentir à l'homme par l'arrangement du costume et, en cette façon de mentir, elles sont expertes plus que dans toutes les autres.

Le corset est là qui lui apporte son aide trompeuse et quand, grâce à lui, grâce à ses dessous, grâce à sa robe, la femme est arrivée à plaire; à son tour, prise à son mensonge, elle s'estime non seulement élégante mais belle, estimant certificats de beauté ses succès auprès des hommes

Ce qu'il faudrait pour guérir les femmes de cette prétention et leur faire voir clair une fois dans leur vie, dit l'auteur d'un roman espagnol, se serait une bonne loi les obligeant pendant un mois seulement à se revêtir du même costume national que les hommes : culotte collante, veste courte.

Il n'en sortirait pas deux dans la rue sur cinquante tellement elles se trouveraient ridicules et ratées !... Les voyez-vous, par exemple, je ne dis pas en costume de toreros, mais seulement d'Aragonais, d'Andalous n'importe ! avec leur petite taille, leurs courtes jambes, leur large ventre, leurs énormes fesses, etc. Quelles grâces, Messieurs, Mesdames ! Comparez et admirez ! Les voyez-vous aussi en Eves, debout, alignées comme on voit des régiments d'Adams de tous les âges et de toutes les tailles à la baignade ? C'est cela qui aurait bientôt fait de les mater ! Le voilà bien non plus en images, ni en statues ce fameux beau sexe qui ne peut même pas supporter une minute d'examen lorsqu'il se tient les os en pointe et qui n'est plus présentable que lorsqu'il est couché et étendu ! Aussi vivent éternellement les jupes et les longues chemises pour cacher toutes leurs difformités physiques ! Et cela ne leur suffit pas : il leur faut encore se couvrir et se recouvrir de barres de fer et de baleines, de postiches, de maquillages, de fanfreluches de toutes sortes et de toutes couleurs comme les seigneurs de l'ancien temps ou les sauvages d'aujourd'hui ou mieux encore comme les mules du carosse royal. Heureusement que faute de mieux elles nous plaisent toujours et quand même non pour ce qu'elles valent, mais pour le plaisir qu'elles nous représentent.

Et elles plaisent et elles représentent du plaisir parce que peu d'hommes malheureusement songent à faire de la femme une compagne et que presque tous poussés par l'instinct ne voient dans l'être féminin qu'un instrument de jouissance.

C'est ainsi que la femme coquette et élégante l'a compris, inconsciemment peut-être, mais non moins certainement et c'est pourquoi elle a compris aussi comment dans notre civilisation, elle peut par la constriction du corset, par l'art du costume, augmenter la mise en valeur ou produire l'illusion des lignes ondoyantes qui sont celles de la beauté féminine; lignes ondoyantes, apparentes ou réelles, auxquelles elle doit d'être désirée par eux.

« Quelles sont donc ces lignes ondoyantes qui caractérisent la femme. Ce sont avant tout le profil antérieur de la poitrine, puis les profils latéraux de la taille et le profil de la cambrure des reins ; c'est le profil de la nuque ; ce sont enfin les lignes qui relient le cou aux épaules ». Toute l'habileté féminine va donc consister désormais à mettre en valeur ces lignes ondoyantes qui sont la parure naturelle de la femme ; à créer ce que le monde civilisé actuel considère comme étant la beauté : une taille svelte, des hanches saillantes, une gorge proéminente ; pour cela le vêtement est nécessaire. Ce n'est pas en effet un sentiment de pudeur instinctive qui a fait naître l'usage des vêtements. De nos jours encore, il est des peuplades qui vivent complètement nues ; c'est la civilisation qui a inventé et voulu la pudeur. Le christianisme a augmenté cet instinct de la pudeur. L'effroi de la chair, le mépris du corps humain, voilà des idées essentiellement chrétiennes.

En dehors de cela le vêtement n'a rien à voir avec la morale, le fait de découvrir son corps ne passe point pour immoral quand la mode l'exige (Dr Stratz).

La femme esthétiquement est faite, dit Montaigne, pour être vêtue selon les sinuosités exquises de ses lignes ; rien ne doit masquer l'ampleur ni les vallonnements adorables de sa gorge, la cambrure de sa taille ou l'élégance de sa nuque, cette partie damnable, attirante faite pour y enfouir les baisers. La jupe doit épouser ses formes, modeler les hanches, adhérer aux rondeurs des cuisses et mourir

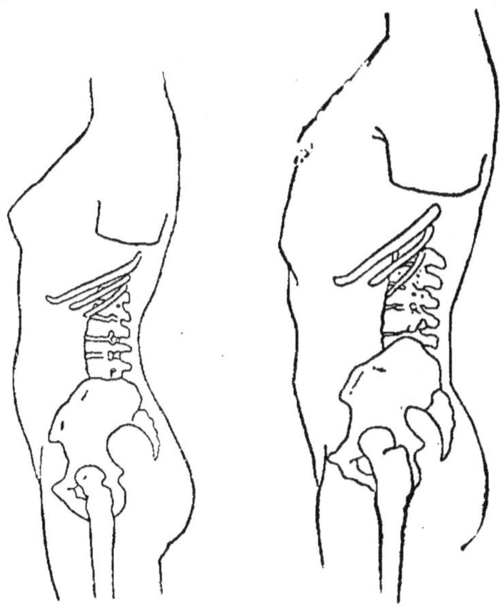

Fig. 130. — Profil du torse féminin et du torse masculin d'après Thomson.

en plis gracieux sur la délicatesse des attaches du pied dont la pointe semble émerger de la soie, des guipures, des batistes.

Toutes les modes qui ont engoncé la femme ont été des attentats contre sa beauté et des obstacles contre la sélection naturelle ; les modes godronnées, empesées, déformatrices du corps ont toujours été prônées et imposées par des souveraines mal faites intéressées à dissimuler des défauts de corsages, des maigreurs terribles ou des pauvretés de chute de reins.

Mais pourquoi la femme veut-elle dissimuler ces défauts et ces pauvretés, pourquoi veut-elle par des artifices divers par ce contraste que produit une taille fine augmenter ou simuler l'opulence de la croupe et des seins ? C'est que les régions mammaires et fessières constituent encore dans notre civilisation actuelle des régions d'attirance du regard et du désir masculin. De tout temps, des femmes dépourvues de charmes mammaires ont eu recours à des artifices de toilette.

Ovide conseillait déjà l'emploi de « ces enveloppes qui arrondissent la poitrine et lui prêtent ce qui lui manque. » Eustache Deschamps, huissier d'armes de Charles VI, dans sa diatribe sur le sexe « vilain » : *Le Mirouer du mariage*, indique la manière de fabriquer des appas à celles qui en sont dépourvues. Et Mahomet n'a-t-il pas dit : Le sein de la femme a un double rôle à remplir : nourrir l'enfant et réjouir le père. Il est vrai que maintenant la femme s'occupe peu du premier rôle et beaucoup du second.

C'est qu'en effet le sein qui n'a été à l'origine qu'un organe maternel secondaire, se transforme plus tard en organe érotique, en tentation d'amour, au même titre que le coussinet des Hottentotes qui sert de berceau et de hotte au nouveau-né est devenu chez ces peuplades un véritable organe sexuel secondaire, c'est-à-dire un organe propre à inspirer de l'amour, des désirs (Lombroso, Origine du baiser *in Nouvelle Revue* 15 août 1893).

Aucun organe, dit le docteur Witkowski, ne réunit mieux les avantages de l'*utile dulci*. Ces appas palpables sont des appâts magiques, qui avec les charmes du visage, provoquent chez l'homme la griserie nécessaire à la reproduction de l'espèce, d'autre part, les caresses du mamelon déterminent chez la femme, un éréthisme favorable à l'union sexuelle.

Nadeschin prétend même qu'en raison de l'étroite sympathie des seins avec la matrice, leur ablation équivaut presque à une véritable castration, qu'elle diminue l'aptitude à la conception et le plaisir dans le coït ce qui expliquerait pourquoi en Russie la secte des Skoptsy s'appuyant sur certains passages de la Bible préconise et pratique des mutilations, spéciales suivant les sexes, portant sur les testicules, les nymphes, le clitoris, les seins.

En Ecosse des sectaires aveuglés par le fanatisme religieux coupaient les fesses et les tétons aux jeunes filles adeptes (Barbaste, *de l'Homicide et de l'Anthropophagie*).

« Plus on avance vers la civilisation, plus la femme triomphe de la femelle et plus l'amour envahit le champ de la maternité ». Le snobisme actuel n'a-t-il pas créé les **Florifères !**

Et à bien examiner nos femmes elles le sont presque toutes des Florifères !... intégrales ou mitigées... par un procédé ou un autre... une raison ou une cause quelconque. (*Les florifères*, Camille Pert). Mais l'instinct sexuel existe toujours, il est là qui veille. En effet, si la femme veut être belle, si elle veut paraître belle surtout, si elle veut par cette réalité de beauté et plus souvent par cette apparence de beauté — et sans négliger en outre d'exciter l'envie des autres femmes — si elle veut, dis-je, plaire à l'homme, c'est qu'elle est « l'être destinée à succomber aux subites convulsions de son sexe ». C'est que « chaque jour elle nous invite à l'acte qui est la destinée même de notre espèce ». (*Le feu*, D'Annunzio). C'est que « les deux sexes ne viennent dans le monde que parce qu'ils qu'ils ont un amour à y conduire ou à y trouver ou à s'y procurer ». (*Flirt*, P. Hervieu). C'est qu'en un mot la femme obéit à un grand instinct, supérieur à tout le vouloir humain, l'instinct de la reproduction qui pousse l'un des sexes dans les bras de l'autre.

Luther a dit : « Une femme à moins d'être douée d'une grâce extraordinairement rare, ne peut pas plus se passer d'un homme qu'elle ne peut se passer de manger, de dormir, de boire et de satisfaire à d'autres nécessités de la matière. Réciproquement un homme ne peut pas davantage se passer d'une femme. La raison en est qu'il est aussi profondément implanté dans la nature de procréer des enfants que de boire et de manger. C'est pourquoi Dieu a donné au corps et renfermé en lui,les membres, les veines, les artères et tous les organes qui doivent servir à ce but. Celui donc qui essaie de lutter contre cela et d'empêcher les choses d'aller comme le veut la nature, que fait-il sinon essayer d'empêcher la nature d'être la nature, le feu de brûler, l'eau de mouiller, l'homme de manger, de boire et de dormir ! »

Kant a résumé ces mêmes idées quand il a dit : « L'homme et la femme ne constituent l'être humain entier et complet que réunis ; un sexe complète l'autre ».

Et Schopenhauer de déclarer : l'instinct sexuel est la plus complète manifestation de la volonté de vivre, c'est donc la concentration de toute volonté !

Affirmation que viennent confirmer ces lignes de Mainlœnder : le point essentiel de la vie humaine est dans l'instinct sexuel. Lui seul assure à l'individu la vie qu'il veut avant tout...

Et précédant tous ces philosophes la doctrine de Boudha ne dit-elle pas : « l'instinct sexuel est plus aigu que le croc avec lequel on dompte les éléphants sauvages ; plus ardent que la flamme, il est comme un dard enfoncé dans l'esprit de l'homme. »

La Doctoresse Elisabeth Blackwall dit dans son livre *The moral éducation of the young in relation to sex :* « L'instinct sexuel existe comme une condition inévitable de la vie et de la fondation de la société. Il est la force prépondérante dans la nature humaine. Il survit à tout ce qui passe ».

Rien n'est changé maintenant : la femme est aujourd'hui pour l'homme avant tout un objet de jouissance ; subordonnée au point de vue économique, il lui faut considérer dans le mariage sa sécurité ; elle dépend donc de l'homme, elle devient une parcelle de sa propriété. Sa situation est rendue plus défavorable encore par ce fait que, en règle générale, le nombre des femmes est supérieur à celui des hommes. Cette disproportion numérique, excite la concurrence rendue plus âpre encore par suite de ce que nombre d'hommes pour toutes sortes de raisons ne se marient pas. C'est ainsi que la femme est obligée, en donnant à son extérieur l'allure la plus avantageuse possible, d'entamer, avec toutes celles de ses congénères du même rang qu'elle la lutte pour l'homme (*La Femme*, Bebel).

L'amour n'est en effet qu'un piège tendu à l'individu. La nature ne songe qu'au maintien de l'espèce et pour la perpétuer, elle n'a que faire de notre sottise. A ne consulter que la raison quel est l'homme qui voudrait être père et se préparer tant de soucis pour l'avenir ; quelle femme pour une épilepsie de quelques minutes se donnerait une maladie d'une année entière (Chamfort).

J'ajouterai, si ce n'était un piège, qui donc, s'il pouvait réfléchir, oserait passer des préliminaires de l'amour aimables si souvent, au geste final, laid toujours.

« S'il est une fonction sur laquelle pèse le déterminisme lit-on un peu partout, c'est bien la fonction sexuelle. Nous nous croyons libres et nous ne sommes en amour que de véritables esclaves. La nature, la grande sournoise aux aguets nous attend à tous les tournants du chemin ; tel qui fier de sa conquête, l'emporte victorieux dans ses bras, n'est que le misérable jouet des forces naturelles. »

Maurice Maindron, l'auteur de pages si justement réputées abonde en propos subtils sur cette question. C'est ainsi que dans son livre *Monsieur de Clerambon* le héros du roman répond à l'amoureux Taubadel qui avait entrepris un éloge des dames et des demoiselles : « Les femmes sont ainsi faites qu'elles supportent plus commodément les sévices que la contradiction. Prompte à pardonner les mauvais traitements qui n'intéressent que leur chair, elles ne pardonnent point au contraire les paroles sévères et les reproches mérités. Il semblerait qu'elles soient mues en cela par un sens obscur de la justice et qu'elles pressentent confusément combien peu leur esprit compte en comparaison de leur chair. Péchant toujours par cette chair qui est leur seule raison d'être, elles ne s'étonnent point des inconvénients qui résultent généralement du commerce naturel. Après tout se répètent-elles, nous avons été créées pour ça. Fou qui cherche en nous autre chose. Battez une femme qui s'est laissé aller à quelque faute grave, elle ne vous en gardera rigueur qu'autant qu'il y a eu des témoins. Mais n'essayez pas de la morigéner encore moins de la railler, la bête se cabre. Il me souvient au temps de ma première jeunesse d'avoir écrit une lettre mesurée et courtoise pour reprocher à une dame de m'avoir trompé sans motifs et contre son intérêt. Elle me répondit par ces mots que je n'ai jamais oubliés, tant je les trouve délicieux : « Tu avais le droit de me gifler, mais non de m'adresser une pareille lettre. » Cette femme était logique. Elle prétendait être punie dans sa chair qui avait la seule grande part dans sa faute. »

« Je ne saurais trop insister : rien n'est moins supportable aux femmes que la moquerie et elles poursuivent les gens d'esprit, j'entends par là ceux qui ont cet esprit profond des anciens philosophes -- d'une haine singulière et vivace. La plupart des heureux moments que les sots obtiennent de passer avec les belles, leur sont accordés pour une raison qu'ils ne soupçonnent guère ; c'est qu'alors qu'une dame se donne ou se prête — pour rester dans le vrai et des idées et des mots — à un homme sans même souvent le connaître, elle n'agit ainsi que dans le secret espoir de mortifier un autre qui , toujours, vaut mieux que celui-là. Tant il est vrai que la femme va volontiers du meilleur au pire, et se complait à vous donner des leçons utiles à rabaisser notre orgueil. »

« Et ce qu'il y a d'admirable là-dedans, c'est qu'elles procèdent par instinct, comme les bêtes de la terre et les oiseaux du ciel, sans être en rien capables de débrouiller le chaos confus de leurs pensées. Il ne se passe rien derrière ce mur qu'est leur front poli et cependant chacun a la prétention d'y trouver des choses nouvelles, à soi particulièrement destinées. »

Cette universelle loi de l'attraction des sexes qui pousse

fatalement l'homme et la femme à se livrer à un perpétuel et incessant combat sur le terrain de la satisfaction des sens, M. Jules Lemaître la reconnait aussi quand il écrit : « la toilette féminine est essentiellement expressive du sexe ; tandis que la toilette des femmes a pour fin suprême l'attrait du sexe et ne se soucie point de la commodité ; c'est de la commodité presque seule que le costume masculin se préoccupe ; il a fini par faire avec le leur un contraste absolu... »

Plus j'approfondis la question, dit un autre auteur, plus je me convainquis que l'homme est un animal d'instinct essentiellement polygamique, animal plus intelligent mais plus vicieux que tout autre, et que la femme n'est rien autre chose que sa femelle née avec des aptitudes polyandriques que la nature s'acharne à développer en dépit des mœurs, de l'éducation et de tous les progrès humains. C'est là de la science exacte et expérimentale à l'appui de laquelle les preuves abondent.

C'est aussi la conclusion à laquelle arrive M. Paul Valentin dans son étude sur l'*Evolution de la femme devant la psychologie positive*, le cerveau féminin, dit-il, subit en permanence, à un degré dont le cerveau masculin n'approche que dans des circonstances très rares, le contrecoup d'une sexualité normalement omnipotente. De la puberté à la ménopause, en dépit des apparences parfois contraires, la mentalité de la femme obéit, dans une proportion que soupçonnent seuls les médecins spécialistes des névroses, à des tendances émotionnelles, dont l'origine profonde doit être cherchée dans l'expansion ou la dérivation du « besoin d'aimer ». Evident ou méconnu, entravé ou libre, excessif ou modéré, l'instinct, qui pousse les femmes à sacrifier à l'espèce le meilleur de leur vie, neutralise, équilibre, galvanise ou pervertit, suivant les cas, ses manifestations psychiques essentielles. Toute impression qui met en jeu l'instrument de la pensée féminine le trouve « accordé » en quelque sorte à un « diapason » spécial, par le fait même de l'énorme retentissement cérébral de l'activité sexuelle. Si la femme n'atteint pas dans le domaine de la production intellectuelle, ni la même puissance, ni la même hauteur que l'homme, elle reconquiert tous ses avantages sur le terrain de l'instruction instinctive et de la logique passionnelle.

Le rôle prépondérant que jouent chez elle certaines excitations viscérales dans la genèse du travail psychique accentue à merveille le trait fondamental de sa structure physiologique, qui lui commande de sauvegarder avant tout la survivance de l'espèce.

Et il est heureux que l'amour ne soit qu'un piège tendu à l'individu, car si la nature ne disposait pas de ce piège comment maintiendrait-elle la perpétuité de l'espèce. La femme perd en effet le sentiment de la maternité, elle ne fait du reste que suivre les leçons de l'homme qui lui a démontré qu'en amour il n'y avait plus ni cause austère, ni but grandiose. L'homme a dénaturé à son profit l'attrait des sexes, il a faussé, tourné en gaudriole l'acte de reproduction, la femme l'a cru...

Du jour où l'homme s'est montré dédaigneux de la mère, ou il a mis sur un trône la Beauté, la Passion, la bataille entre l'homme et la femme était décidée, imminente ! L'amante, déifiée par les poètes, souveraine par le désir qu'elle inspirait, s'est affolée de la puissance que les sens surexcités de l'homme lui donnaient... elle a abusé de son pouvoir jusqu'à l'instant très moderne très contemporain où l'égoïsme de l'homme s'est redressé et a secoué le joug ! Car, ne vous y trompez pas ! l'homme sacrifie encore à la passion sensuelle, mais elle seule l'asservit et non plus la prêtresse ! L'homme adore la sensation qui lui vient de la femme mais il marche sur la femme. Elle n'est plus pour lui qu'un instrument de plaisir qu'il regarde avec indifférence, sa folie brève assouvie.

Or, pour arriver à provoquer l'instinct sexuel de l'homme et obéir ainsi inconsciemment à l'ordre de la nature qui pousse l'être humain à se reproduire, qu'est-ce que la femme a trouvé actuellement de mieux si ce n'est les vêtements et non pas seulement n'importe quels vêtements, mais encore les vêtements qui le plus mettent en vedette ses qualités physiques quand elle en a, qui le mieux suppléent à ces qualités physiques quand la nature ne lui a pas départi la beauté ou quand la maladie, l'âge, la fatigue, ont fait disparaître les formes saines et fraîches de la jeunesse. Et ces vêtements, la femme s'en enveloppe d'autant plus volontiers que s'ils ont l'inappréciable avantage pour le plus grand nombre de donner à l'homme des illusions que celui-ci ne saurait avoir si la femme lui apparaissait brutalement dévêtue, ils ont pour toutes l'incontestable utilité d'augmenter le désir sensuel, qui excité devant l'inconnu, s'irrite devant seulement un peu de chair devinée, entrevue ou dévêtue. « Le vêtement développe un sentiment qui souvent s'associe à l'amour, la curiosité : il exalte aussi ce désir, la conquête. L'idée d'un obstacle monte le désir au paroxysme ; souvent l'excitation sexuelle tombe en même temps que les vêtements de la femme qui s'offre à nous sans combat » (Joanny Roux).

Dans un article paru dans le *Figaro* en juillet 1905, Marcel Prévost, écrivait, traitant du krack de la beauté féminine en France : La beauté s'est démocratisée ou plutôt — car les deux mots s'associent mal, l'un signifiant moyenne » et l'autre « exception », une certaine habileté à parer, à présenter aux yeux les charmes dont les dota une nature, même parcimonieuse, réussit à niveler sensiblement l'attrait des Parisiennes. Les modes, heureusement combinées pour le gentil laideron que nous baptisons à Paris « femme charmante » ou pour les dames qui entrent gaillardement dans leur troisième jeunesse, — ces modes de chiffons, de fanfreluches, de pampilles, où la ligne est constamment rompue pour l'amusement des yeux, — ces modes illusionnistes ne siéent point à la pure beauté. Habillez chez le grand couturier la Vénus de Milo, voire la Joconde, elle aura l'air d'une chienlit. Le mannequin rêvé par tous les artistes de l'aiguille est la femme sans contours, le schéma de femme, sur lequel on peut draper et suspendre indéfiniment des étoffes, des dentelles, des broderies. La beauté de la femme contemporaine est essentiellement une beauté habillée,où le visage même et la chevelure sont œuvres d'art... Un homme qui assurait avoir goûté beaucoup d'heureuses fortunes dans le meilleur monde, et qui en parlait volontiers, me témoigna un jour à quel point il estimait, avec le poète des Stances, que le meilleur moment des amours n'est pas quand on s'est dit : « Je t'aime » — et qu'un autre moment après celui-ci est particulièrement pénible : celui où un galant courtisan doit prouver à une femme du monde, combien il la trouve plus charmante alors qu'elle est, en réalité, débarrassée de ses charmes les plus incontestables. Il ajoutait que les mondaines très intelligentes s'en rendent compte, qu'elles ne dérangent leur toilette qu'à la dernière extrémité, que tout se passe le plus souvent en thé et en porto et que les aptitudes d'un Casanova de Seingalt seraient aujourd'hui sans emploi.

Les vêtements sont en effet pour la femme de vraies armes dans la lutte sexuelle qu'elle soutient, à tel point qu'il « faudrait qu'elle fut insoucieuse des plus élémentaires voluptés pour se dévoiler, pour se désarmer tout entière devant l'ennemi. Ah ! le fade divertissement qu'une femme nue ; c'est comme une charade dont on saurait le mot. »

Mais ces vêtements dont elle se couvre, ces lingeries, ces dentelles dont elle se pare seraient dans l'immense majorité des cas, pour ne pas dire toujours, insuffisants à rendre la femme désirable si celle-ci se contentait de vêtir de falbalas un corps fatigué, déformé, vieilli ; aussi la femme a-t-elle trouvé mieux.

Primitivement destiné à protéger le corps contre les lacets ou les cordons des jupes, primitivement destiné à rendre plus facile et plus léger le port des jupons, le corset a bientôt été détourné de son utilisation première, il est devenu l'*arme* par excellence que la femme emploie pour tromper sur la réalité de ses formes, comme il est devenu « l'armature » essentielle de la toilette féminine. Ne peut-on dire, avec Henry Fouquier, qu'il est la pierre angulaire de cet édifice qu'est la toilette d'une femme élégante d'aujourd'hui ?... Et puisque pour l'homme de nos contrées ce qui l'attire le plus dans la femme c'est en dehors des lèvres au sourire charmeur, la forme des seins, et la chute des reins, et puisque « pour l'homme fait, le besoin sexuel se traduit avant tout par des représentations visuelles » l'on comprendra comment le corset qui peut par une coupe savante soit modifier le volume de la gorge, soit resserrer des chairs envahies par la graisse, et qui permet, grâce à un laçage sévère entre les côtes et le bassin de rendre fine une taille dont l'exiguïté s'accroît du contraste des masses sus ou sousjacentes — taille que la sottise masculine considère comme une beauté chez la femme — l'on comprendra donc que le corset soit en si grande faveur parmi les femmes que depuis des siècles aucune malédiction des philosophes, aucun conseil des hygiénistes, aucune prescription des médecins n'ait pu les convaincre de se défaire de cet instrument qui devient si facilement entre leurs mains un instrument de supplice, une cause de maladie.

C'est qu'en effet parmi tous les avantages du corps féminin, celui qui passe pour le plus important, c'est la sveltesse de la taille et pour l'obtenir les femmes ont eu recours au corset sous toutes ses formes.

D'Hippocrate à Sömmering, bien des voix autorisées se sont élevées contre l'usage du corset et bien d'autres s'élèveront encore après eux, hélas ! fort inutilement. Les femmes à qui le corset est nécessaire l'ont toujours conservé et le conserveront tant que le monde sera monde.

« Je ne suis pas ennemi du corset, mais ennemi de l'abus qu'on en a fait. Le déconseiller aux femmes mal faites, c'est prêcher dans le désert ; je me suis contenté non sans succès, de mettre en garde les femmes bien faites contre ses funestes conséquences, lorsqu'il en était temps encore. »

Pour comprendre l'importance que l'on attache au corset, voyons tout d'abord clairement ce que c'est que la taille et quelle est l'idée qu'on s'en fait ordinairement.

Fig. 131. — Jeune javanaise n'ayant jamais porté de corset.

La figure 131 nous montre la conformation naturelle de la taille, telle que la présente une jeune Javanaise bien faite qui n'a jamais porté de corset. Bien que le corps ait assez d'embonpoint, la sveltesse de taille ressort bien ; et ce n'est point parce que le milieu du corps est d'une minceur exceptionnelle, mais parce que sa minceur relative contraste avec la largeur des hanches et des épaules.

Nous admettrons donc comme condition naturelle d'une taille élancée, qu'à partir de la région la plus étroite, c'est-à-dire la base inférieure du thorax, le corps s'évase doucement vers le haut et vers le bas ; quant à la dimension absolue du tour de taille, elle est complètement accessoire. Dans la vie ordinaire et notamment parmi les femmes elles-mêmes on en juge autrement. Tout au plus parle-t-on de taille. Une taille de 60 centimètres est belle, une de 50 centimètres est ravissante, etc.

Mais que l'homme ne tente pas les dieux ; que jamais, jamais, il ne désire contempler ce que dans leur clémence ils enveloppent.

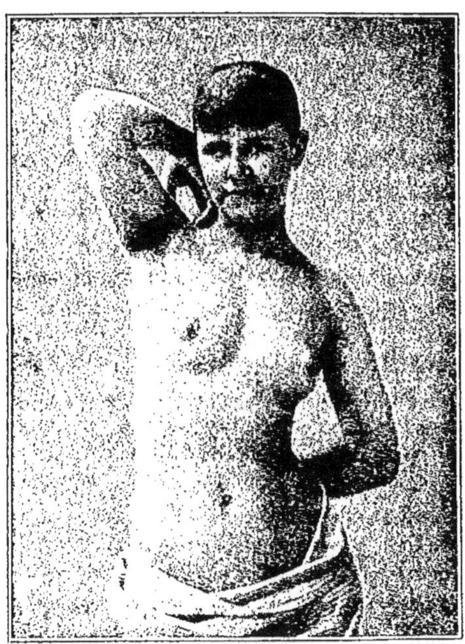

Fig. 132. — Torse de femme sans traces de corset (Viennoise).

Et maintenant faisons abstraction, si vous le voulez bien, des troubles internes graves que peut produire le corset serré et posons la question suivante : atteint-on, en sacrifiant ainsi sa santé et bien des agréments de la vie, atteint-on oui ou non le véritable but qu'on s'était proposé, l'embellissement du corps ? Nous répondrons : en apparence oui, en réalité, non.

La fine taille ainsi obtenue peut en imposer au vulgaire, mais l'observateur expérimenté, choqué de la disproportion entre cette taille mince et les autres parties du corps reconnaîtra presque toujours les défauts sous les vêtements qui les dissimulent.

Sur un corps nu, la déformation saute aux yeux. Sur

un corps non déformé par le corset, les contours du thorax ont pour prolongement naturel les lignes de l'abdomen, dont la légère convexité est déterminée par la saillie des muscles, notamment à droite et à gauche de la ligne médiane, au dessus du nombril, qui est particulièrement riche en tissu adipeux.

La compression par le corset a pour premier résultat un sillon transversal au-dessus du nombril, sillon qui forme une division trop nette et peu naturelle du tronc en deux parties ; les parties molles de l'abdomen situées au-dessous de cette ligne sont refoulées vers le bas et en avant ; le ventre devient lui aussi de plus en plus saillant. Comme la convexité du thorax diminue, les seins retombent toujours davantage. La forte compression des muscles du ventre, particulièrement de ceux qui vont du pubis au sternum, détruit le relief de l'abdomen et en même temps son principal soutien, si bien, que le ventre devient flasque et pendant.

Un pareil corps est déformé pour toujours par la première grossesse, par le plus léger embonpoint : le ventre et les seins grossissent, deviennent toujours plus flasques et plus pendants, à la place de la taille, il ne reste plus qu'un sillon transversal plissé, ridé, seul le corset est encore capable de donner pendant quelque temps l'illusion des formes qu'il a lui-même détruites (1). Et quand vient l'heure du déshabillage, que ce soit le retour à la maison après la journée d'affaires, que ce soit la rentrée après les heures de plaisir, avec quelle satisfaction non dissimulée, la femme enlève son corset. Elle vous jurera qu'elle ne se serre pas malgré que sur sa peau une large bande, brunie et excoriée plus ou moins, atteste la constriction du corset. Elle vous dira que sans corset elle serait fatiguée des reins et parce qu'elle a pris à un tel point l'habitude du corset serré qu'elle ne peut plus se passer de ce soutien, elle conclut, avec une admirable absence de logique, que cette habitude, parce que ancienne, est bonne. Que ne répond-elle plus spirituellement comme une de nos exquises artistes parisiennes : « Je dois au corset une joie quotidienne, car l'ennui de le mettre tous les matins, n'est pas comparable, selon moi, au plaisir de l'ôter tous les soirs. »

Ou bien que ne reconnaît-elle franchement les services

(1) Je regrette de n'avoir pu obtenir l'autorisation de reproduire certaines figures de la publication : *L'Etude Académique*, données comme types de modèles bien conformés. Le lecteur aurait pu se rendre compte mieux encore des déformations produites par le corset en considérant les modèles dont les photographies illustrent les pages 248 et 249 (année 1905).

qu'elle demande au corset, comme le faisait naguère une divette pleine d'esprit : « Toutes les femmes grosses ou minces avouent difficilement les services rendus par le corset. Comme si toutes pouvaient s'en passer, sans être disgracieuses ! Eh bien, moi j'avoue que depuis que j'engraisse un peu, je m'en sers très rarement, mais quand je n'avais rien, absolument rien pour bomber mes corsages, mon corset avait deux fameux petits goussets pleins de coton réparateur ; et ma foi, je leur garde une

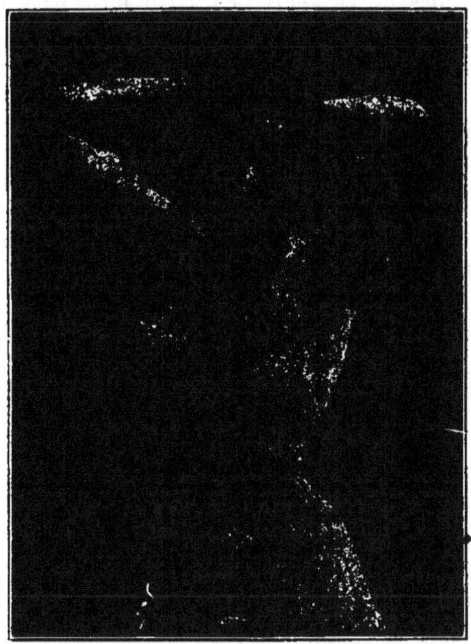

Fig. 133. — Marques de compression très forte par le corset

petite reconnaissance aux corsets... » Nulle doute que cette même divette qui maintenant a engraissé beaucoup, n'avoue, si elle restait sincère que son corset la « maintient » expression consacrée — une femme n'est jamais serrée, elle est maintenue — car grâce à lui la femme peut paraître avoir « des lignes encore très agréables, alors qu'elle a perdu la correction de ces lignes ».

L'importance du rôle du corset dans la toilette féminine est donc capitale. Sans corset « lui faisant une jolie taille » pas de robe qui « habille bien » sans vêtement qui la pare et la répare, nul moyen pour la femme d'attirer le regard et d'attiser le désir.

Que si quelqu'un n'était point convaincu de ces vérités, je lui citerai une vieille loi anglaise promulguée sous Charles II ; loi dont le texte, chose peu banale, n'a jamais été abrogé.

Cette loi édictait « que les femmes de tout âge, de tout rang, de tout métier ou grade qui par le port du corset, trompent les sujets masculins de Sa Majesté et les induisent par ce moyen en mariage soient atteintes par les peines applicables à la sorcellerie, à la magie noire et autres crimes de ce genre, en vertu des lois existantes, et que leur mariage soit déclaré nul par suite de la condamnation. »

Comme on le voit, le Dr Maréchal qui a rédigé contre le corset, un texte de loi que j'ai reproduit, a été un peu devancé dans ses idées de proscription. L'impuissance de la loi que je viens de citer consolera mon confrère de l'échec de ses projets, car que vient faire l'hygiène et la médecine là où il n'est point question de santé? Qu'importe à la femme sa santé ; ce qui l'intéresse, c'est plaire, plaire beaucoup, plaire longtemps. Hygiénistes et médecins perdent leur temps à proscrire le corset, l'homme seul en tant que mari ou amant pourra remédier à cet état de choses, je dirai plus loin comment, et encore n'est-ce là qu'une simple hypothèse de ma part, hypothèse dont je ne vois pas la réalisation dans un avenir prochain.

De tout ce qui précède, il m'apparaît bien résulter que je puis poser et résoudre ces deux questions — toutes conditions de costumes et de mœurs égales d'ailleurs — : la femme doit-elle porter un corset ? non. La femme portera-t-elle un corset ? oui.

J'ai, je crois, expliqué suffisamment ce paradoxe apparent seulement, car si les deux questions semblent découler l'une de l'autre, les deux réponses résultent de considérations toutes différentes. J'ai tenu cependant à résumer tout le problème sous cette forme car elle m'apparaît devoir mieux frapper l'esprit du lecteur.

En résumé, le costume agit sur celui qui le porte et c'est pourquoi la tradition clairvoyante a établi un habit spécial à chaque sexe, à chaque âge, à chaque profession. Le costume développe et renforce les idées que sa forme suggère et parfois impose. Aussi n'est-ce pas sans logique que les féministes avisées et hardies ont souvent protesté contre la tyrannie de leurs vêtements et surtout contre celle des armatures si gracieuses qui les doublent et les soutiennent.

Je ris, en dedans de moi, comme psychologue, de l'effet des condamnations que, comme médecin, je porte sur le corset ; car je sais bien que c'est là une arme très précieuse dans la lutte sexuelle et que les combattants ne déposeront pas naïvement pour de simples motifs d'hygiène (Dr Toulouse, *le Journal*, 6 octobre 1905).

Et c'est pourquoi J.-J. Rousseau commettait vis-à-vis des femmes une impertinente erreur, quand, parlant incidemment du corset, il s'exprimait ainsi : « Je n'ose presser les raisons sur lesquelles les femmes s'obstinent à s'encuirasser ainsi : un sein qui tombe, un ventre qui grossit, cela déplaît fort, j'en conviens dans une personne de vingt ans, mais cela ne choque plus à trente, etc. »

Et c'est pourquoi ne pouvant faire disparaîre le corset, le médecin doit s'efforcer de faire disparaître ses dangers dans la plus grande mesure possible.

Donc je ne perdrai pas mon temps en d'inutiles anathèmes contre le corset, je vais m'efforcer de trouver avec cet ennemi de la santé de bien des femmes un *modus vivendi* qui satisfasse le monde médical sans mécontenter le public féminin. La tâche est délicate, aussi ai-je droit à quelque indulgence si je ne la remplis pas au gré de tous.

Je vais d'abord examiner quel corset la femme doit porter puis j'étudierai comment elle doit lacer son corset.

CHAPITRE XV

Quel corset la femme doit-elle porter ?

Ce travail serait incomplet si avant de répondre à cette question je n'indiquais pas comment certains auteurs ont voulu solutionner le problème du vêtement féminin. Si leur théorie, si mieux la mise en pratique de leur théorie est acceptable, il ne sera plus utile de chercher quel corset la femme doit porter puisqu'elle aura alors pour plaire d'autres armes que le corset et que les robes modernes.

En mars 1904 paraissait dans l'*Illustration* un article intitulé : *Une ennemie du corset*, et relatant les expériences publiées dans une revue anglaise par une femme médecin, Mme Arabella Kenealy : « Un savant anglais a fait récemment une série d'expériences assez curieuses. Il a eu l'idée de faire porter des corsets à des singes, de petits corsets faits à leur taille, mais d'ailleurs exactement pareils à ceux que portent aujourd'hui les femmes. Et il a noté d'abord, chez tous les singes soumis à l'expérience, un mécontement manifeste, — et certes bien excusable — de l'épreuve qu'il leur imposait. Puis, au bout de quelques jours, d'autres résultats se sont produits. Ceux d'entre les singes dont les corsets avaient été serrés étroitement dès le début moururent d'asphyxie. Ceux pour qui l'on avait adopté un système gradué, consistant à serrer un peu davantage tous les jours, finirent au contraire par s'accoutumer à leur supplice ; mais la plupart ne tardèrent pas à être atteints de dyspepsie, d'anémie ou de neurasthénie. Et peut-être croira-t-on que Mme Kenealy en conclut, comme on serait tenté de le faire à sa place, que l'organisme a très vite fait de s'accoutumer à tout, puisqu'il a suffi de procéder graduellement, avec ces singes, pour que, au lieu de mourir de leurs corsets, ils n'en éprouvassent plus que des inconvénents, en somme, de peu d'importance. Sans compter que, très probablement, si le savant en question avait soumis à la même épreuve plusieurs générations successives de singes, l'influence de l'adaptation héréditaire aurait atténué de plus en plus, chez les petits-enfants, les inconvénients observés chez leurs grands-parents. Mais, pas du tout, ce n'est pas ainsi que raisonne la doctoresse anglaise. De ces expériences sur les singes elle conclut directement que, pour les femmes, le corset est une cause, sinon toujours de mort, au moins de la plus affreuse déchéance physique et morale. Elle nous fait un tableau vraiment sinistre des ravages produits, à tous les degrés de la société anglaise, par l'usage du corset. A l'en croire, il n'y aurait pas un seul organe que cet usage n'atrophiât ou n'endommageât sans remède : le cœur, les poumons, l'estomac, le foie, les intestins. Mais surtout elle insiste sur les désastres moraux de la mode qu'elle a entrepris de détruire.

Avec toute l'autorité de ses diplômes, elle nous précise que c'est le corset qui est responsable non seulement de la méchante humeur des femmes, mais aussi de leur « méchante langue ». Elle affirme, pour achever de nous convaincre, que toutes les femmes « supérieures » qu'elle a eu personnellement l'occasion de connaître, toutes celles qui réalisaient à un haut degré « l'idéal de leur sexe », étaient des femmes qui ne portaient point de corset, ou qui tout au moins, « ne se servaient pas du corset comme d'un moyen de constriction ». Et elle ajoute : « Si seulement les femmes pouvaient se débarrasser du corset, comme la vie de ménage deviendrait délicieuse ».

C'est là au reste une thèse qui n'a rien de nouveau particulièrement pour le public anglais. « La croisade contre le corset a pris naissance aux Etats-Unis, à la voix d'une féministe déterminée, Mme Bloomer, qui déjà a réussi à supprimer le corset et la jupe et à faire adopter l'usage des culottes dans plusieurs établissements d'éducation pour filles. Bien plus, elle a réussi à réformer jusqu'aux toilettes de soirées de ses disciples, et l'on a pu voir, de l'autre côté de l'Atlantique, des bals Blooméristes, où toutes les danseuses portaient d'amples pantalons d'aspect oriental. En Russie, une ligue s'est formée, en 1895, sous le patronage de la princesse d'Oldenbourg, pour combattre les pernicieuses excentricités des modes féminines. Une ligue du même genre existe en Angleterre. En Hongrie, le ministre de l'instruction publique a promulgué récemment un décret interdisant le port du corset à toutes les jeunes filles dans les écoles du royaume. Enfin, en Allemagne, en Autriche, en Hollande, sont publiés des journaux spéciaux qui mènent vigoureusement campagne en faveur d'une réforme hygiénique du costume des femmes. »

A Vienne une ligue s'est formée pour propager un nouveau costume féminin. Celui-ci consistait en un péplum modérément ajusté par le haut et s'évasant par en bas. Le vêtement serait soutenu par les épaules et non plus par les hanches. D'après la baronne Pack ce ne serait pas là un simple fourreau, mais un élégant costume qui sans dessiner les formes les laisserait deviner.

Interwievé sur ce sujet, un corsetier de Vienne, M. Maschek Palerma, répondit : « Il s'est fondé ici un club pour la transformation de la femme : eh bien, parmi les femmes réformistes qui prônent la toilette grecque, en est-il seulement deux ou trois qui consentiraient à se montrer en public dans ce costume ? »

Mais qu'importe si le costume réforme est laid, qu'importe si cette espèce de peignoir soutenu par deux bretelles ne fait pas la femme jolie ; s'il la fait saine, l'hygiéniste sera satisfait et pourra d'autant plus prêcher contre le corset ! Or il n'en est pas ainsi si j'en crois une conférence faite par A. Moëller, rédacteur au *Medical Zeitschrift für Tuberkulose und Heilstattenwesen.*

Pour ce praticien qui a fait de nombreuses observations sur les vêtements en général et sur le costume réforme en particulier, qui par conséquent ne juge pas de parti pris et a une opinion appuyée sur des faits, le port de ce dernier serait désastreux principalement pour les femmes tuberculeuses et pour celles qui ont un terrain prédisposé à la tuberculose.

Le costume réforme, m'écrivait le Dr Moëller, fait porter les vêtements par les épaules, c'est-à-dire par les parties qui sont situées au-dessus des omoplates et des clavicules.

Directement au-dessous de la peau se trouvent ici les extrémités des poumons qui représentent en général pour la tuberculose un lieu de prédilection. On suppose en effet qu'en ces points les bacilles peuvent trouver un repos et une prospérité qui leur sont rendues difficiles plus près du centre des poumons où la circulation du sang et l'action chimique de l'air respiré est plus intense. Il est facile de comprendre que la pression des vêtements sur les épaules diminue encore plus la circulation dans les parties supérieures des lobes pulmonaires et en même temps la résistance contre toute influence dangereuse et en particulier contre les microbes de la tuberculose. Cet état dangereux est plus ou moins prononcé suivant le poids des vêtements portés et ce poids est quelquefois considérable surtout lorsqu'il s'agit du costume réforme avec longue traîne. (Quel paradoxe !) Ces constatations font que le costume réforme est contraire aux exigences de l'hygiène et nuisible surtout pour toutes les femmes ayant un système broncho-pulmonaire faible.

Maintenant se pose la question : le costume réforme offre-t-il des avantages qui puissent balancer ses inconvénients ?

Le premier avantage a-t-on répondu, c'est qu'avec le costume réforme le corset est supprimé. Or, si j'en juge par mon expérience, ajoute mon correspondant, cet argument n'est pas suffisant, car il y a beaucoup de dames qui portent encore sous leur costume réforme un corset et qui se serrent comme avant pour avoir une taille de guêpe et pour (il s'agit en ce cas surtout des femmes corpulentes) paraître aussi gracieuses que leurs amies mieux faites. Leur désir ne devient pas toujours une réalité et trop de fois ainsi vêtues ces femmes, on ne saurait le nier, ont une certaine ressemblance avec un sac de farine.

Quoique le point de vue esthétique doive être, pour moi médecin, secondaire, je reste convaincu que je partage avec beaucoup d'autres l'avis que le costume réforme est peu gracieux et va seulement bien à des femmes très bien faite. Une jeune dame de ma connaissance me faisait remarquer dernièrement qu'elle ne pouvait pas supporter le poids de son costume, qui était d'ailleurs fait d'une étoffe légère, et qu'elle souffrait constammnt de douleurs dans le dos.

Dans ces conditions et jusqu'à plus ample informé, je persiste donc à penser que le costume réforme n'est pas la solution de la transformation du costume féminin.

En attendant que d'autres novateurs apportent le fruit de leurs recherches et de leurs expériences, contentons-nous avant de modifier le costume, et ne pouvant supprimer le corset, de modifier seulement celui-ci au mieux des exigences de l'hygiène et de l'élégance.

Et je pose à nouveau la question : quel corset la femme doit-elle porter ? Par là, j'entends bien dire : quel type de corset la femme doit-elle porter ?

En effet, *cet ouvrage est œuvre de médecin et c'est pourquoi, je n'ai pas à recommander ici un corset à l'exclusion des autres*, mais seulement à rechercher quelles sont les meilleures conditions générales auxquelles doit satisfaire un corset pour être le moins dangereux possible.

Je ne prétends pas non plus apporter la solution du problème en présentant un type quelconque de « corset hygiénique » qui serait une panacée.

Outre la suspicion de mercantilisme toujours possible avec ces sortes de tentatives, nous croyons qu'un seul individu, quelle que soit son autorité, est absolument impuissant à imposer un modèle quelconque à une génération nous pourrions même dire à l'humanité entière (Dr Butin).

On peut diviser les corsets modernes — faits d'une seule pièce — en trois catégories suivant la région sur laquelle s'exerce le maximum de leur pression.

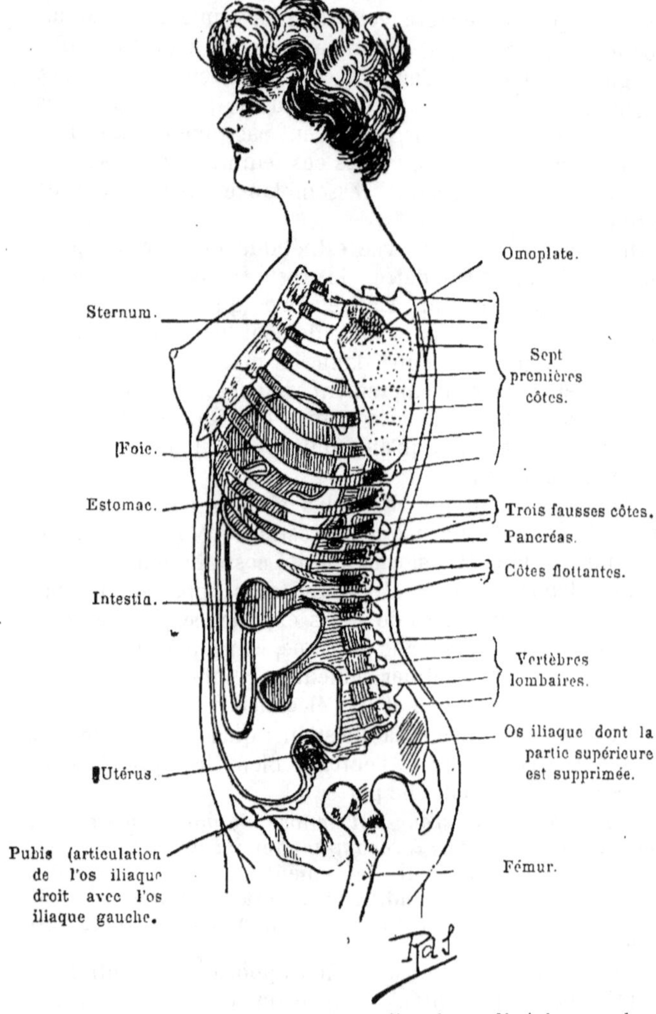

Fig. 134. — Coupe antéro-postérieure d'un tronc féminin normal.

1° Les corsets d'une seule pièce enveloppant le thorax et l'abdomen, mais conservant la pression la plus forte à la base du thorax ;

2° Les corsets d'une seule pièce enveloppant le thorax et l'abdomen, mais avec compression plus forte sur l'abdomen ;

3° Les corsets d'une seule pièce n'embrassant que l'abdomen, et ne soutenant ni la gorge ni la base du thorax.

Je crois inutile de faire ici (d'une façon particulière) la critique des corsets de la première catégorie, c'est-à-dire

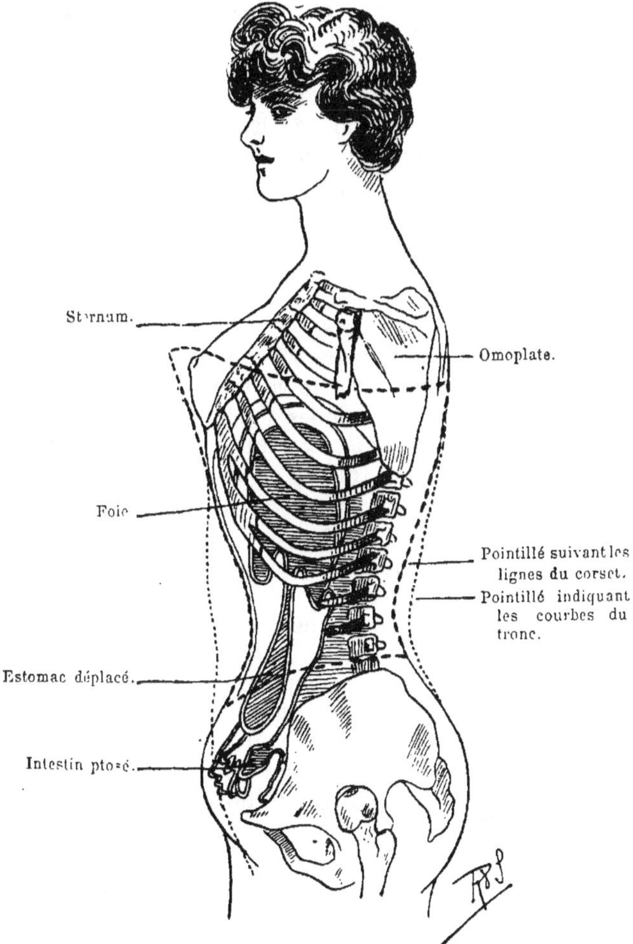

Fig. 135. — Comment le corset cambré déforme le corps.

des corsets cambrés. Au cours des chapitres consacrés à l'étude de l'influence du corset sur les viscères, j'ai suffisamment montré tous les dangers de la constriction pour que le corset cambré avec lequel on peut obtenir le maximum de constriction se trouve par là condamné sans appel.

Je n'insiste pas et j'aborde l'étude critique des corsets de la deuxième catégorie, c'est-à-dire des corsets droits.

Sur ceux-ci, M. Degrave a écrit quelques pages pleines d'humour, aussi, je laisse la parole à mon confrère : Madame de Girardin disait qu'on n'a pas la même âme en robe du matin ou en toilette du soir. De ces paroles on a tiré des déductions plus ou moins philosophiques, mais surtout littéraires, sur le rôle moralisateur de la toilette et par conséquent du corset puisque le corset reste toujours l'armature centrale de la toilette féminine. Un aimable écrivain naguère dans le *Figaro* exaltait cette sorte de contrainte créée par le corset qui fortifie la volonté et tonifie le caractère. De pareilles idées nous ramèneraient peut-être à la pratique malsaine des anciens cilices. Elles sont d'un autre âge. Bref, sauf votre respect, ça pue le moisi. A ces momies d'antan, tenaillées, cadenassées, étouffées, pétrifiées, je préfère certes les « emballées masquées, enlunettées, empaquetées, vêtues de peaux de bêtes » mais ivres de vent, de paysages et de vitesse que sont les automobiles modernes. Pas si empaquetées que ça, croyez-le, car au sortir de ces vilaines peaux, elles savent, au travers de leurs dentelles flottantes nous montrer des corps sains, respirant santé et beauté, vrais apanages de la vie.

Je suis d'avis en effet, pour relever les volontés débiles, qu'il est assurément des exercices plus nobles, plus louables, plus moraux, que de meutrir et lacérer volontairement ses propres chairs et entraver ainsi le complet épanouissement de son être y comprise la grande œuvre de la maternité. Poussons à bout cette argumentation, il me serait facile d'about̄ir à conclure que le corset, comme le cilice, est une arme doublement néfaste, à double tranchant, suicide et homicide, car virtuellement faiseur d'anges.

S'il est vrai qu'on n'a pas la même âme en robe du matin qu'en toilette du soir, moi hygiéniste plus prosaïque, je vois dans ces paroles l'éclatante confirmation d'un chapitre de notre pathologie, qui est la dyspepsie nerveuse, et aussi l'entéroptose, sa fidèle compagne, tellement fidèle qu'elle forme avec elle anneau de la même chaîne, l'une attirant l'autre et réciproquement.

Vous dormez mal, n'est-ce-pas, Madame ? A minuit, une heure, deux heures du matin, vous êtes en proie à un malaise quelquefois tellement angoissant que vous croyez que c'est la fin. Torturée par des pincements, déchirements, dans la région du cœur, qui palpite et s'affole, menace d'éclater, vous ressentez des aigreurs, des brûlures à l'estomac et à la gorge, vous vous asseyez, vous vous levez, vous vous recouchez, tournez et retournez dans votre lit comme jadis sur son gril devait faire le martyr saint Laurent rôti par des charbons ardents. Vous vous endormez enfin, peut-être après avoir, à plusieurs reprises, largement imploré un alcool de menthe ou de mélisse, votre arme de chevet qui ne sert, par surcroît, qu'à vous acheminer vers l'alcoolisme insidieux. Le génie du mal vous nargue encore en votre sommeil qu'il surcharge et assombrit de noirs cauchemars, de rêves pénibles.

Véritable bourreau, ce sommeil se prolonge bien avant dans la matinée, et au réveil vous constatez amèrement que ce sommeil de plomb ne vous a procuré aucun repos. Et vous vous levez fatiguée, affaissée, exténuée.

Cette lassitude, cet effondrement de votre personne ne feront trêve que lorsque vous aurez mis votre corset. Vous en concluez que le corset est bienfaisant pour vous. Et cependant n'en croyez rien, car le corset, ce faux ami, est cause de tout le mal. Le port habituel du corset a rompu, en effet, l'équilibre de vos organes abdominaux.

Sa constriction les anémie, les atrophie ; elle les chasse, les repousse hors de chez eux pour les cumuler plus ou moins loin en de nouveaux domiciles, nullement faits pour les recevoir, et dont ils distendent les parois, à tel point, que lorsque vous enlevez votre corset, le contenant, ou sac abdominal, élargi et relâché, devenant plus grand que le contenu viscéral raréfié, il se produit un vide dans votre ventre, un défaut de tension. Vos organes ballottent et dans la station debout, ils tombent, tirant sur leurs ligaments suspenseurs, branlants et allongés.

De même, habituées à la tutelle du corset, plaquées sur un squelette chancelant, toutes vos chairs, devenues flasques, manquent de ton, déclivent dès qu'elles ne sont plus soutenues, comme choit la terre glaise encore molle d'une maquette à laquelle l'artiste enlève trop vite les bandelettes qui l'enserrent. Alors vous gémirez corps et âme, tout ensemble. En vertu de la loi de symbiose, de synergie, de solidarité qui régit toutes les parties de votre organisme, et des rapports non moins étroits qui existent entre notre psychisme et notre organisme, tout votre être souffrira, car votre mentalité compatira avec votre physique, avec votre guenille. Et comme cette souffrance sera plus accentuée le matin, votre irritabilité, votre maussaderie, votre hypochondrie, votre psychasthénie, votre aboulie, atteindront à cette heure leur apogée.

Mme de Girardin avait donc raison de dire qu'on n'avait pas la même âme en robe du matin qu'en toilette du soir. C'est qu'elle était peut-être dyspeptique. La maladie du corset vivait.

Dans le principe, toutes ces manifestations morbides s'effacent et disparaissent à mesure que la journée s'avance. Vous en êtes quitte pour quelques éblouissements, quelques vertiges, quelques bouffées de chaleur, quelques vapeurs.

Vous en êtes quitte, et, vous savez pourquoi, pour à table garnir avec vos gants les verres à vins fins, repousser les mets les plus appétissants, et oberver sévèrement un strict carême volontaire. Vous le faites d'ailleurs depuis si longtemps, et avec une telle ostentation, qu'on a pu dire tantôt que « l'austérité douteuse des cloîtres du vieux temps se prélasse aujourd'hui à la table des riches et l'affectation d'un jeûne perpétuel est devenue une manie de bon ton ».

Mais, avouez-le ce n'est de votre part qu'une abstinence forcée, Mesdames, édictée, puis imposée par votre affolement de sveltesse et de diaphanéité.

Vous en êtes quitte encore pour étouffer ou voiler, par une toux savamment provoquée, tous ces incommodants glouglous qui, en dépit de toute convenance, se font entendre dans votre gorge, juste à l'instant inopportun, parcourant toute une gamme musicale depuis le plus petit « ronron », qui chatouille désagréablement, jusqu'au sinistre clapotement qui vient du bout de vos entrailles et vous fait pâlir et frémir de honte et d'horreur.

Mais peu à peu, avec le temps, tous ces symptômes s'accentuent, s'aggravent, se prolongent et durent ; ils ne vous quittent plus. A ce moment le corset ne soulage pas. Ce faux ami vous abandonne.

Vous êtes une malade. Eternelle blessée, amaigrie, anémiée, vous devenez bilieuse, grincheuse, acariâtre, de mauvaise compagnie.

N'allez donc pas me soutenir, pour votre défense, qu' « on serait merveilleusement mal à son aise dans une société où tout le monde se mettrait à son aise ». Non, car la réforme de la toilette n'exclut pas la bonne éducation, ni la galanterie, ni la politesse, ni l'étiquette. Etant plus à l'aise, mais convenablement plus à l'aise, on serait certainement plus gaie, plus sincère, moins médisante ; finalement d'une fréquentation plus agréable, parce que l'on serait plus fraîche, plus robuste, moins torturée, plus libre maîtresse de soi, plus heureuse, en un mot moralement comme physiquement meilleure, la méchanceté diminuant à mesure que la santé augmente.

Vos salons seraient de ravissants édens, en majorité peuplés d'oiseaux, chantant et gazouillant en pleine liberté, même parés et musqués, et non de sombres volières encombrées de pies méchantes et de poules grincheuses.

Passant à un point de vue plus pratique, j'ajouterai, Mesdames, que, avec un corps sain meublé d'un esprit sain, vous seriez mieux armées pour la lutte de la vie, et pour la sélection naturelle ou sociale, voire même pour la guerre des sexes. Ce mode de révéler, par le plein éclat et libre épanouissement de votre être « votre type mental, votre esthétique personnelle, vos intentions profondes » vaudrait cent fois mieux qu'un air souffrant avec une taille autrement fine. Et vous pourriez alors vous recommander de réels sentiments d'altruisme car vous pourriez être plus utiles et plus agréables à votre semblable, moins renfermées que vous seriez en vous-mêmes, partant moins égoïstes.

Par ce temps de revendications féminines, à une époque où se fait sentir le besoin impérieux, la soif insatiable de liberté et d'indépendance, où la raison proteste et aspire à briser toute entrave, où l'être naturel se rebiffe contre les conventions sociales ou mondaines qui l'ont déformé, ces considérations sont ici à leur place et ne sont pas à dédaigner : stigmate d'esclavage, *carcere duro*, le corset ajoute à l'infériorité naturelle de la femme et d'autant plus regrettable que celle-ci est consentie, voulue. Apôtres du féminisme, démolissez donc avant tout cette nouvelle Bastille, ou bien transformez-là !!! Que ce soit un confortable et secourable palais, non plus une prison !

Il serait injuste, il est vrai, de ne pas reconnaître les importants progrès qui se sont réalisés dans l'industrie du corset. On ne peut que louer les efforts admirables de ces ardentes réformistes qui se doublent d'incomparables fées du chiffon. Nous ne voyons plus guère aujourd'hui, sur les dames soucieuses de leur santé et de leur beauté, ces affreux instruments de torture qui gonflant le ventre comme une outre, séparant nettement le corps en deux, le faisaient ressembler à un grotesque et ridicule sablier..

La vraie place de ce corset d'antan est désormais au Musée de Cluny, à côté des corps piqués et des cuirasses de fer de la maléfique Catherine de Médicis.

Néanmoins le dernier cri de la mode n'est pas encore

le dernier cri de l'hygiène ni de l'esthétique. Le corset droit a sans doute l'avantage d'avoir allongé la taille, il adoucit, il moule mieux la cambrure des reins. La zone de constriction n'est plus si étroite, et par conséquent moins à craindre. Malheureusement, ses défauts sont plus nombreux que ses mérites.

1° D'abord, dans sa partie antérieure, le corset droit remonte généralement trop haut. Il ne dégage pas assez la région épigastrique. Fidèle à la tradition, c'est un glouton qui veut encore trop embrasser et se préoccupe toujours trop de porter aide et protection à « ces coquins de pendards », comme les appelait Voltaire, tellement pendards, hélas ! qu'ils ont le plus souvent besoin de remplaçants ! C'est que le corset pour ne plus être thoracique, et il le faut absolument, doit renoncer définitivement à soutenir les seins. Ce rôle, si on tient tant à le conserver, doit être réservé au soutien-gorge indépendant.

2° En second lieu, le corset droit abuse de sa droiture. Si, comme l'ancien corset, il ne repousse pas le ventre de haut en bas, il appuie trop sur lui, et, sous prétexte de le dissimuler, l'écrase comme ferait un étau posé d'avant en arrière. Cette pression brutale traumatise les intestins, les chasse, les disloque ; bref, elle produit la vraie déventration, qui se révèle pathologiquement par tous les signes de l'entéroptose, de la dyspepsie et des névropathies dont je vous ai déjà indiqué le sommaire tableau. Cette pression néfaste s'étend ici principalement sur le plancher périnéal, faisant sourdre varices et hémorroïdes, énucléant, prolabant vessie, utérus et tout l'appareil génital, de telle sorte que le dernier cri à la mode, qui est de ne plus avoir de ventre, aboutit à la grève, inconsciente mais réelle, des ventres, au sens de la maternité.

3° Pressurés, les intestins trouvent une sortie, une échappée sur les côtés du bord inférieur du corset. En cet endroit le ventre déborde, formant besace ; et cette fuite immodérée, cette diversion sans limites, permet *ad libitum* d'exagérer la constriction. Il en résulte que le corset droit serre trop.

J'en conclus, au point de vue de l'hygiène, que le corset droit ne vaut rien. Il me reste à l'apprécier sous le rapport de l'esthétique.

La santé et la beauté devant être unies par des liens indissolubles, l'esthétique confirmera d'abord la précédente sentence portée par l'hygiène contre le corset droit. au point de vue de l'esthétique, je puis donc d'ores et déjà vous répondre : le corset droit vous rend souffrante, il ne peut donc que ternir, altérer et dédorer votre beauté ; le corset droit vous rend malade, il ne peut donc que vous rendre laide ; si vous restez encore belle malgré lui, je vous réponds que vous seriez encore plus belle sans lui et que vous le seriez bien plus longtemps.

Je pourrais m'arrêter là ; mais je veux poursuivre plus avant ma critique sur l'esthétique du corset droit.

1° S'il est instrument de gêne, une sorte d'étouffoir de la santé et de la vie, le corset droit n'en est pas moins un instrument de mensonge. Il ment à la nature, car trop souvent il masque, déforme et enlaidit les beautés naturelles de la femme.

Plus on s'écarte de l'habit de nature, plus on pêche contre le goût. En d'autres termes, « l'art doit s'inspirer de ce qu'il voit et il est d'autant plus parfait qu'il reproduit mieux la réalité ». Ce qui revient à dire, avec Platon, que le beau est la splendeur du vrai.

Or, nous savons que la ligne vraie chez la femme est la ligne courbe. C'est elle qui domine et caractérise l'anatomie plastique de la femme. C'est cette ligne qui lui donne la grâce, le charme, ce je ne sais quoi de moelleux et de caressant qui subjugue, enveloppe et attire. C'est que la ligne courbe est la ligne de beauté.

C'est donc cette ligne que l'art du vêtement doit conserver, copier, mouler et faire valoir extérieurement. Par l'idée de rectitude et de redressement que son nom implique, le corset droit est donc inesthétique. Il l'est aussi de fait puisqu'il aplanit, enfonce même, la douce convexité naturelle de l'abdomen.

2° En second lieu, pour être réellement belles, les courbes de l'argile idéale, ne doivent pas être immobilisées, figées, inertes et rigides comme marbre, mais souples, animées, ondoyantes. C'est cette impression qu'ont voulu rendre les nombreux peintres qui ont représenté Vénus sortant de l'onde, les formes de la femme doivent conserver toute la flexibilité, toute la liberté d'allures, dont la nature les a douées. Tout mouvement doit leur être possible, et ce pouvoir latent doit se laisser deviner même au repos. Les formes de la femme doivent révéler extérieurement la force qui les anime, qui palpite sous elles, c'est-à-dire la vie et son frissonnement, ce qui manque à certaines statues pour être parfaites.

Or, sous la gêne du corset droit, le corps de la femme acquiert de la rigidité. Il se cabre tout entier, il se raidit, se contracture devant cet obstacle qui mutile et broie ses entrailles. Immobilisé, tendu, jeté en arrière pour contrebalancer l'équilibre perdu, en cette attitude guindée, le corps de la femme, ensellé et tétanisé, ne garde aucune de ces séductions serpentines qu'il possède naturellement et en font la beauté.

En résumé, avec le corset droit, on obtient une poupée plus ou moins mal articulée et seulement en certains sens et en certaines limites, mais on n'a pas une poupée réellement vivante.

A vous, Mesdames, qui portez le corset droit, je puis donc dire comme Louis Legendre :

Le grand chic est un esclavage
Et le grand chic est d'être en bois.

(Je tiens à noter ici pour être complet, que depuis la publication de ces lignes, une corsetière a cherché à augmenter la faculté des mouvements avec le corset droit en inventant un busc à coulisse permettant à la femme de se plier en avant).

3° Enfin j'ai déjà dit que le corset droit serre trop ; je le répète, puisque en créant des tailles trop fines, le corset droit va à l'encontre de cette loi essentielle de l'esthétique qui exige l'harmonie des proportions.

On trouve cette harmonie chez la Vénus de Milo et chez la Vénus de Médicis, qui cependant n'ont pas la taille fine. C'est que le nombre de centimètres à la ceinture importe peu pour la beauté. Ce qui importe, c'est la silhouette, c'est l'ensemble, c'est l'harmonie.

Vous pêchez donc contre l'esthétique, Mesdames, quand, sans considération pour l'ampleur du reste du corps, vous serrez exagérément votre taille au point de faire déborder des hanches luxuriantes qui pourraient parfois rivaliser avec celles de la Vénus hottentote ou Vénus Callipyge.

N'oubliez pas que la coquetterie est l'art de se faire belle et qu'une des principales conditions de l'esthétique est l'harmonie des proportions. Si donc vous voulez être belles, ne cherchez pas la taille fine, méfiez-vous du corset droit.

L'esthétique comme l'hygiène, condamne donc le corset droit.

Il ressort de cette étude que le vice capital du corset droit est de ne pas être abdominal d'une façon efficace. Je sais bien qu'il a la prétention de l'être. En réalité, il ne l'est pas du tout. Vous avez beau remonter franchement l'abdomen en tirant la chemise par en haut, pendant que l'autre main retient le corset par en bas, votre abdomen ne tarde pas à glisser sous la pression de ses tenailles, comme vous échappe un noyau pressé entre deux doigts.

C'est que pour devenir réellement abdominal, le corset ne doit plus être droit. Il faut que sa partie antérieure et inférieure soit légèrement incurvée dans le sens de la courbe naturelle anatomique du ventre ; qu'il moule, reçoive et soutienne le ventre de bas en haut. Alors, seulement le corset pourra se recommander de l'hygiène et de l'esthétique. Alors seulement, il méritera l'étiquette élogieuse d'écrin féminin, parce qu'il n'abîmera pas et n'écrasera pas les perles qu'il renferme.

Lisez aussi dans *la Vie Parisienne* sous la signature « Le Renard Noir » les récriminations, plaisantes dans la forme, mais si justes dans le fond, d'une femme qui, devant une amie, maudit les corsets droits. Elle est allée les considérer dans leur appartement, là, dit-elle derrière des paravents, maintes femmes s'ébrouent tant qu'elles sont en chemise, puis on apporte l'instrument de supplice, tous lacets ouverts, on vous pose cela autour des hanches, puis on vous le descend ma foi, jusqu'aux genoux ; ah ! je te promets bien que tout ce qui doit rester caché ne peut guère faire autrement ! Puis on attache, très serrés quelques paires de cordons aux bas ; enfin l'essayeuse plonge ses mains, faisant office de louches, entre le corset et le corps et ramène tout ce qu'elle peut trouver de chair au-dessus de l'armure ; on l'y soutient et on lace en faisant montre de toute la force dont on est dépositaire. La femme ainsi fagottée, certainement n'a plus de ventre, tout au moins à la place que lui assigne le Créateur, on a capté ce ventre, mais pour le placer, débordant entre l'estomac et le cœur. Elle n'a plus de jambes non plus la pauvre dame, plus d'espace entre la taille et les hanches, on dirait qu'elle veut avec sa bosse servir d'affiche-réclame pour le journal anglais *The Punch*... C'est la mode ou plutôt c'était la mode, on en revient...

Le corset droit appelé encore corset pelvi-thoracique a réalisé cependant et très certainement un grand progrès sur l'ancien corset cambré ou sus-ombilical, puisqu'il ne permet pas à la femme de se serrer autant la taille; malheureusement, il ne s'est pas contenté de contenir l'hypogastre, il l'a écrasé par son busc droit et rigide.

Les corsets de la troisième catégorie ou corsets abdominaux doivent-ils être préférés aux corsets des deux précédentes catégories, de suite, je réponds oui, leur mode d'action doit, en principe, être préféré.

« Le rôle principal du corset doit être de soutenir les vêtements et d'empêcher la constriction des liens autour de la taille, de façon à éviter le refoulement des viscères vers le bas sous l'influence de cette constriction.

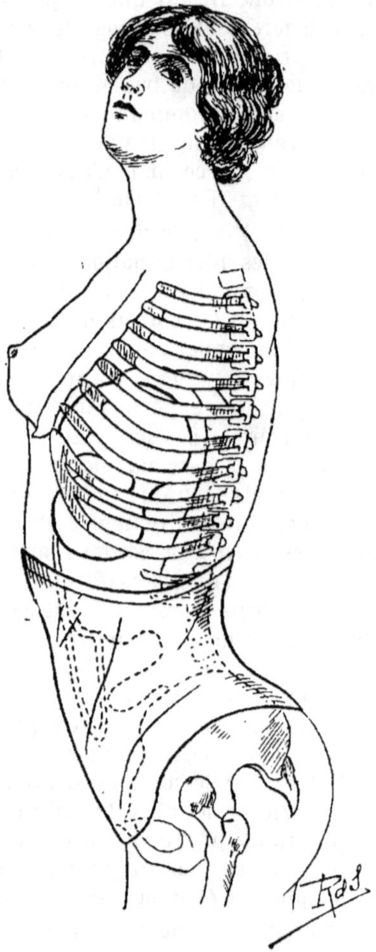

Fig. 136. — Un tronc féminin vêtu d'un corset abdominal

Pour cela il doit être placé autour de la taille puisque les vêtements se divisent à ce niveau ; mais il importe de bien préciser les points exacts sur lesquels on peut l'appuyer. La surface qui s'offre pour donner cet appui au corset mesure plusieurs centimètres en hauteur n'étant protégée par aucune paroi rigide, excepté du côté de la colonne vertébrale, elle est vulnérable sur presque tout son pourtour. Les organes placés à ce niveau peuvent exceptionnellement et sur ce point seulement être serrés et tassés l'un contre l'autre par une pression circulaire à laquelle rien ne s'oppose et dont les femmes ont abusé de tout temps (Dr Degrave).

Les viscères situés dans cette région insuffisamment défendus contre les violences extérieures subissent ces violences, mais c'est au détriment de leur bon fonctionnement.

La première indication qui doit être mise en relief dans l'étude d'un corset hygiénique consiste non pas à diminuer ou à supprimer la constriction de la taille, mais à empêcher qu'elle puisse s'exercer en aucune façon. Voilà quel est le point le plus important. Immédiatement audessus de cet espace interosseux se trouve la base de la cage thoracique constituée par les fausses côtes et les cartilages costaux. Ces organes essentiellement mobiles sont destinés à assurer les mouvements du poumon, par conséquent l'intégrité de la fonction respiratoire ; il est indispensable d'affranchir les fausses côtes de son contact et de libérer de toute pression ces deux régions de l'épigastre et du thorax essentiellement mobiles.

Le rebord osseux qui limite le pli de la taille est par comme formé d'os extrêmement résistants. Ces os fournissent une protection complète aux organes placés dans la cavité qu'ils limitent ; leur solidité permet parfaitement qu'on s'appuie sur eux. Aussi après avoir exclu les deux autres régions comme impropres à fournir un appui à un vêtement qu'on veut et qu'on peut serrer, il était naturel de choisir la région du bassin et de s'appuyer sur elle, puisque la résistance qu'elle peut opposer à une constriction extérieure est plus que suffisante pour que les organes internes n'en soient pas influencés (Dr Gaches-Sarraute)

C'est d'après ces idées très justes qu'ont été construits la plupart des corsets abdominaux proprement dits, malheureusement ceux-ci ont trop sacrifié le point de vue esthétique si bien que très peu de femmes sur la quantité de celles qui portent corset, l'ont définitivement adopté.

« Avec le corset sous-ombilical les femmes avaient dû sacrifier leur profil féminin et adopter pour en dissimuler les défauts cette blouse flottante qui formait une sorte de voussure régulière du cou au pubis, formant au-devant de l'abdomen une bosse conique et pendante comme celle de Polichinelle. »

Je ne retiens pas comme un reproche sérieux adressé

au corset abdominal de ne pas soutenir les seins, il suffit pour remplir ce but que la femme, vêtue de ce corset et ayant des seins développés porte un soutien-gorge.

Par contre dans des cas pathologiques, ptoses, tumeurs, le corset abdominal peut constituer au point de vue orthopédique un excellent soutien.

Le corset cambré étant déclaré par tous dangereux, le corset droit étant reconnu comme faussement hygiénique, le corset abdominal étant peu esthétique sauf

Fig. 137. — Corset abdominal
Etablissements Farcy et Oppenheim

chez la femme normalement faite, (et j'ai montré combien de causes s'unissent pour détruire la beauté du corps féminin quand elle existe), on a cherché à résoudre le problème autrement et on a créé des corsets formés de deux parties distinctes, l'une thoracique, l'autre abdominale.

Ces corsets peuvent être rangés en trois catégories dont je vais décrire quelques modèles *tout en spécifiant bien une fois de plus que je n'entends pas recommander un modèle plutôt qu'un autre.*

Dans la première, je comprendrai les corsets composés

de deux pièces séparées l'une de l'autre par une solution de continuité au niveau de l'estomac et reliées entre elles en arrière.

Le dos étant d'une seule pièce, le serrage, même s'il est fait avec deux lacets, commande les deux parties qui ne sont pas indépendantes et travaillent mal lorsque la

Fig. 138. — Corset abdominal
(Établissement Farcy et Oppenheim)

femme se plie. De plus, dans la région antérieure, les tissus non maintenus font entre la pièce supérieure et la pièce inférieure une saillie, une protubérance plus ou moins disgracieuse selon le degré d'adipose de la femme et qui peut être douloureusement pincée entre les deux pièces du corset dont les mouvements de flexion en avant du corps.

Je classe dans une deuxième catégorie les corsets formés de deux parties superposées : tantôt c'est la partie thoracique qui repose sur la partie abdominale, tantôt cette dernière recouvre la précédente sur une certaine étendue. Il n'y a pas comme dans les modèles de la première catégorie d'espace libre entre les deux parties, mais il y a comme dans ces modèles dépendance des pièces abdominale et thoracique.

On trouvera dans le tome I de cet ouvrage, le *Corset, Etude Historique*, des figures de corsets de ces deux catégories ; on n'y trouvera pas par contre de reproduction des types de corsets de la troisième catégorie dont je vais parler pour cette raison que le créateur du premier de ces types et que ceux qui ont créé des modèles analogues n'avaient pas encore fait connaître leurs inventions lors de la publication de la première partie de mon travail.

Fig. 139 — Corset Pelvien par *A Claverie* (ouvert).

Cette catégorie comprend le genre de corset dans lequel la partie thoracique et la partie abdominale sont reliées ensemble au moyen de coulisses et de glissières, mais qui restent indépendantes dans leur serrage aussi bien que dans leurs mouvements quand la femme se fléchit d'avant en arrière ou d'un côté à l'autre. Dans ce modèle, il y a obligation de placer la partie abdominale la première et de la bien lacer avant de pouvoir placer le corset thoracique. En vertu de ce principe « qu'il ne faut pas adapter la sangle à un ventre préalablement corseté, mais adapter le corset à un ventre préalablement sanglé ». La femme peut porter la sangle abdominale seule mais ne pourrait, sans se blesser, porter seule l'autre partie du corset, la partie supérieure thoracique. Quand la femme porte le corset entier l'imbrication des deux parties empêche tout pincement des tissus. L'avantage de ce système, *j'entends comme toujours fait sur mesure*, est l'indépendance des deux parties.

Fig. 140. — Corset Pelvien de A. Claverie posé. Breveté S. G. D. G. (affection de l'Abdomen)

Les lecteurs désireux de connaître ces modèles dans tous leurs détails pourront consulter les brevets, numéros 341.688, 341.749 et 349.860, en date du 26 juin 1904 ; 29 mars 1904 et 7 juin 1904.

J'estime suffisant, ne voulant m'immiscer dans aucune discussion commerciale, de publier les très intéressantes figures 138, 139, 140, 141, que je dois à l'amabilité de M. Abadie-Léotard, de MM. Farcy et Oppenheim et de

MM. Bos et Puel (successeurs de Claverie) de pouvoir reproduire ici.

Dans le corset de M. Abadie et du Dr Glénard la sangle est toutefois au point de vue de son action comprise d'une façon assez intéressante pour que j'y insiste.

«Au cours de ces dernières années tous les nouveaux modèles de ceinture abdominale qui ont été proposés : Gaches-Sarraute (1885) ; Kortz, Monféuis (1897) ; Fischer, Burger (1898) ; ceinture antiptosique de Jayle (1900) ; ceinture de la Pitié d'A. Robin (1901) ; ceinture de Sigaud (1902) ; ceinture d'Ostertag (1902) ; bandage pelvien ou plutôt caleçon de Bracco (1904) obéissent aux principes fondamentaux de la sangle pelvienne : aplatir et relever l'hypogastre, embrasser les hanches, avoir une constriction indépendante à leurs diverses zones », cette constriction variable étant réalisée de façons diverses soit par la coupe de la ceinture, soit par la nature des matériaux.

La sangle abdominale en effet peut être faite en tissu composée d'un tissu caoutchouté dans la hauteur de l'appareil inégalement et de telle façon que la force du bandage soit dégressive de bas en haut ; une forte constriction pouvant, au niveau des os du bassin, s'exercer sur la région sous-coxo-épineuse, une moyenne agissant sur la région coxo-épineuse, enfin une faible réservée pour la région sus-coxo-épineuse.

La sangle abdominale en effet peut être faite en tissu caoutchouté, il n'en est pas de même pour le corset.

Fabriqué avec des tissus de ce genre sans solution de continuité le corset provoque un échauffement et une moiteur de la peau particulière et il gêne le fonctionnement de la surface cutanée. En effet, « la peau respire et elle exige cet échange constant avec l'air extérieur pour remplacer l'air qui était à son contact. De cette condition dépend la fonction normale physiologique de la peau, fonction qui joue un rôle important dans l'excrétion, la peau étant au même titre que le rein un vaste émonctoire à travers lequel s'échappent les matériaux de déchet qui proviennent des combustions organiques ».

Cette observation toutefois perd de sa sévérité quand il s'agit de remplacer dans un corset une ou plusieurs parties — minimes dans leur ensemble — par du tissu en caoutchouc.

« Le corset appliqué exactement au corps, car autrement il ne pourrait le soutenir, même employé très modérément, emprisonne presque le tiers de l'organisme dans une fermeture hermétique. Outre la constriction nuisible il met toute cette surface de la peau dans les conditions physiologiques les plus mauvaises. Cette peau ne peut pas respirer, ne peut pas agir comme émonctoire des déchets organiques. Par conséquent dans les parties les plus serrées, elle se ternit, prend une teinte sale et devient plus ou moins rugueuse, avec amaigrissement et atrophie de la paroi. »

Le corset devrait être fait d'un tissu souple, baleiné légèrement, qui moule la femme, ce qui ne veut en aucune façon dire que le corset doive être fait d'après un moulage.

C'est pourquoi on a essayé d'employer des tissus à mailles, soit que l'on ait fait des corsets tissés d'une seule pièce « corsets sans coutures dont les mailles jouent entre elles comme des anneaux enlacés les uns aux autres », soit que — ce qui est d'un prix de revient moins élevé — on taille dans le tissu à mailles pour couper et établir un corset suivant les règles habituelles. De tels corsets élastiques sans caoutchouc conservent à la femme la souplesse de ses mouvements et l'ondulation de ses lignes ; malheusement ils ne trouvent l'indication absolue de leur emploi que lorsqu'ils sont faits par une corsetière connaissant bien et son métier et la coupe spéciale à ces tissus et habillant une femme sans adipose.

On a reproché aussi à ces corsets d'être d'un prix assez élevé que vient augmenter une déformation rapide quand ils sont portés par une femme obligée de se mouvoir beaucoup et de se livrer à ses occupations ; les progrès de la fabrication tendent toutefois à diminuer de plus en plus l'importance de cette objection.

Contrairement à ce que l'on pourrait penser, ce n'est pas l'absence de baleines qui rendrait un corset hygiénique, s'il faut que ce corset soit léger encore faut-il que le tissu qui le compose soit soutenu. En effet « les corsets à tissus trop souples sont dangereux et contraires au plus simple bon sens hygiénique. Non seulement ils ne donnent pas à la femme l'élégance de formes qu'elle recherche, mais encore leur mollesse permet aux liens des vêtements de comprimer la taille. Mieux vaut un corset à baleines plus résistantes, bien flexibles pour permettre aux mouvements leur aisance ; mais à la condition de proscrire les corsets dits « tout faits » qui façonnent le buste à leur gré au lieu de se plier aux formes du corps. Le plus sûr moyen d'éviter tout désordre, c'est donc d'avoir un corset fabriqué exactement sur la mesure des formes naturelles. Ces mesures doivent être prises sur le nu et non pas sur un corset déjà en place, comme on le fait habituellement. Il va sans dire que jamais il ne sera serré (Chapotot).

La prise des mesures sur le nu a toutefois cet inconvénient que la cliente ayant les chairs plus ou moins fermes, quand elle vient la première fois, il faudra plusieurs essayages pour que le corset soit au point. Un moyen terme consiste à prendre mesure sur un corset porté, mis au point, mais non serré.

Je n'insisterai pas sur la question de l'étoffe, car il importe peu que le corset soit fait en coutil, en soie, en rubans, en tissu à mailles etc., un seul point me paraît intéressant, c'est la nécessité d'employer en général des tissus inextensibles puisqu'ils ont à s'appliquer sur des parties inextensibles elles-mêmes. On ne doit pas compter sur les déformations du tissu pour obtenir l'adaptation aux formes qu'ils ont à recouvrir, puisque cette déformation peut dépasser les limites prévues. (Citons en passant les corsets en rotin tressé.)

Le contact entre l'étoffe et les saillies osseuses doit être obtenu par la coupe des pièces composant le corset, c'est une question d'adresse. Si l'emboîtement des os se fait bien exactement, le corset reste bien en place, la solidité de l'étoffe devient une condition de résistance.

Jamais les tissus ne paraissent durs quand ils sont bien appliqués ; et pour qu'ils soient bien appliqués le corset ne devra pas dépasser certaines limites. C'est ainsi qu'il ne doit pas monter trop haut de façon à ménager à l'estomac une place libre dans l'épigastre. Toutefois il y aura toujours lieu de couper le corset de telle façon que le busc à la partie supérieure ne vienne pas s'engager sous le sternum et blesser ainsi la femme qui s'incline en avant. La partie inférieure du busc sera convexe légèrement de façon à épouser la courbure normale de l'abdomen. Le bord supérieur du corset sera tenu un peu lâche pour permettre le mouvement aisé des côtes.

En arrière, le corset adoptera la cambrure de la taille afin de ne pas gêner le redressement du corps. En avant, il ne doit pas présenter de partie rétrécie au niveau de l'épigastre, de façon à ne pas couper en quelque sorte la cavité abdominale et à ne déplacer aucun viscère.

Enfin, il descendra jusqu'au pubis et s'appliquera en s'arrondissant légèrement à la partie abdominale et assez intimement pour tenir lieu de ceinture et présenter ainsi aux viscères abdominaux un point d'appui suffisant, soit à l'état de repos, soit dans les efforts que nécessitent les exercices violents. Quand il s'agira de corset de sport, celui-ci, très souple, devra être de dimensions très réduites et adopter plutôt l'aspect d'une ceinture que celui d'un corset.

Il n'est toutefois pas suffisant d'indiquer que le corset cambré doit être proscrit, que le corset droit ne mérite pas l'approbation « des sommités médicales » comme le proclament nombre de prospectus de commerçants, et

Fig. 141. — Corset de sport de A. Claverie.

que le seul corset à tolérer est le corset abdominal. Il faut encore indiquer dans quelles conditions les meilleures on réalisera avec ce corset la possibilité d'allier les exigences de la médecine et celles de la coquetterie.

Tout d'abord et cela semble presque inutile à dire, mais je préfère insister sur ce point, tout d'abord, il faudra que le corset soit fait sur mesure, c'est une première garantie contre « les méfaits du corset » pour employer l'expression de Mlle le Dr Tylicka. Ajouterai-je que le corset ne doit être fait que par des gens du métier.

Il faudra ensuite que le corset soit bien lacé. Examinons d'abord où seront placés les lacets : devant ou derrière. S'il ne s'agit pas d'une personne malade, c'est le laçage en arrière qui est le plus généralement adopté : « le laçage devant n'est pas fait pour autre chose que pour donner de l'aisance aux personnes souffrant de l'estomac, du foie, etc., etc. ; de tous temps, les corsetières ont appliqué ce mode de laçage pour toutes les personnes atteintes des diverses affections citées plus haut et aussi et avant tout, pour les femmes enceintes ; cette application prouve donc bien que le laçage ainsi placé est fait pour être relâché et non pour servir de serrage au corset.

La gymnastique à laquelle sont obligées les personnes portant de ces corsets et la difficulté qu'elles ont à obtenir que leurs buscs soient au milieu du corps, le temps qu'il faut passer pour mettre toutes ces choses en place et surtout l'agrément d'avoir à repousser sous le lacet les petits bourrelets de chair qui ressortent toujours d'une façon moins qu'appétissante et suggestive à l'œil, suffirait à en dégoûter les plus ferventes.

Mais à côté de cela, et avant cela surtout, il y a la question d'hygiène, car ce laçage fait une pression et une pression directe sur les organes essentiels. Il est vrai que ces inconvénients du laçage en avant seront bien diminués si les diverses parties du corset ne laissent pas entre elles un écart suffisant pour permettre une constriction abusive.

Il doit du reste en être ainsi, même avec le laçage en arrière. Il est nécessaire que les deux parties du corset non serré appliquées sur le corps laissent entre elles en arrière un très minime espace ; ceci pour deux raisons : l'une, parce que le corset étant ainsi ajusté vêtira plus élégamment la femme et la blessera moins, les tiges postérieures plus ou moins rigides au niveau desquelles sont percés les œillets ne se déformeront pas, ne tourneront pas et ne se déplaceront pas, meurtrissant la femme d'autant plus que des bourrelets de peau, de graisse, de chair se glisseront entre les lacets. L'autre parce que moins la femme aura la possibilité de se serrer avec ses cordons, moins il y aura lieu de craindre l'étranglement des viscères par la constriction du vêtement et il y aura d'autant moins de possibilité de se serrer qu'il y aura moins d'espace en arrière entre les deux parties du corset.

Il est certain que la constriction de la taille sera peu facile si le corset est abdominal et ne remonte pas trop haut et qu'au lieu de serrer dans l'espace qui sépare les fausses côtes de la crête iliaque, on serre sur la crête iliaque elle-même, néanmoins, il est indispensable d'exposer et d'une façon bien nette comment une femme doit lacer son corset. Cette explication pour être précise ne sera pas longue et elle sera des plus claires si l'on examine outre les figures 142 et 143 empruntées à M. Abadie-Léotard la figure parue dans le tome I de cet ouvrage, page. 176.

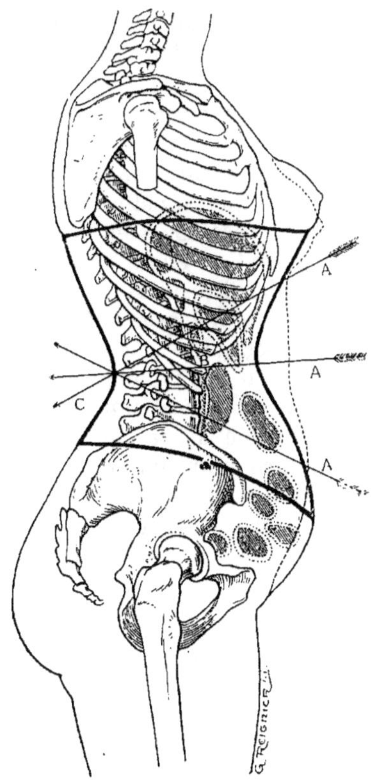

Fig. 142
Schéma montrant l'action du laçage horizontal avec un corset cambré

Je pose d'abord ce principe que le corset est lacé d'une façon maladroite et dangereuse chaque fois que le laçage dorsal apparaît comme affectant la forme de deux V dont l'un inférieur, renversé, et plus petit, aurait sa pointe dirigée vers le haut et accolée à la pointe du V plus grand placé au-dessus de lui.

L'ensemble des laçures du corset pour être normal doit avoir la forme d'un seul V à pointe inférieure très allongée.

S'il arrive qu'une femme objecte : mais ce laçage ne tient pas ainsi fait et parles mouvements il se modifie de telle sorte que la partie supérieure du laçage ne reste pas la plus large comme vous le voulez pour laisser bien libre l'expansion de la partie inférieure de la cage thoracique, je lui réponds : fixez votre lacet par quelques points, tant d'un côté que de l'autre, au niveau des œillets supérieurs.

Un corset est pour moi serré quand le lacet dénoué à la taille, les parties supérieures du corset s'écartent l'une de l'autre sous l'influence d'une inspiration aussi profonde que possible.

Pour réaliser le laçage normal et sans danger, il faut que ce soit au niveau des œillets inférieurs et non au niveau des œillets de la partie moyenne que s'opère la traction ; il en résulte qu'instinctivement, dans le second cas, la femme tire sur les lacets en écartant les bras du corps, en les allongeant, et en les élevant. De cette différence de mouvements, il résulte une direction différente des lacets ; dans un cas le laçage défectueux est horizontal, dans l'autre le laçage est oblique de bas en haut. « Le serrage horizontal est toujours condamnable, qu'il se réalise au moyen d'un lacet unique placé en arrière, quel que soit le mode de laçage, ou bien avec un double lacet placé en avant, ce qui peut être encore plus nuisible, ou même qu'il se dissimule sous couleur de serrage accessoire comme dans certains corsets qui portent quatre œillets supplémentaires à près de huit centimètres au-dessus des crêtes iliaques.

Si nous examinons la fig. 142, nous constatons que toute la force du serrage se fait sentir sur une même ligne horizontale : c'est-à-dire, que nous trouvons le point de résistance au creux de l'estomac ; les points d'appui sur les fausses côtes et autour de la base du thorax ; la puissance derrière la troisième vertèbre lombaire. Par conséquent le point de résistance et les points d'appui étant compressibles et mobiles, plus la force sera grande, plus le point de résistance s'approchera du point de la puissance.

Les fausses côtes mobiles fléchiront, s'incurveront de dehors en dedans, la capacité thoracique diminuera de plus en plus selon la force de serrage et celui-ci deviendra même intolérable lors des mouvements de flexion du corps en avant.

Tous les organes qui remplissaient la base du thorax se trouveront comprimés de telle sorte qu'ils fuiront où ils pourront, au-dessus ou au-dessous de la zone devenue trop étroite. »

Avec le laçage oblique, au contraire, on serre dans une direction telle que la force agit à l'instar des muscles droits et que le corset soutient efficacement la masse intestinale sans soulever ni relever les viscères.

Je sais bien qu'en conseillant aux femmes de placer plus bas qu'elles ne l'ont fait jusqu'à ce jour avec les corsets cambrés ou droits la ligne suivant laquelle elles

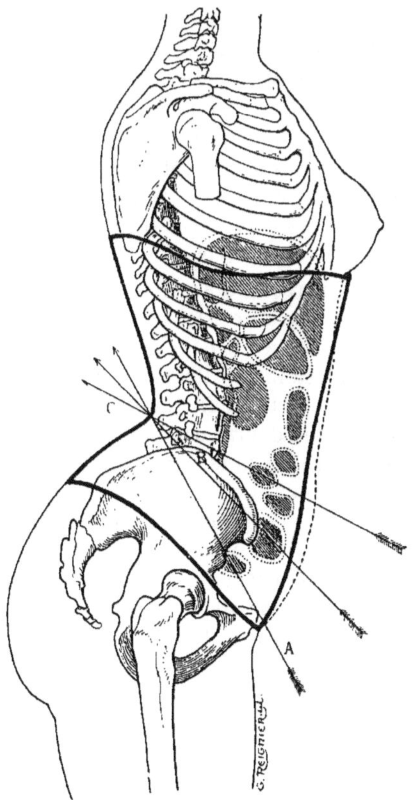

Fig. 143.
Schéma montrant l'action du laçage oblique avec un corset droit

tendent les lacets, elles répondent que d'une part leur taille est moins fine, et que d'autre part le corset ainsi placé bas et serré obliquement glisse, remonte et blesse.

Que la taille soit moins fine, c'est là un argument auquel je ne veux pas m'arrêter ; les dangers de la taille, devenue filiforme sous l'influence du corset, ont été trop longuement étudiés au cours de ce travail pour que j'y revienne ici ; et en outre cet argument, qui tombe devant les considérations physiologiques précédemment exposées, ne tient pas même devant les considérations esthétiques, je l'ai déjà montré et le montrerai encore dans la suite.

Reste la deuxième objection, à savoir que le corset ainsi placé bas et serré obliquement glisse, remonte et blesse. La réponse est facile. Si le corset est abdominal, fait sur mesure et bien fait, il ne remontera pas sous l'influence du serrage, et si le laçage était fait si maladroitement que le corset remonte, celui-ci ne pourrait être toléré, et il faudrait alors placer convenablement le corset et le serrer modérément et rationnellement.

Du reste pour empêcher la tendance qu'a tout vêtement ou appareil placé sur l'abdomen de remonter sur le thorax, on ajoute toujours à ces vêtements ou appareils des accessoires dits sous-cuisses ; pour le corset la femme dispose d'autres accessoires très utiles, ce sont les jarretelles qui sont fixées aux bas.

C'est pourquoi je recommande toujours de mettre son corset de la façon suivante : le délacer très largement, le placer à volonté sur le corps par une ou deux agrafes, puis fixer les jarretelles ; dégrafer ensuite le corset ; appliquer alors soigneusement de bas en haut le corset sur les régions qu'il devra occuper définitivement, une fois la femme habillée, puis procéder au laçage comme je l'ai expliqué plus haut.

Jamais, et je le répète, jamais une femme ne doit appliquer sur son corps un corset à peine délacé, qui après avoir été agrafé sera descendu sur l'abdomen en tirant sur les parties latérales inférieures du corset. En agissant ainsi, la femme tiraille tous ses viscères, les déplace en les attirant par en bas et augmente les dangers de la constriction en faisant agir celle-ci sur des organes primitivement tiraillés et descendus par cette dangereuse manœuvre.

Glissant ses mains dans son corset, non encore complèment agrafé, la femme pourra d'une main relever légèrement, s'il y a lieu, la partie inférieure de son abdomen, mais non pas comme je l'ai lu : soulever des deux mains toute la masse de son ventre, afin de la remonter le plus possible vers la taille. C'est aussi bien déplacer ses viscères que de les faire saillir en masse au-dessous de la ligne de constriction d'un corset cambré, que de les faire surgir en bosse de polichinelle à la partie supérieure d'un corset droit.

« Le clou de la mode doit être, non de ne point avoir de ventre, mais d'avoir le ventre à sa place normale ».

Je voudrais que les femmes soient bien pénétrées des principes et des explications que je viens de donner, elles sont le résultat non pas de ma seule expérience personnelle, mais mieux encore de celle de médecins distingués et de corsetières intelligentes.

Malheureusement je n'ai pas seulement à lutter et avec moi ceux qui ont déjà combattu ce bon combat contre l'ignorance de la femme en la matière, mais contre la routine de certaines corsetières. et il faut bien le dire contre la sottise masculine.

D'abord la routine. Que de corsetières en effet n'admettent ni un conseil, ni une indication quand cette indication provient d'un concurrent, quand le conseil est donné par son médecin. On peut comprendre à la rigueur qu'une corsetière prône exclusivement ses modèles les vantant à sa clientèle comme excellents ; mais ce que je ne saurais admettre, ce sont des réponses telles que les deux suivantes et qui peuvent être citées comme deux modèles du genre.

Désirant un jour me rendre compte au point de vue médical des mérites d'un corset, je priai son inventeur de m'en montrer un type ; une ouvrière apporta un corset et la corsetière de chanter les louanges de sa création et de terminer par ces mots : du reste à Paris, il n'y a pas en dehors de moi une seule maison qui sache réussir un corset. Tous les corsets autres que le mien ne signifient rien.

Et combien de réclames lancées dans le public ne sont pas moins prétentieuses !

Et combien sont rares ceux qui osent écrire avec simplicité et modestie en décrivant un de leurs modèles : « Nous n'avons pas la prétention en présentant un corset type de le proclamer comme le seul bon, le seul capable de réunir les qualités demandées ; nous sommes cependant convaincu que nos efforts n'auront pas été vains ».

La deuxième réponse est encore bien typique. Une fois une malade va chez une corsetière avec une lettre de son médecin renfermant quelques indications sur la forme que devait avoir le corset en raison de la santé de la cliente.

La corsetière jette un coup d'œil sur la prose médicale et conclut : laissez-moi faire, je vous ferai le corset qui vous est nécessaire, votre médecin n'y connaît rien. Ai-je besoin d'ajouter que justement surprise, la malade se retira sans passer sa commande.

Est-ce à dire que pour faire un bon corset il soit nécessaire d'avoir une ordonnance médicale, est-ce à dire que pour avoir un bon corset il sera nécessaire que la corsetière soit absolument éclectique et n'ait pas un modèle à elle ; non certes, mais il est nécessaire que, pour les grandes lignes, l'accord soit complet entre la mode et l'hygiène ; il est nécessaire que la corsetière veuille bien reconnaître comme indiscutables, et sans les interpréter d'une façon fantaisiste, certaines lois physiologiques, certaines indications médicales générales, de son côté alors, l'hygiéniste passera condamnation sur des questions de détail, sur des questions de façon qui sont de moindre importance et qui ne sont pas de sa compétence. Je ne fais du reste aucune difficulté de reconnaître que les clientes ne sont pas toujours faciles à satisfaire et que leurs exigences parfois ridicules obligent les corsetières à exécuter des modèles qu'elles n'auraient jamais créés de leur plein gré.

Qui dira, m'écrivait l'une d'elles, toutes les combinaisons imaginées par les malheureuses corsetières pour contenter leurs clientes. Je vous assure que la tâche n'est pas sans difficulté !

Quant à la sottise masculine, parlons-en maintenant car il faut lutter contre elle ; et pour que la femme puisse réaliser le maximum de commodité avec le maximum d'élégance, il faut, — l'accord du médecin et de la corsetière étant complet, — il faut que l'homme se mette de la partie.

La femme, je l'ai prouvé et je me suis appuyé sur de suffisantes compétences, pour que je puisse dire que je l'ai bien prouvé, la femme ne veut qu'une chose, plaire. Les hommes s'étant extasiés sur les femmes à taille fine, les femmes se sont dit : faisons-nous des tailles fines. Or, au fond cela est absolument égal à l'homme que sa compagne ait une taille plus ou moins fine. A quelques centimètres près, l'homme n'y regarde pas, ce qu'il veut c'est avoir une femme élégante et désirable, rien ne lui étant plus sensible pour son amour-propre que de sortir avec une femme dont on remarque la grâce ou la beauté.

En veut-on la preuve, considérez les corsets droits. Sans qu'on puisse y contredire, le corset droit augmente sensiblement le tour de taille que dessinait sur un même sujet le corset cambré ; eh bien, les femmes sachant s'habiller ne sont-elles pas restées malgré cela élégantes et désirables ?

Il y a donc dans cette question du corset, à combattre la routine sous différentes faces, et je reconnais que cela n'est pas chose aisée. Je ne demande pas à la femme la suppression de son corset, il lui est utile pour soutenir le poids des vêtements, que lui imposent les coutumes de nos régions, il lui est nécessaire pour se défendre contre les années qui apportent avec elles les maladies, et emportent avec elles la fraîcheur de la jeunesse ; il lui est indispensable dans sa lutte sexuelle.

Par contre, je demande à la femme de ne plus être une « snobinette de minceur » de serrer moins son corset et d'écouter plus les bons conseils ; qu'elle ait en résumé un peu moins de folie et un peu plus de docilité. Que si c'est là un résultat difficile à atteindre, et cela apparaît ainsi à beaucoup, unissons nos efforts :

Vous, corsetières, en ne mettant pas votre amour-propre à dire à vos clientes que votre modèle de corset réduit leur taille et leur fait gagner un ou deux centimètres sur le modèle établi par telle ou telle concurrente. Là n'est pas votre rôle, faites un corset qui ne fatigue, ni ne blesse la femme et si ce corset est bien fait, soyez sans crainte, la couturière saura toujours, si elle a du goût, faire une toilette mettant en valeur les qualités physiques de sa cliente et dissimulant les défauts de son anatomie. Et puis est-ce que les modes dans la toilette ne peuvent pas changer tant que l'on voudra, sans qu'il soit besoin de toucher au principe même du corset. Ayez d'abord un bon corset, et si vous avez une bonne couturière vous serez à votre aise et vous pourrez être élégante.

Nous, médecins, dans nos cabinets de consultation en multipliant les avis et en attirant l'attention de nos clientes sur la façon de se vêtir chaque fois que le corset nous paraîtra jouer un rôle étiologique dans la maladie pour laquelle on nous aura consulté, chaque fois qu'il paraîtra même devoir être un danger, fût-il éloigné, pour la santé que l'on nous confie.

Enfin, vous maris ou amants, en ne répétant pas à tout propos et surtout hors de propos à vos compagnes lorsque passe près de vous une femme à la taille mince : Oh ! la jolie taille ! Vous parlez ainsi sans raison, car vous qui venez de vous exclamer sur l'exiguïté d'un tour de taille, vous seriez désolé de contempler nu le corps de votre femme ou de votre amie bâtie comme vient de vous apparaître vêtue la passante dont vous avez admiré la forme.

Il est vrai que dans l'immense majorité des cas une femme est moins belle de lignes que son corset ne la fait paraître ; mais il n'en résulte pas qu'elle serait bien faite si son corps était tel que le moule son corset. « Devenez donc artistes et déclarez hautement que les tailles de guêpes sont laides puisque la nature ne les a pas faites ainsi ».

Lors donc que entre le médecin, la corsetière et l'homme, l'entente sera parfaite sur la nécessité qu'il y a de faire comprendre à la femme qu'elle ne doit pas se serrer, peut-être ce jour-là, la femme se laissera-t-elle convaincre ; je dis peut-être, car qui oserait se vanter à l'avance qu'il convaincra une femme.

Elle sera plutôt alors touchée — car mieux vaut s'adresser à son cœur qu'à sa raison — par les arguments réunis et concordants de ceux auxquels elle devra d'être saine, d'être belle et d'être aimée.

BIBLIOGRAPHIE

ABADIE-LÉOTARD. — Etude sur la théorie et l'application d'un bon corset. Paris, Naud 1904.
ALBERTI. — Diss. de vestibus vitiis morborum causis. Halle 1729.
ARISTOPHANE. — Les oiseaux.
ARNOULD. — *Eléments d'hygiène.*
AUBEAU. — Clinique générale de chirurgie 1902.
AUFRECHT. — Nephroptose und Enteroptose. Therap. monatshefte, août 1904.
AUVARD. — Traité pratique de gynécologie. Chap. X. Abdominopathies similigénitales 1892.
BARD. — Précis d'anatomie pathologique, p. 586 (1900).
BEAU ET MAISSIAT. — Archives générales de médecine 1872.
BEAUNIS ET BOUCHARD (A.). — Traité d'anatomie descriptive, 4ᵉ édit. Paris 1885.
BECQUEREL. — Traité d'hygiène.
BÉRARD. — Cours de physiologie 1851.
BERGEON ET KASTUS. — Recherches sur la physiologie médicale de la respiration 1869.
BLÉGNY (DE). — Secrets concernant la beauté et la santé. Paris 1688.
BOAS. — Allgemeine diagnostik und thérapie der Magenkrankeiten. Berlin 1890.
BOIVIN (Mme). — Sur l'avortement.
BONAMI (Paul). — Nouveau dictionnaire de la santé. Paris 1889. Article corset p. 236.
BONNAUD. — Dégradation de l'espèce humaine par l'usage des corps à baleine. Paris 1770.
BONSERGENT. — Réflexions sur les inconvénients des corsets, 1816.
BOUCHARD. — Leçons sur les auto-intoxications dans les maladies 1887.
BOURSAULT. — Les mots à la mode.
BOUVIER ET BOULAND. — Art. corset. *in* Dictionnaire encyclopédique des Sciences médicales.
BOUVIER. — Etude historique et médicale sur l'usage des corsets, *in* Bulletin de l'Académie de médecine, tome XVIII, 1852-1853.
BOUCHARDAT. — *Traité d'hygiène.*
BOURDON. — Notions d'hygiène pratique.
BOUVERET. — La neurasthénie, épuisement nerveux.
BOUVERET ET DEVIC. — De la dyspepsie, maladie de Reichmann, *in* Province médicale, juin à novembre 1891 et Paris 1892, 1 vol. in-8.
BROUSSONNET. — De la mode et des habillements.
BRUNES (Joh.). — Emblemata.
BRAUN. — Sur la mobilité du pylore et du duodenum. *Revue de Hayem* 1874.
BUCHNER. — Diss. de morbis ex varia conditione vestimentorum orundis, Halle, 1750 in-4.
BULLETIN général de thérapeutique 1901.
BUTIN. — Considérations hygiéniques sur le corset. Thèse, Paris 1900.
CHABRIER. — De l'estomac biloculaire. Toulouse, 1891.
CHAPOTOT. — Estomac et corset. Thèse, Lyon 1891.
CHARPY. — *Revue d'Anthropologie*, 1884.
CHARPY. — Etudes d'anatomie appliquée. Paris, 1892.
CHARPY. — Article Foie *in* Traité d'anatomie de P. Poirier.
CHESNE (Du). — Le pourtraict de la Santé. Paris, 1630.
CHEVALIER. — Herculanum et Pompeï. — Scènes de la civilisation romaine (1883).
CHEYNE. — Essai sur la santé et les moyens de se conserver en santé. Paris 1725.
CLAIRIAN. — Considérations médicales sur les vêtements des hommes.
CLOQUET. — Traité d'anatomie 1831.
CLOZIER. — *Revue clinique et thérapeutique*, 1888 n° 40.
CLOZIER. — *Gazette des hôpitaux* 1886.
COMIERS. — La médecine universelle ou l'art de se conserver en santé. Amsterdam, 1688.
CORBIN. — Des effets produits par les corsets sur les organes de l'abdomen. *Gazette médicale de Paris*, 1830.
CORIVEAUD. — Hygiène de la jeune fille. Paris 1882 p. 205, les costumes de la jeune fille.

CRUVEILHIER. — Traité d'anatomie, tome Ier art. thorax.
CUILLERET. — *Gazette des hôpitaux*, août-septembre, 1888.
CRUVEILHIER. — *Anatomie pathologique.*
DEGOIX. — Hygiène de la toilette.
DEGRAVE. — La façade in *La médication martiale.*
DELISLE. — Sur l'emploi du corset. Paris, 1834.
DELISLE. — Dictionnaire des Sciences médicales.
DEMAY. — Le costume historique.
DIEULAFÉ. — Influence du corset sur la rate in *La Presse médicale et in Toulouse médical* 1900, 1901, 1904.
DIEULAFOY. — Manuel de pathologie interne.
DICKINSON. — The corset. Questions of pressure and displacement. *In The New-York med. jour vol. XLVI.*
DOMERGUE. — Moyen facile et assuré pour conserver la santé. Paris 1687.
DUJARDIN-BEAUMETZ. — Thérapeutique des maladies de l'estomac. 1891.
DUPONT. — Traitement de la tuberculose par les inhalations d'acide carbonique.
ENGEL. — Influence de la structure du corset sur la position des viscères in *Wiener med Wochemblatte* 1860.
ESTIENNE (Henri). — Dialogue du nouveau langage.
EWALD. — Entéroptose et rein mobile *in Berl. Klin Woch*, 24 mars 1890
FALKE (De). — Histoire du costume des peuples civilisés.
FAURE. — L'appareil suspenseur du foie, l'hépatoptose et l'hépatopexie. Thèse Paris Steinheil 1892.
FAUST. — Sur un vêtement libre, unique et national à l'usage des enfants.
FERGLUT. — De l'avortement au point de vue méd. et obstétrical.
FOVEAU (de Courmelles). — Traité de radiographie.
FRANK DE FRANKENAU. — Satyrœ medicœ, 1722.
FRIEDLANDER (traduit par Vogel). — Civilisation et mœurs romaines du règne d'Auguste à la fin des Antonins. Tome III: le luxe romain.
FRERICHS. — Maladie du foie. 3e édition, Paris 1877.
FROMONT. — Contribution à l'anatomie topographique du tube digestif. Thèse de Lille 1889-90.
FROUSSARD. — Réflexions sur le corset in *Gazette des Hôpitaux*, 17 juin 1902.
GACHES-SARRAUTE (M[e]). — Le Corset. In *Bulletin de la Société de méd. publique et d'hygiène professionnelle* 1895, in *Tribune médicale* 1895, in *Bulletin mensuel du Touring Club* 1895.
GACHES-SARRAUTE (M[e]). — Le Corset. Etude physiologique et pratique. Paris, Masson 1900.
GALIEN. — Des causes des maladies.
GARNAULT. — La voix.
GARNY. — Du corset. Paris 1854.
GERBER. — De thoracibus
GERDY. — Traité des bandages. 2e édition. Paris 1837.
GLÉNARD. — Les Ptoses viscérales, diagnostic et nosographie, 1899
GLÉNARD. — Dyspepsie nerveuse. Détermination d'une espèce. De l'entéroptose, 1885.
GLÉNARD. — Du rein mobile. Société de médecine de Lyon. Mars 1885.
GLÉNARD. — Neurasthénie gastrique 1887.
GLÉNARD. — Traitement de l'entéroptose 1887.
GLÉNARD. — Le vêtement féminin et l'hygiène. Conférence à l'Assoc. franç. pour l'avancement des sciences. Paris 1902.
GLÉNARD. — Mouvements diaphragmatiques des viscères abdominaux in *Revue des maladies de la nutrition* 1905
GOLDHAGEN. — De vi thoracum in feminœ corpus formam, partum et lactationem. Diss. Halle 1787.
GOULLIN. — La mode au point de vue med. hyg. et historique, 1840.
GUÉRIN. — *Gazette médicale de Paris*, 1852.
GRÉHANT (P[r]) et CHARLIER. — Mensuration de la capacité pulmonaire. Communications au Congrès international de la Tuberculose. octobre 1905.
GRINIEWITCH (Mme de). — Un nouveau corselet. *Gaz. médicale*, Paris juillet 1890.
GUENIOT. — Le prolapsus graisseux de l'abdomen chez les femmes in *Archives de tocologie* 1878.
GUILLENIÈRE. — Lacédémone ancienne et nouvelle. Paris 1676.
GUIRAUD. — Manuel pratique d'hygiène.
HALLÉ. — Art hygiène de l'Encyclopédie méthodique.
HAYEM. — Leçons de thérapeutique (agents physiques et naturels). Tôme IV, p. 415.

HAYEM. — Chimisme stomacal. Traité de médecine.
HERBE. — Les costumes Français.
HERNETTE. — Pathogénie et traitement de l'entéroptose. Thèse Paris 1896.
HOLLAR. — Ornatus muliebris anglicanus.
HOURMAN et DECHAMBRE. — Maladies des organes, de la respiration chez les vieillards. *Ach. gen. de médecine* 1835.
JACQUELOT. — L'art de vivre longuement. Lyon 1830.
JAWORSKI. — *Wiener med Presse* 1886.
Jardin de Santé (Le) translaté du latin en français. Paris 1839.
JEANNEL. — Arsenal du diagnostic médical 1877.
JONNESCO. — Anatomie du duodénum.
KAPLAN. — Contribution à l'étude de l'entéroptose. Thèse Paris 1889.
KEITH. — The anatomy of Glenard's disease. *The Lancet* 22 février 1903.
KHANOWSKI. — Injuries from corsets in Women. St-Petersbourg 1888.
KINOWSKI. — *London medical Record* 1888.
KNIGHTLEY (LADY). — Ladies Sanitary Association. 1878.
KOSITSKI. — Nos fasciarum gestationis et thoracum, 1775. Gottingen.
KRAUS. — Ueber den Einfluss des Korsetts auf die somatischen verhaeltnisse. Wien 1904, Moritz Perles.
LABORDE. — Société de biologie 1887.
LACROIX (Paul). — Costumes historiques.
LANGLOIS. — Précis d'hygiène publique et privé.
Lancet (*The*). — Croisade contre le corset 1887.
LARGER. — Thèse Strasbourg 1870.
LAYER. — Dangers de l'usage des corsets, 1827.
LEOTY. — Le corset à travers les âges, 1893.
LEROY. — Recherches sur les habillements des femmes et des enfants, 1772.
LEVILLAIN. — La neurasthénie. Maladie de Beard, 1891.
LEYDE. — Le médecin de soi-même, 1687.
LION (G.). — Les signes objectifs des affections stomacales *in Archives générales de médecine*, 1895.
LUCAS. — *The Lancet* 1904 n° 2405.
LUCAS-CHAMPIONNIÈRE. — Le rein mobile et la néphrorraphie. *Journal des Praticiens*, 9 janvier 1904.
LUCIEN. — Dialogue des amours.
LULLIER. — De la condition de la femme dans la famille athénienne aux IVe et Ve siècles. Paris 1875.
LUSCHKA. — Die anatomie des menschlischen Bauches.
LYON (Gaston). — Gastropathies et Enteropathies d'origine statique. *Gaz. Hop.* 8 novembre 1902.
MACKENZIE. — Histoire de la santé et de l'art de la conserver. Traduit de l'anglais par Lahaye. (1762).
MAGASSIN PITTORESQUE. — Du danger des corsets trop serrés 1833.
MALGAIGNE. — Traité d'anatomie chirurgicale et de chirurgie expérimentale. Paris 1859.
MANN. — Ein neuer Beitrag zur Lehre von den Wunderorganen in *Deutsch. med. Woch.* 27 août 1891.
MARTIAL. — Epigrammes.
MATHIAS-DUVAL. — Cours de Physiologie.
MATHIEU (Albert). — Neurasthémie. Paris 1892.
MAYS. — *Thérapeutic Gazette.* Mai 1887.
MENIÈRE. — Les vêtements et les cosmétiques. Paris, 1837.
MERLIN (I.). — Art. poitrine. Dictionnaire de méd. et de chir. pratique de Jaccoud. Tome XXVIII p. 62, 1880.
MONGERI. — Le corset et ses dangers. Paris, 1863.
MONTAIGNE. — Essais.
MONTEUIS (de Dunkerque). — L'entéroptose ou maladie de Glénard, Baillière, 1897.
MURCHISONN. — Maladies du foie.
OBRASTZOW. — Zur physik Untersuchung des Magens und Darms Archiv für klinische medizin Leipsig, 1888.
ŒLSNER. — Vom schœdlichen Missbraucke der Schnürbrüste und Planchetten. Breslau, 1754.
O'FOLLOWELL. — Bicyclette et organes génitaux. Baillière, Paris 1900.
OLIVIER (A.). — Hygiène de la grossesse, conseils aux femmes enceintes. Paris 1802, p. 50 art. corset.
OLIVIER DE LA MARCHE. — Poème sur le parement des dames.
OVIDE. — L'art d'aimer.
PARÉ (A.). — Œuvres. Edition Malgaigne. Paris 1840.
PAULET. — Anatomie topographique.

PETIT. — De l'utilité des corsets pour préserver des difformités et maladies, pour donner de la prestance et conserver la souplesse. Paris, 1851.
PINARD. — Guide pratique de l'accouchement.
PLATNER. — De thoracibus. Lipsiæ, 1735.
POIRIER. — Traité d'anatomie.
POZZI. — Traité de gynécologie.
PREVOST. — Le nu, le vêtement, la parure, chez l'homme et la femme.
PROUST. — Traité d'hygiène.
PUJOULX. — Paris à la fin du XVIIIe siècle.
RABELAIS. — Gargantua.
RACIBORSKY. — De la puberté et de l'âge critique 1844.
RACINET. — Costumes historiques.
RASMUSSEN. — *Centralblatt für med. Wissenschaft*, 1887.
RATIER. — Encyclopédie des gens du monde. Article corset.
REISSER (L'AINÉ). — Avis important au sexe ou essais sur les corps à baleine. Lyon, 1770).
REVEILLÉ-PARISSE. — *Gazette méd. des hôpitaux*, 1841-42.
REYNIER. — Leçons d'orthopédie.
RIBEMONT-DESSAIGNE. — Précis d'obstétrique.
ROBERT DE BLOIS. — Châtiment des dames.
ROBIN. — Observations sur l'usage du corset. *Bulletin de la Société d'Anthropologie* 1889.
RODERIC. — Traité des maladies des femmes en 1603.
ROSENHEIM. — Uben die Verdauungskrankheiten. Vienne 1891.
ROTH. — De la guérison et de la prophylaxie des maladies par le mouvement, 1870.
ROUX (Joannny). — Psychologie de l'instinct sexuel. (Paris-Baillière).
ROUX. — *Revue médicale de la Suisse romande*, octobre 1890.
ROUYER. — Etudes médicales sur l'ancienne Rome, 1859.
SAPPEY. — Traité d'anatomie.
SAINT-OLIVE. — Antiquité de l'usage du corset. *Gaz. méd. de Lyon*, 1861.
SEBILEAU. — Art. Poitrine. Dict. encyclopéd. des Sciences médicales.
SEEKER (miss). — Monographie du corset.
SCHNEPF. — Capacité vitale du poumon, 1852.
SIBSON. — Medical anatomie, p. 162.
SŒMMERING. — Uber Schœdichkeit der Schnürbrüste. Leipsig 1788.
SOULÉ. — Sillons du foie. — Thèse, Toulouse 1902.
SPIGEL. — De humani corporis fabricâ.
TARDIEU. — Etude médico-légale sur l'avortement.
TESTUT. — Traité d'anatomie.
THIRIAR (de Bruxelles). — Des troubles de l'appareil génital de la femme consécutifs au rein mobile. in *Mercredi medical* 12 octobre 1892.
TISSOT. — Essai sur les maladies des gens du monde.
TRASTOUR. — Les déséquilibrés du ventre : entéroptosiques et dilatés. Paris 1889.
TROLARD. — Note sur l'état biloculaire de l'estomac in *Alger médical*
TUFFIER. — Formes cliniques et diagnostic du rein mobile in *Semaine médicale*, 7 novembre 1891.
TYLICKA (Me). — Les méfaits du corset. Thèse Paris 1899.
VAUGHAN. — An essay philos. and med. concerning modern. clothing. London, 1792.
VAQUEZ. — Considérations sur l'hygiène du vêtement in *Revue d'Hygiène*, 1888.
VAISSETTE. — Considérations sur l'usage prématuré et abusif du corset. Paris, 1875.
VOLTAIRE. — Essais sur les mœurs.
VOILLIER. — La Sardaigne 1891.
WEILL. — Des neurasthénies locales. Thèse, Nancy 1892.
WINSLOW. — Sur les mauvais effets de l'usage du corps à baleine. Mémoires de l'Académie des Sciences, 1741.
WITKOWSKI. — Anecdotes historiques sur les seins et l'allaitement. Paris Maloine 1898.
ZIEMMSEN. — Uber die physikalische Behandlung chronischer Magen 1888.

TABLE DES MATIÈRES

Pages

Imprimerie Centrale de la Bourse, ALCAN-LÉVY,
117, rue Réaumur, Paris.

MANUFACTURE DE TISSUS
A. DELMOTTE
TÉLÉPHONE PARIS 272-79
ADRESSE TÉLÉGRAPHIQUE
ANCne MAISon QUANTIN & DELMOTTE
FONDÉE EN 1852
COLOMBES (Seine) 17
LONDRES 9276 (Cit)
BRUXELLES 5940
CORSETS-PARIS
CODE : 5TH. ÉDITION ABC
73, Rue de Richelieu. PARIS (2e)
FOURNITURES GÉNÉRALES DU CORSET & DE L'ORTHOPÉDIE
DERNIÈRES ÉLÉGANCES
ARTICLES LES PLUS RICHES
SOIERIES
FABRIQUE DE BUSCS sur commande
et ATELIER de BALEINES VÉRITABLES A PARIS
TRICOTERIE MÉCANIQUE A COLOMBES (Seine)
MANUFACTURE de BATISTES A LIGNY-EN-CAMBRÉSIS (NORD)
EXPERT EN DOUANE
BREVETÉ S.G.D.G.
FOURNISSEUR DE L'ÉTAT ET DE LA VILLE DE PARIS
ENGLISH SPOKEN
MAN SPRICHT DEUTSCH
SE HABLA ESPAGNOL
SI PARLA ITALIANO
SE FALLA PORTUGUEZ
MEN SPREEKT HOLLANDSCH
A LA COUPE
LES PLUS HAUTES RÉCOMPENSES AUX EXPOSITIONS UNIVERSELLES

KÉFIR CARRION

livré CHAQUE JOUR à domicile dans PARIS

0f 35 *la Bouteille de 250cc.*

Aliment complet dérivant du Lait, essentiellement assimilable.

TUBERCULOSE, DYSPEPSIES, etc.

KÉFIROGÈNE permet de préparer le **KÉFIR** soi-même

Les 10 doses : **2 fr.**

Adresse Télégr. : RIONCAR-PARIS	**H. CARRION & Cie** 54, Faubourg Saint-Honoré, PARIS FOURNISSEUR DES HOPITAUX DE PARIS	TÉLÉPHONES : 136-45 136-64

Comme le Kéfir, le **YOHOURTH** doit ses propriétés bienfaisantes aux micro-organismes qu'il renferme.

Le Flacon : **0f 75**

YOHOURTHOGÈNE pour préparer soi-même le **YOHOURTH**

Le Flacon : **2 fr.**

YOHOURTH CARRION

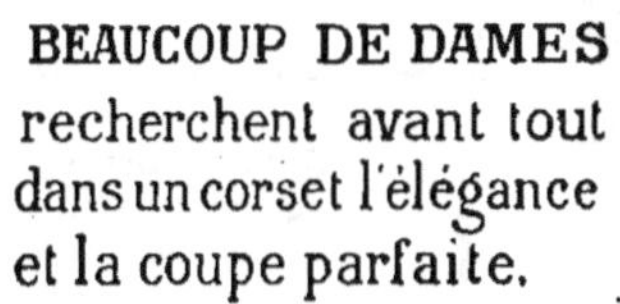

BEAUCOUP DE DAMES recherchent avant tout dans un corset l'élégance et la coupe parfaite.

D'AUTRES exigent plus particulièrement la solidité et le confort,

TOUTES sont unanimes à proclamer que

LES CORSETS PERSÉPHONE

réunissent toutes ces qualités et c'est à cela qu'est due leur réputation universelle

Breveté s.g.d.g.

Réduisant les hanches de façon merveilleuse, faisant très plat derrière ils assurent à chacune la plus jeune allure.

J. LINDAUER, Fabricant

42, Faubourg du Temple, 42

PARIS

Chaque Corset porte ce Timbre :

CORSET DE PARIS FRANCE I.C. A LA PERSÉPHONE MARQUE DÉPOSÉE I.C.

A. MALOINE, EDITEUR

25-27, Rue de l'Ecole-de-Médecine — PARIS

BAUDOIN. **Le Maraîchinage,** *Coutume du pays de Mont-Vendée,* in-18, avec nombreuses illustrations. . . 5 »

CABANÈS. **Comment se soignaient nos pères.** *Les remèdes d'autrefois,* in-18, 1905 . . . . 5 »

CABANÈS. **Comment on se soigne aujourd'hui.** *Les remèdes de bonnes femmes,* in-18, 1907. . . . . . 4 »

DONNADIEU. **Pour lire en attendant bébé.** in-18. 1907 . . . . 2 75

FEUVRIER. **Trois ans à la Cour de Perse,** in-8°, avec nombreuses figures . . . . 15 »

FRUMERIE. **La gymnastique de chambre sans appareils,** in-8, 32 figures in-18, 1908. . . . . 2 »

DE GRANDMAISON. **Traité de l'arthritisme,** in-8. 1908 . . . . 8 »

LAURENT. **Géographie médicale,** in-18, 1905. . . . 7 50

LEROY-ALLAIS. **Comment j'ai instruit mes filles des choses de la maternité,** in-18, 1908. . . . . . 1 »

METCHNIKOFF. **Etude sur la nature humaine.** in-8, 1908 . . . . 6 »

METCHNIKOFF. **Essais optimistes,** in-8, 1908 . . . . 6 »

MOLL-WEISS. **La femme, la mère, l'enfant.** *Guide à l'usage des jeunes mères,* in-8, 1908. . . . . 2 50

MONIN. **Médecine de l'enfance jusqu'à l'adolescence,** in-18, 1905. . . . . 5 »

MONIN. **Le trésor médical de la femme,** in-18, 1907, cart. . . . . 5 »

MONTENUIS. **L'alimentation et la cuisine naturelles dans le monde,** in-18, 1907 . . . . 3 »

WITKOWSKI. **Les seins dans l'histoire,** in-8, 254 fig. 10 »

WITKOWSKI. **Les seins à l'Eglise,** in-8, 205 figures. 10 »

www.ingramcontent.com/pod-product-compliance
Lightning Source LLC
LaVergne TN
LVHW020536230826
846091LV00002B/296

* 9 7 8 2 0 1 3 0 2 8 3 6 3 *